"十四五"职业教育国家规划教材

建筑安装工程概预算与清单计价

第三版

主　编　宋洁萱　佟　勇
副主编　郭红全　雷占军　赵春福　钟素娟
主　审　段永萍

大连理工大学出版社

图书在版编目(CIP)数据

建筑安装工程概预算与清单计价 / 宋洁萱，佟勇主编. -- 3 版. -- 大连 ：大连理工大学出版社，2024.7(2025.6 重印)
ISBN 978-7-5685-4867-0

Ⅰ. ①建… Ⅱ. ①宋… ②佟… Ⅲ. ①建筑安装工程－建筑经济定额－高等职业教育－教材②建筑安装工程－工程造价－高等职业教育－教材 Ⅳ. ①TU723.3

中国国家版本馆 CIP 数据核字(2024)第 010349 号

大连理工大学出版社出版
地址:大连市软件园路 80 号　邮政编码:116023
营销中心:0411-84707410　84708842　邮购及零售:0411-84706041
E-mail:dutp@dutp.cn　URL:https://www.dutp.cn
大连天骄彩色印刷有限公司印刷　　大连理工大学出版社发行

幅面尺寸:185mm×260mm　印张:18　字数:437 千字
2013 年 2 月第 1 版　2024 年 7 月第 3 版
2025 年 6 月第 2 次印刷

责任编辑:康云霞　责任校对:吴媛媛
封面设计:张　莹

ISBN 978-7-5685-4867-0　定　价:58.80 元

前　言

建筑安装工程概预算与清单计价课程不仅是高等职业院校土木建筑类专业知识体系中的重要组成部分，更是连接在校学习与未来工作岗位的桥梁。通过本课程的学习，学生将深入了解建筑安装工程领域的专业知识，掌握概预算与清单计价的核心技能，为未来的职业生涯奠定坚实的基础。课程通过理论知识与工程案例展开教学活动，让学生了解行业情况、职业精神以及我国建筑工程行业发展的繁荣景象，以主人翁意识踏上工作岗位。

本教材将习近平新时代中国特色社会主义思想融入其中，坚持立德树人为根本，通过融入大量的与工程造价相关的课程思政案例，培养学生规范操作、细致认真、精益求精的职业素养和不畏艰险、勇挑重担、共守美好家园的爱国情怀。

本教材主要包含建筑安装工程定额的原理、制定方法以及建筑电气、给排水、通风空调、建筑智能、消防工程等内容。教材系统阐述各个专业的常用设备和材料、施工工艺技术、施工图识读方法等专业基础知识和施工图预算与工程量清单计价文件的编制方法，包括各专业预算基价的内容介绍、适用范围、使用方法、注意事项和专业施工图预算的编制及实例。教材还对建筑安装工程计价编制方法做了较详细的叙述，并将工程定额计价方式中定额的套用与工程量计算、工程量清单计价方式中工程量清单的编制与工程量清单计价这两条主线贯穿于全教材，所列工程案例可供计价编制时参考。

本教材力求满足各专业编制预算的实际需要，严格以国家标准《建设工程工程量清单计价规范》(GB 50500—2013)和《全国统一安装工程预算定额》为依据，对《青海省建筑安装工程费用项目组成及计算规则》和《青海省通用安装工程计价定额》的编制思路和应用做了较详细的介绍，并列举大量典型案例，知识全面、准确、便于学习，所用名词、符号和计量单位符合现行国家和行业标准的规定。

本教材由青海建筑职业技术学院宋洁萱、青海大学佟勇担任主编，由青海建筑职业技术学院郭红全、雷占军、赵春福及福建农业职业技术学院钟素娟担任副主编。具体编写分工如下：第一章由佟勇编写；第二章、第六章、工程实例由宋洁萱编写；第三章由赵春福编写；第四章由雷占军编写；第五章由郭红全、钟素娟编写。青海建筑职业技术学院段永萍担任教材主审。

在编写本教材的过程中，我们参考、引用和改编了国内外出版物中相关资料以及网络资源，在此对这些资源的作者表示诚挚的谢意。请相关著作权人看到本教材后与出版社联系，出版社将按照相关法律的规定支付稿酬。

由于编者水平有限，书中仍可能存在疏漏和不足之处，恳请读者批评指正。

编　者

2024 年 7 月

所有意见和建议请发往：dutpgz@163.com

欢迎访问职教数字化服务平台：https://www.dutp.cn/sve/

联系电话：0411-84707424　84708979

目　录

本书配套数字资源

序号	资源名称	所在页码
1	大国工匠敬业守业	15
2	正确选择管材的重要性	45
3	各阀门三维演示	49
4	区域采暖系统演示	67
5	散热器的分类和选择	67
6	施工图的识读与标注	97
7	附图 1～13	98
8	支架及附件安装	111
9	管道防腐保温工程量计算	111
10	工程数量的复核	112
11	导管施工的背后——彰显劳动者精神	112
12	消防泵动画演示	117
13	二氧化碳灭火系统	130
14	附图 14～20	187
15	教学楼电气照明工程预算	187
16	附图 21～38	279
17	工程预算清单计价表格	279

第一章
建筑安装工程概预算概述

章节概述 >>>

随着经济的发展，人们生活水平的提高，国人普遍持有一种观念，认为有房子才算是有家，年轻人渴望有一套自己的房子，这就促使了建筑工程建设日益发展。建筑工程的规模开始不断扩大，建设投入的资金也越来越多，由此带来的问题日益凸显。在建筑工程建设中，建筑工程概预算编制有着很重要的作用，它不仅反映出建筑工程项目的投入资金，而且能反映整个工程项目的经济效益指标。这就需要提升概预算编制的质量，要确保概预算编制的政策性和专业性，然后为确定合理的工程造价服务，保障整个建筑工程项目的建设。

教学目标 >>>

• 知识目标

熟悉基本建设相关知识；熟悉安装工程工程定额的基础知识，熟悉建筑设备工程造价费用的组成，掌握建筑安装工程预算编制程序和编制方法；熟悉建筑设备工程造价费用的组成。

• 能力目标：

掌握工程定额及其运用；熟悉工程竣工结算知识；掌握建筑设备工程定额计价的编制程序和编制方法。

德育要点 >>>

培养工程造价专业学生职业道德，做到诚实守信，能够与人团结协作，具备优秀的从业综合素养。

第一节 概 述

建筑安装工程是指设置安装各种电气设备、给排水设备、暖通空调设备等。安装工程通常是指建筑设备的施工安装，属于基本建设的范畴。

一、基本建设概述

1. 基本建设的概念

基本建设是指国民经济各部门中固定资产的再生产，即指人们将一定的物质财富及自然资源转化为固定资产所进行的建设工作。

固定资产是指使用期限较长，单位价值较高，并在使用过程中基本保持原有实物形态的资产，包括房屋建筑物、机器设备、运输设备、工器具等。

2. 基本建设的内容

(1)建筑工程包括各种建筑物、构筑物的建造，以及附属于其中的照明、水卫、暖通设备的安装等工作。

(2)安装工程包括生产、电力、电信、起重、运输、传动、医疗、试验等各种机器设备、管线的安装和试运行工作。由此可见，建筑安装工程就是建筑工程、安装工程的一部分。

(3)设备、工器具的购置包括一切需要安装与不需要安装的设备、工器具的购置。

(4)勘查与设计包括地质勘探、地形测量以及工程设计等方面的工作。

(5)其他基本建设工作包括上述内容以外的诸如土地征用、拆迁补偿等工作。

3. 基本建设项目的分类

基本建设项目按照其组成内容的不同，可划分为建设项目、单项工程、单位工程、分部工程、分项工程。

(1)建设项目

建设项目是基本建设活动的具体体现。建设项目是具有独立的设计任务书，按一个总体设计进行施工，经济上实行独立核算的项目。

在工业建设中，一般将一个工厂的建造作为一个建设项目；在民用建设中，一般将一所医院或一所学校等的建造作为一个建设项目。

(2)单项工程

单项工程是具有独立的设计文件，竣工后可独立发挥生产能力或使用效益的工程。单项工程也称为工程项目，它是建设项目的组成部分，如一所学校的教学楼、图书馆，一个工厂的某一车间等。

(3)单位工程

单位工程是具有独立的设计文件，可独立组织施工，但建成后不能独立发挥生产能力或使用效益的工程，它是单项工程的组成部分。如教学楼的土建工程、电气设备安装工程、给排水工程等各属于一个单位工程。

(4)分部工程

分部工程是单位工程的组成部分，它是在一个单位工程中按工程部位及使用的材料等进一步细化的工程。如电气照明工程中的配管配线、照明器具等各属于一个分部工程。

(5)分项工程

分项工程是分部工程的组成部分，它是在一个分部工程中按不同的施工方式及不同的材料规格等进一步细化的工程。分项工程的特点是用较为简单的施工过程就能完成，用适当的计量单位就可计算其工程量及单价。如在电气照明工程的配管配线中，管径为 20 mm 的钢管在砖、混凝土中暗配，管径为 20 mm 的硬塑料管在砖、混凝土中暗配等各属于一个分项工程。

综上所述，一个建设项目由一个或几个单项工程组成；一个单项工程又由一个或几个单位工程组成；而一个单位工程又包含很多分部工程；分部工程又可以划分为若干个分项工程。建设工程计价文件的编制就是从分项工程开始的。

4. 基本建设的程序

(1)提出项目建议书

业主根据区域经济发展和行业发展规划要求等，经过调查，分析拟建项目建设的必要性、可行性和可能性，向国家主管部门提出项目立项建议。

(2)进行可行性研究

有关部门对建设项目在投资决策前进行技术经济论证，得出可行与否的结论，并提出可行性研究报告。只有论证为可行并经批准，该建设项目才算正式立项，有关部门开始编制建设项目的设计任务书。

(3)编制设计文件

设计文件一般由建设单位委托设计单位编制。建设项目设计一般按以下三个阶段进行。

①初步设计：这是一项带有规划性质的轮廓设计，由此编制出初步设计文件。

②技术设计：这是对初步设计的进一步深化设计，由此编制出技术设计文件。

③施工图设计：这是对初步设计、技术设计的具体化设计，由此编制出施工图设计文件。

小型项目可采用两阶段设计，即只进行初步设计和施工图设计；有的也可直接进行施工图设计。

(4)建设准备

建设准备指建设项目在开工建设前所做的各项准备工作。如征地、拆迁和场地平整；组织施工招标，选定施工单位等。

(5)施工安装

施工安装就是按照设计文件、施工合同和施工组织设计的要求，为达到工程质量、工期、成本及安全、环保等目标所进行的一系列施工活动。

(6)生产准备

对于生产性工程建设项目，生产准备是连接建设和生产的重要纽带，是项目投产前建设单位的一项重要工作。

(7)竣工验收

工程竣工组织竣工验收并通过后，建设项目由施工单位交付建设单位使用。

(8)工程项目后评价

工程项目后评价指工程项目建设完成并投入生产或使用之后所进行的总结性评估。

二、建筑安装工程预算定额的意义和性质

1. 建筑安装工程预算定额的意义

建筑安装工程预算定额是国家组织编制、在全国范围内使用的定额，是国家对基本建设进行宏观管理、促进企业技术进步、提高经济效益的法令性指标，是建筑安装工程中的一

项重要的技术经济法规。它具有：

(1)法令性

预算定额是国家授权机关编制的一种法令性指标，它所规定的人工、材料和机械台班的数量标准不得更改，在适用范围以内的所有单位，即涉及建筑安装工程的任何单位都必须遵照执行。

(2)先进性

预算定额的数量标准代表了我们国家的平均先进水平，以此来促进和推动建筑安装企业的施工技术水平和管理水平的不断提高。

(3)相对稳定性

预算定额既然是全国使用的法令性技术文件，就必须保持稳定性，否则在工作中会带来很大的不便。但又考虑到，生产力水平在不断地发展，预算定额应反映出生产力水平发展的情况，所以每隔一段时间就必须进行预算定额的修订。

(4)灵活性

全国统一制定的预算定额只能考虑到一般的情况，对一些变化多、比较特别的问题，允许换算或编制、使用地区补充预算定额。

2. 建筑安装工程预算定额的性质

建筑安装工程预算定额是指计算并确定建筑安装工程造价的一系列活动。

工程造价就是工程的建造价格。它有两种含义：一种是指建设一项工程的预期开支或实际开支的全部固定资产投资费用；另一种是指工程价格。通常，人们将工程造价的第二种含义认定为工程建设的承发包价格。工程造价是用货币数量反映拟建工程经济效果的一种技术经济文件，过去也称为造价预算。

建筑安装工程预算所包含的内容广泛，涉及众多不同的专业工程。常见的有：电气设备安装工程，给排水、采暖、燃气安装工程，通风空调工程，工业管道工程，消防及安全防范设备安装工程，建筑智能化系统设备安装工程等。按基本建设项目的划分原则，这些工程均属单位工程，它们具有单独的施工设计文件，并有独立的施工条件，是工程计价的完整对象。本教材主要讨论上述工程的工程计价问题。

工程计价是一定的技术条件下经济效果的反映。例如，一套完整的正式工程设计施工图，通过一定程序的工程计价就可反映完成本项工程设计所需的货币数量。不同的技术条件，如两个不同的设计方案，就必然反映出不同的经济效果。由此可知，工程预算是技术与经济相统一的活动，最终它是用技术经济文件的形式来表达。

根据我国现行的基本建设规定，建筑安装工程计价要按照一定的规则和程序，通过编制工程预算来确定。因此，工程预算是建筑安装工程计价的一种特定形式。

建筑安装工程具有单件性特征，这就决定了它在建设时需要单独设计、单独施工，不能进行批量生产和批量定价，只能按照比一般商品计价更为特殊的方式进行计价。工程计价的核心就是把一个大的、复杂的工程分解为一个个构成工程组成基本要素的分项工程，对较小的、较简单的分项工程计价后，再经过组合汇总便可计算出整个工程的全部造价。

现阶段，我国工程计价有两种不同的计价方式，即工程定额计价方式和工程量清单计价方式。从发展的角度看，工程计价方式必将从两种不同的计价方式逐渐转变为单一的工程量清单计价方式。

三、建筑安装工程预算定额的分类

建筑安装工程预算按编制阶段和编制依据的不同以及所起的作用不同分为以下几种。

1. 设计概算

设计概算是在初步设计阶段，由工程设计单位编制的，根据初步设计框架图纸、概算定额（或概算指标）和其他资料编制的，所以是粗线条的预算，又称为扩初概算。它粗略地计算工程费用，作为国家编制基建计划的依据，也是国家对该工程拨款的最高限额。

设计概算的主要作用是：

（1）控制工程投资和主要物资的指标。设计概算一经批准，就成为工程造价和主要物资的控制数，不允许任意突破。

（2）选择确定最佳建设方案的依据。在方案设计过程中，设计部门通过概算分析，比较不同方案的经济效果，选择确定最佳方案。

（3）编制基本建设计划和银行开户等的依据。

（4）对于实行“概算包干”的工程，设计概算也是签订“概算包干”工程合同的依据。

2. 施工图预算

施工图预算是由工程建设设计部门在施工图设计阶段编制的，所以称为施工图预算，又称为设计预算。目前，工程建设实行招投标承包制，招标人编制的施工图预算是对招标工程限定的最高工程造价，称为招标控制价。安装施工企业在工程招投标阶段也要编制施工图预算，它是投标报出的工程造价，称为投标价。为了区别于设计概算和施工预算，有时仍习惯于沿用施工图预算的名称。施工图预算是在施工图设计结束后，工程开工之前，由设计单位或施工单位根据施工图纸、预算定额和其他技术资料编制的，它详细地计算出工程费用，作为建设银行拨款的依据和施工单位进行经济核算的依据。

施工图预算的主要作用是：

（1）确定安装工程造价和主要物资需用量。在工程设计过程中，设计部门据此控制施工图造价，不使其突破设计概算。

（2）编制工程建设招标控制价的参考依据。

（3）编制工程建设投标价的参考依据。

（4）银行办理拨款的依据。

（5）承建商编制施工计划、经济核算的依据。

施工图预算应用广泛，是本书讨论的重点。

3. 合同价

合同价是指在工程施工招标、投标活动中，发包方和承包方双方在施工合同中约定的工程造价。显然，工程施工承包合同价受施工图预算的影响。

4. 施工预算

施工预算是在开工前，由施工单位在施工图预算的控制数字下，根据施工定额，结合施工方案和施工技术措施编制的，只在施工单位内部使用。它是施工单位编制各种施工计划的依据，是加强施工企业经营管理水平的有效措施。施工预算的主要作用是：用作企业内部经济核算和班组承包等的依据，是企业内部使用的一种预算。

5. 竣工结算

竣工结算是指工程完工、验收合格后，由施工单位编制并经建设单位认可的、反映该工程最终实际造价的技术经济文件。

竣工结算是结算工程价款的依据，竣工结算的方式应按工程施工承包合同的约定办理。

一般，建筑安装工程设计、施工、计价体系如图 1-1 所示。

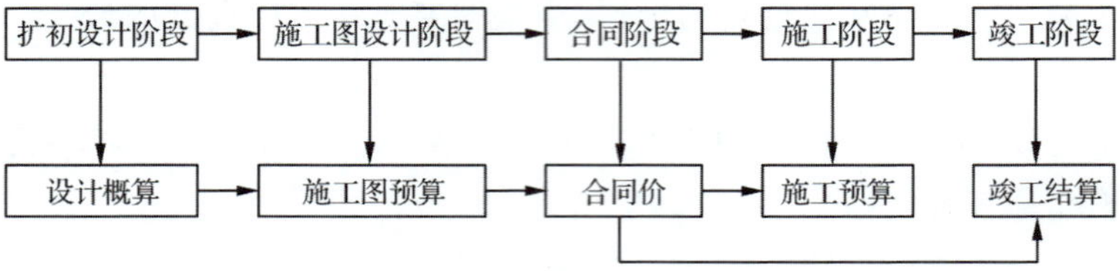

图 1-1　建筑安装工程设计、施工、计价体系

工程造价之所以不像其他商品统一定价，而采用预算形式，与它生产活动的技术经济特点有关。一方面，建筑安装工程的最终产品——建筑物或构筑物不是定型产品，不能实行成批生产，统一定价较难；另一方面，建筑安装工程必须建造在指定地点，施工流动性大，而且受当地气候、地质、水文以及人力、物力等资源影响，价格构成因素的变化较大；另外，施工过程中往往会遇到一些不可预见的情况而调整价格。因此，它的造价只能依据既定的设计图纸和当地价格分幢、逐项地先编预算，再编结算。从预算到结算，是确定工程造价的特定程序，建筑安装工程计价正是为适应这种生产特点和调整程序而形成的。

建筑安装工程预算定额的种类很多，按生产要素可分为劳动消耗定额、材料消耗定额和机械消耗定额；按编制程序和用途可分为施工定额、预算定额、概算定额和估算定额。此外还可以按费用性质和专业性质分类或按管理权限等分类。建筑安装工程预算定额的分类如图 1-2 所示。

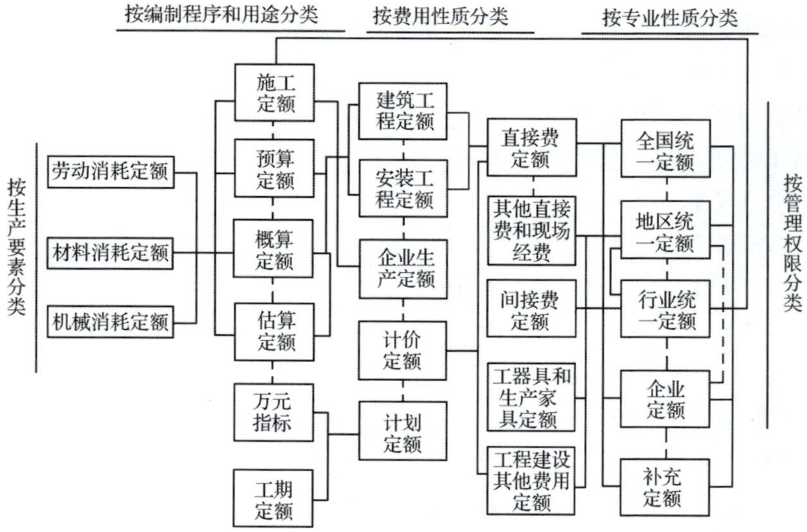

图 1-2　建筑安装工程预算定额的分类

四、建筑安装工程预算定额的组成和作用

建筑安装工程预算定额计价，是指在建设工程招投标中，不论是编制招标标底还是投标报价，招标人和投标人都需要首先根据现行的工程定额——概预算定额计量规则计算工程量，然后依据现行的概预算定额和取费定额等进行定额子目套算和费用计取，再考虑其他因素，最后汇总确定工程造价的计价方式。

建筑安装工程预算定额计价方式主要是依据现行的建设工程定额来展开。定额计价方式采用工、料、机单价法计价。

工、料、机单价法是指分部、分项工程项目单价采用直接工程费单价（人工、材料、机械单价），施工组织措施费、企业管理费、利润、规费、税金、风险费用等按规定程序另行计算的一种计价方法。

建设工程定额就是某种既定之额，即一种规定的数量标准额度。在现代经济生活和社会生活中，定额几乎无处不在，因为人们需要利用它对社会经济生活中复杂多样的事物进行计划、调节、组织、预测、咨询等一系列管理活动。例如，分配领域的工资标准，生产和流通领域的原料消耗定额，成品和半成品储备定额，流动资金定额，技术方面的设计标准和规范等。

建设工程定额是指工程建设时，在正常生产条件下，完成单位合格产品所消耗的人工、材料、机械设备、资金的数量标准。

在建设工程的施工与安装过程中，为了完成一个合格的产品，就要消耗一定的人工、材料、机械设备和资金，由于这些消耗受技术水平、组织管理水平和其他客观条件的影响，各建设工程的消耗水平就不尽相同。为了统一考核消耗水平，便于经济核算和强化经营管理，需要统一的平均消耗标准，建设工程定额也就应运而生。

建设工程定额是根据国家一定时期的管理体制和管理制度，根据不同定额的用途和适用范围，由指定的机构按照一定的程序制定的，并按照规定的程序审批和颁发执行。建设工程定额是主观的产物，但它能正确地反映工程建设和各种资金消耗之间的客观规律。建设工程定额具有科学性、群众性、法规性以及一定的强制性、统一性和时效性等特征。

建设工程定额是一个综合的概念，它是多种类、多层次单位产品消耗数量标准的总和，现已架构成一个较为完整的建设工程定额体系。

1.预算定额的组成

预算定额是以施工定额为依据编制的，预算定额的组成与施工定额的组成基本一致。

施工定额是施工单位用于施工管理的内部使用定额。施工定额由劳动消耗定额、材料消耗定额和机械消耗定额等组成。

（1）劳动消耗定额

劳动消耗定额也称为人工定额，是施工定额的重要组成部分，由于表现形式不同又分为时间定额和产量定额。

①劳动时间定额：劳动时间定额就是某工种的工人在合理地劳动组织和合理地使用材料的条件下，完成单位合格产品所需要的时间，包括准备和结束的时间、基本生产时间、辅助生产时间。

②劳动产量定额：劳动产量定额是指某工种的工人在合理地劳动组织和合理地使用材料的条件下，单位工日应完成的合格产品数量。显而易见，劳动时间定额和劳动产量定额是互为倒数的关系。

劳动消耗定额是施工单位签发任务单、开展班组经济核算的依据。

工程实例

【例 1-1】 某安装队有 13 名工人，安装一住宅楼给水管，施工 25 天（工日）完成室内 PP-R 管 DN25 管 230 m；PP-R 管 DN32 管 200 m；PP-R 管 DN40 管 156 m 安装任务，计算该安装班每人完成上述安装任务所需综合工日。

解：根据《青海省通用安装工程计价定额》（第十册）77 页查到：完成各种规格管道综合时间定额为 DN25（0.969 工日/10 m）；DN32（1.036 工日/10 m）；DN40（1.093 工日/10 m）计算该安装班每人完成所需综合工日。安装任务所需综合工日＝（230×0.969＋200×1.036＋156×1.093）÷13＝4.62 工日

（2）材料消耗定额

材料消耗定额是指在合理和节约使用材料的前提下，生产单位合格产品所必须消耗的材料、半成品和管件的数量。

材料消耗定额包括主要材料（如钢材等）和辅助材料（如焊条等），包括了材料净用量和合理的消耗量。

材料消耗定额是施工单位确定材料用量、编制材料供应计划的依据，也是工人班组领料的依据。

（3）机械消耗定额

机械消耗定额是指在正常的施工条件下，完成单位合格产品所必需的机械台班消耗标准。它有以下两种表现形式。

①机械时间定额：机械时间定额是指在正常的施工条件下，完成单位合格产品所必需的机械台班消耗数量。每个台班按 8 h 计算。

②机械产量定额：机械产量定额是指在正常的施工条件下，机械设备每个台班所生产的合格产品数量。

预算定额也有相同的三个组成部分，预算定额是单位与单位之间使用的定额。它的定额水平较施工定额低 10%左右，施工定额考虑的是施工中的特殊情况，预算定额考虑的是施工中的一般情况。例如，预算定额中的劳动消耗定额，还考虑了细小的、难以测定的、不可避免的工序和零星用工所用的时间；机械消耗定额还考虑了机械因停水、停电所引起的偶然性停歇；材料消耗定额还考虑了材料质量不符合标准对材料用料的影响，预算定额中阀门、水嘴等易损件损耗率为 1%，室内钢管的损耗率为 2%。

2. 预算定额的作用

预算定额的各种消耗指标体现了国家对施工企业生产中消耗的物质资料的最高限额，体现了国家、施工企业和建设单位之间的一种经济关系，它的具体作用是：

（1）预算定额是编制施工图预算、确定工程造价的依据。施工图设计决定了建筑安装工程的类别，决定了该工程所含分项工程的数量，即工程量的多少。预算定额则决定着各分项工程劳动、材料和机械消耗的数量标准，据此可算出该工程的劳动、材料和机械消耗的

总数量。

(2)预算定额是对设计方案进行技术经济比较的依据。在满足技术要求的前提下,如何确定最佳方案,关键是根据预算定额对方案进行经济比较,以衡量各方案的消耗多少,在经济上是否合理。

(3)预算定额是国家对基本建设管理的重要工具。预算定额是基本建设工程费用的计算依据之一,通过预算定额的数量标准,国家可以对基本建设进行计划管理。

(4)预算定额是工程竣工结算的依据。按现行制度规定,施工企业向建设单位结算已完工程价款,必须以预算定额为依据。

(5)预算定额是施工企业进行经济核算的依据。经济核算的目的是用经济方法促使企业以最少的劳动和物质消耗,取得最大的经济效益。施工企业必须以预算定额作为努力达到和超过的目标,提高劳动生产率,降低消耗,才能取得最好的效益。

(6)预算定额是编制施工组织设计的依据。施工组织的重要任务之一,就是确定施工过程所需的各种物质技术需求量,而根据预算定额就能准确计算出各种物质技术需要量,为有计划地组织材料采购、预制件加工、劳动力调配、机械调配,提供可靠的依据。

(7)预算定额是编制概算定额和概算指标的依据。概算定额是在预算定额的基础上,将有关项目合并,概算指标比概算定额具有更大的综合性。

(8)预算定额是以建筑物或构筑物各个分部分项工程为对象编辑的定额,是以施工定额为基础综合扩大编制的,同时也是编制概算定额的基础。其中的人工、材料和机械台班的消耗水平根据施工定额综合取定,定额项目的综合程度大于施工定额。预算定额是编制施工图预算的主要依据,是编制单位估价表、确定工程造价、控制工程建设投资的基础和依据。与施工定额不同,预算定额是社会性的,而施工定额则是企业性的。预算定额规定的完成分项工程所消耗的劳动、材料和机械数量,分别乘以相应的工日单价、材料预算价格和机械预算价格,可得出单位估价表中该分项工程的人工费、材料费和施工机械使用费,汇总便得出该分项工程的定额直接费。

3. 单位估价表

预算定额是工料数量标准,如果要计算出工程预算费用,还要用到工料价格,即需要使用单位估价表。所谓单位估价表,就是工程预算单价,它是以货币形式表示预算定额中每一分项工程的单位预算价值的计算表。

预算定额是全国统一使用的法令性指标,但是工料的价格在全国各地区是互不相同的。我国各地区的工人工资标准不同,使得工日的价格不同;原材料的产地不同,采购和运输手段不同,到达工地的材料价格也不同。所以,单位估价表是按各地区编制的。各地区的单位估价表是预算定额在该地区的货币表现形式。

在预算工作中,如用全国统一预算定额和地区的单位估价表做预算,很不方便,所以实际工作中使用的预算定额是全国统一预算定额和单位估价表的结合体,即里面有数量标准,也有对应的预算价格。

五、建筑安装工程预算各项指标确定

建筑安装工程产品同其他建筑产品一样,具有使用价值和价值。建筑安装工程产品的使用价值表现在,它所具有的使用功能和提供的使用条件可以满足人们生产和生活的某些需求,具有存在的必要性和实用性。同时,建筑安装工程产品作为商品,为了适应流通和交换的需求,也必然具有价值。建筑安装工程产品价值的构成具有与其他商品相同的模式,故建筑安装工程造价也是由一系列相关费用组成的。

我国现行规定的建筑安装工程造价由直接费、间接费、利润和税金四部分组成。

1. 直接费

直接费由直接工程费和措施费组成。

(1)直接工程费

直接工程费是指施工过程中耗费的构成工程实体的各项费用,包括人工费、材料费和施工机械使用费等。

人工费是指直接从事建筑安装工程施工的生产工人所开支的各项费用,包括基本工资、工资性补贴、生产工人辅助工资、职工福利费、生产工人劳动保护费等。

材料费是指施工过程中耗用的构成工程实体的主要材料、辅助材料、构配件、零件、半成品的费用和周转使用材料的摊销(或租赁)费用,包括材料原价或供应价、材料运杂费、运输损耗费、检验试验费、采购保管费等。

施工机械使用费是指使用施工机械作业所发生的机械使用费以及机械安装、拆卸和进出场费用,包括折旧费、大修费、经常修理费、安拆费及场外运输费、燃料动力费、驾驶员人工费、运输机械养路费、车船税及保险费等。

人工费、材料费和施工机械使用费已在预算定额(或地区单位估价表)内量化,所以,根据具体单位工程计算出的直接工程费有时也称为定额直接费。

(2)措施费

措施费是指为完成工程项目施工,发生于该工程施工前和施工过程中非工程实体项目的费用,包括:

①环境保护费:指施工现场为达到环保部门要求所需要的各项费用。

②文明施工费:指施工现场文明施工所需要的各项费用。

③安全施工费:指施工现场安全施工所需要的各项费用。

④临时设施费:指施工企业为进行建筑工程施工所必须搭设的生活和生产用的临时建筑物、构筑物和其他临时设施费用等。

⑤夜间施工费:指因夜间施工所发生的夜班补助费、夜间施工降效、夜间施工照明设备摊销及照明用电等费用。

⑥二次搬运费:指因施工场地狭小等特殊情况而发生的二次搬运费用。

⑦大型机械设备进出场及安拆费:指机械整体或分体自停放场地运至施工现场或由一个施工地点运至另一个施工地点所发生的机械进出场运输及转移费用,以及机械在施工现场进行安装、拆卸所需的人工费、材料费、机械费、试运转费和安装所需的辅助设施的费用等。

⑧混凝土、钢筋混凝土模板及支架费:指混凝土施工过程中需要的各种钢模板、木模板、支架等的支、拆、运输费用及模板、支架的摊销(或租赁)费用。

⑨脚手架费:指施工需要的各种脚手架搭、拆、运输费用及脚手架的摊销(或租赁)费用。

⑩已完工程及设备保护费:指竣工验收前,对已完工程及设备进行保护所需费用。

⑪施工排水、降水费:指为确保工程在正常条件下施工,采取各种排水、降水措施所发生的各种费用。

由上述措施费的构成内容不难看出,这些费用都是受施工现场的气候和施工条件影响所增加的费用开支。因此,措施费应按工程实际发生的情况来计取。与直接工程费相比,措施费的计取具有比较大的弹性。

2. 间接费

间接费是指建筑安装企业为组织和管理建筑安装工程施工所发生的各项非生产性开支费用。间接费由规费、企业管理费组成。

(1)规费

规费是指政府和有关权力部门规定必须缴纳的费用,包括工程排污费、工程定额测定费、社会保障费(包括养老保险费、失业保险费、医疗保险费)、住房公积金、危险作业意外伤害保险费等。

(2)企业管理费

企业管理费是指建筑安装企业组织施工生产和经营管理所发生的管理费用,包括管理人员工资、差旅交通费、办公费、固定资产使用费、工具用具使用费、劳动保险费、工会经费、职工教育经费、财产保险费、财务费、税金、其他费用(如技术转让费、技术开发费)等。

3. 利润

利润是指建筑安装企业完成所承包工程获得的盈利。

4. 税金

税金是指国家税法规定的应计入建筑安装工程造价内的增值税、城市维护建设税及教育费附加。

综上所述,建筑安装工程造价组成见表 1-1。

表 1-1　建筑安装工程造价组成

序号	费用名称		
一	直接费	直接工程费	1. 人工费
			2. 材料费
			3. 施工机械使用费
		措施费	1. 环境保护费
			2. 文明施工费
			3. 安全施工费
			4. 临时设施费
			5. 夜间施工费
			6. 二次搬运费
			7. 大型机械设备进出场及安拆费
			8. 混凝土、钢筋混凝土模板及支架费
			9. 脚手架费
			10. 已完工程及设备保护费
			11. 施工排水、降水费

续表

<table>
<tr><th>序号</th><th colspan="3">费用名称</th></tr>
<tr><td rowspan="2">二</td><td rowspan="2">间接费</td><td>规　费</td><td>1.工程排污费
2.工程定额测定费
3.社会保障费(包括养老保险费、失业保险费、医疗保险费)
4.住房公积金
5.危险作业意外伤害保险费</td></tr>
<tr><td>企业管理费</td><td>1.管理人员工资
2.差旅交通费
3.办公费
4.固定资产使用费
5.工具用具使用费
6.劳动保险费
7.工会经费
8.职工教育经费
9.财产保险费
10.财务费
11.税金
12.其他费用</td></tr>
<tr><td>三</td><td>利　润</td><td colspan="2">按规定应计入建筑安装工程造价的利润</td></tr>
<tr><td>四</td><td>税　金</td><td colspan="2">1.增值税
2.城市维护建设税
3.教育费附加</td></tr>
</table>

由于全国各地区情况不同,各地区建筑安装工程造价的具体组成内容略有不同,具体操作时应参照当地工程造价管理部门的规定执行。例如,《青海省建筑安装工程费用项目组成及计算规则》(2020年版)规定,建筑安装工程造价由直接费、间接费、利润和税金组成见表1-2。

表1-2　　青海省建筑安装工程造价组成

<table>
<tr><th>序号</th><th colspan="4">费用名称</th></tr>
<tr><td rowspan="3">一</td><td rowspan="3">直接费</td><td colspan="3">直接工程费</td></tr>
<tr><td rowspan="2">措施费</td><td colspan="2">施工技术措施费</td></tr>
<tr><td colspan="2">施工组织措施费</td></tr>
<tr><td rowspan="2">二</td><td rowspan="2">间接费</td><td colspan="3">规　费</td></tr>
<tr><td>企业管理费</td><td colspan="2" rowspan="2">综合费用</td></tr>
<tr><td>三</td><td>利　润</td><td>利　润</td></tr>
<tr><td>四</td><td>税　金</td><td colspan="3">税　金</td></tr>
</table>

由表1-2可知,青海省根据实际需要,将措施费划分为施工技术措施费和施工组织措施费。施工技术措施费包括大型机械设备进出场及安拆费,混凝土、钢筋混凝土模板及支架费,脚手架费,施工排水、降水费和其他施工技术措施费。施工组织措施费包括环境保护费、文明施工费、安全施工费、临时设施费、夜间施工费、缩短工期增加费、二次搬运费、已完

工程及设备保护费和其他施工组织措施费。

间接费、利润、税金与全国的规定基本相同。

在实际的建筑安装工程计价中，企业管理费一般与利润合并为综合费用，即

综合费用＝企业管理费＋利润

这里的建筑安装工程造价组成是针对整个单位工程总承包而言的，在实际承发包过程中若发生专业工程分包，总承包单位可以分包工程造价为计算基数，按相应费率取费，向发包方计取总承包服务费。

六、建筑安装工程预算与清单计价的依据

1. 工程设计文件

工程设计文件包括工程图目录、说明、材料设备表、平面图、系统图、剖面图、大样图以及图纸会审文件和设计变更通知等。

审批后的工程图纸及技术资料表明了工程的具体内容；设计变更一般会涉及造价的调整。

工程设计文件是编制工程计价、确定分部分项名称和工程数量的技术依据。

2. 工程量清单

工程量清单是建设工程招投标活动中，由招标人提供拟建工程的工程数量，投标人据此按工程量清单计价方式进行投标报价。

3. 施工组织设计或施工方案

施工组织设计或施工方案是确定单位工程的施工方法、施工进度计划、施工现场平面布置、工种工序穿插配合以及主要技术措施等内容的文件。它与计算工程量、选用定额、计算有关费用、投标报价等都有重要关系。

4. 工程定额、工程量清单计价规范

工程定额是划分分部分项工程项目、计算工程量、套用定额单价和编制直接工程费的依据。

工程量清单计价规范是调整建设工程工程量清单计价活动中发包人与承包人各种关系的规范文件。

5. 施工取费定额和计价规定文件

施工取费定额是编制工程造价中除直接工程费外其他相关费用的依据。

计价规定文件是工程造价管理部门根据变化的市场形势和政策，随时颁发的一些与工程造价计算有关的文件和规定，是编制工程预算、确定工程造价的重要依据。

6. 合同或协议

合同或协议对工程造价的计算和结算方式、甲乙双方的责任和义务及针对具体工程的特殊要求等做出了具体的规定，是编制工程预算、确定特殊费用时必须遵循的依据。

7. 有关工具书及手册

设计要求的某些设备、材料或器具，在编制预算时往往要查取一些必要的数据，如质量、断面、面积、外形尺寸等必须查阅有关的手册或工具书才能确定。

七、建筑安装工程预算与清单计价工程类别的划分

在建筑安装工程计价中，同一专业的工程因其规模大小、复杂程度的不同，所采用的施

工技术和施工组织措施就会有很大的差异，对施工企业的管理也有不同要求，这样就导致了其所需的直接费、企业管理费、利润等费用的不同。为此，就需在工程计价时将同一专业的工程划分为不同的类别，并规定工程类别不同，相关费用的取费就不同。

由于地域的差异，各地区的工程类别的划分标准不尽相同，操作时应对照当地工程造价管理部门的规定执行。

现行的青海省建设工程施工取费定额把建设工程中各专业工程划分为三个类别，并分别对应于综合费用的三种费率，其中一类工程的综合费用费率最高。

1. 清单计价工程类别的划分

(1)建筑工程

建筑工程类别是根据单位工程的规模、高度、跨度、层数、面积和施工技术难易程度等来划分的。

高度是指建(构)筑物从设计的室外地坪至建筑物檐口底的高度。不包括突出屋面的电梯机房、屋顶亭子间及屋顶水箱的高度。

跨度是指结构设计定位轴线间的距离。

层数是指设计的层数(含地下室、半地下室的层数)。阁楼层、面积小于标准层 30% 的顶层及层高在 2.2 m 以下的地下室或技术设备层不计算层数。

面积是指按建筑工程预算定额中的建筑面积计算规则计算的建筑面积。

地下室是指室内地坪低于室外地坪 1/2 层高以上的建筑工程。

半地下室是指室内地坪低于室外地坪 1 m 以上，小于 1/2 层高的建筑工程。

(2)安装工程

安装工程按电气设备安装，工业管道安装，给排水、采暖、燃气安装，通风空调安装，消防及安全防范设备安装等来划分工程类别。青海省部分安装工程类别的划分见表 1-3。

表 1-3 青海省部分安装工程类别的划分

安装工程类别	一 类	二 类	三 类
电气设备安装工程	35 kV 及以下变配电所电气安装、调试	10 kV 及以下变配电所电气安装、调试及配电线路安装	1 kV 及以下变配电所电气和低压配电设备安装、调试及配电线路安装
工业管道安装工程	1. Ⅰ、Ⅱ、Ⅲ类管道安装 2. 铝及铝合金管道安装 3. 钛管、镍管安装	Ⅳ、Ⅴ类管道安装	1. 非金属低压管道安装 2. 铸铁给排水管道安装
消防及安全防范设备安装工程	火灾自动报警系统安装、调试及监控设备安装、调试	水灭火系统安装、调试	气体灭火系统及泡沫灭火系统安装、调试
给排水、采暖、燃气安装工程	1. 管外径为 630 mm 以上厂区(室外)燃气管道安装 2. 管外径为 720 mm 以上厂区(室外)采暖管道安装	1. 管外径为 630 mm 以下厂区(室外)燃气管道安装 2. 管外径为 720 mm 以下厂区(室外)采暖管道安装 3. 管外径为 300 mm 以上厂区(室外)给水管道安装 4. 管外径为 600 mm 以上厂区(室外)排水管道安装	1. 管外径为 300 mm 以下厂区(室外)给水管道安装 2. 管外径为 600 mm 以下厂区(室外)排水管道安装

续表

安装工程类别	一　类	二　类	三　类
通风空调安装工程	净化、超净、恒温、恒湿通风管道系统安装	1.集中空调系统安装 2.除尘、排毒、排烟系统制作与安装	1.一般机械通风设备及其系统、分体式空调机、窗式空调器等安装 2.轴流通风机、排风扇和自然通风工程

2.清单计价工程类别划分需说明的问题

(1)安装工程以单位工程为类别划分单位,符合以下规定者为单位工程:

①建筑设备安装工程和民用建筑物或构筑物合并工程为单位工程,建筑设备安装工程同建筑工程类别(不包括单独锅炉房、变电所)。

②新建或扩建的住宅区、厂区的室外给排水、采暖、燃气等建筑管道安装工程,室外的架空线路、电缆线路、路灯等建筑电气安装工程均为单位工程。

③龙门起重机、固定式胶带输送机安装,拱顶罐、球形罐制作与安装,焦炉、高炉及热风炉砌筑等工程各自为单位工程。

④工业建筑物或构筑物的安装工程各自为单位工程。

⑤工业建筑室内的上下水、采暖、燃气、卫生、照明等工程由建筑单位施工时,应按建筑工程类别执行。

(2)安装工程中,有几个分部(专业)工程类别时,以最高分部(专业)工程类别为单位工程类别。

分部(专业)工程类别中有几个特征时,凡符合其中之一者,即为该类工程。

(3)在单位工程内,如仅有一个分部(专业)工程时,则该分部(专业)工程即为单位工程。

(4)一个类别工程中,部分子目套用其他工程子目时,按主类别执行。

(5)安装工程中的刷油、防腐蚀、绝热工程不单独划分类别,归并在所属类别中。单独刷油、防腐蚀、绝热工程按相应工程三类取费。

(6)智能化安装工程均按一类工程取费。

在具体的工程计价活动中,工程类别的确定也可以按照经过审批后的建设工程招标文件的规定执行。

第二节　建筑安装工程预算定额编制

在建筑安装工程施工过程中,为完成某一分项工程,都要耗费一定的人工、材料、机械台班和资金。在不同的施工安装条件下,不同技术水平的工人在不同的地区、不同的季节施工,这些消耗是不同的。因此,需要确定一种合理的数量标准,这就是建筑安装工程预算定额。所谓建筑安

大国工匠敬业守业

装工程预算定额，就是指在正常的施工安装条件下，完成一定计量单位合格产品所必须耗费的人工、材料和机械台班的数量标准。

实行定额的目的，是力求用最少的人力、物力和财力的消耗，生产出符合质量标准的建筑产品，取得最好的经济效益。

一、全国安装预算定额

现行的全国统一安装工程预算定额《通用安装工程消耗量定额》(TY 02-31-2015)是由住房和城乡建设部组织修订，并于 2015 年 9 月 1 日发布施行。它是完成规定计量单位分部分项工程所需的人工、材料、施工机械台班的消耗量标准，是各地区、部门工程造价管理机构编制计价定额的依据，是编制投资估算、设计概算、最高投标限价、标底的依据；是确定合同价、结算价，调节工程价款争议的基础，也可作为编制企业定额的参考。

1.《通用安装工程消耗量定额》的内容

《通用安装工程消耗量定额》(TY 02-31-2015)(简称《预算定额》) 共分十二册，各分册的内容一般由总说明、册说明、定额章节和附录四部分组成，具体如下：

第一册　机械设备安装工程

第二册　热力设备安装工程

第三册　静置设备与工艺金属结构制作安装工程

第四册　电气设备安装工程

第五册　建筑智能化工程

第六册　自动化控制仪表安装工程

第七册　通风空调工程

第八册　工业管道工程

第九册　消防工程

第十册　给排水、采暖、燃气工程

第十一册　通信设备及线路工程

第十二册　刷油、防腐蚀、绝热工程

建筑安装工程计价主要应用其中的第四、五、七、九、十、十二等册。

(1)总说明

由文字形式和表格形式两大部分组成，具体阐述了所有十二册《预算定额》的编制原则、依据和适用范围，还有其他一些需要说明的问题。例如，总说明对正常的施工条件做了解释，是指：

①设备、材料、成品、半成品、构配件完整无损，符合质量标准和设计要求，附有合格证和试验记录。

②安装工程和土建工程之间的交叉作业正常。

③正常的气候、地理条件和施工环境。

各分册的总说明内容都是一样的，是对《预算定额》的综合说明。

(2)册说明

册说明是对本册定额共性问题所做的综合性说明和规定。它包括的内容为：本册定额的作用和适用范围，本册定额与相邻分册定额的分界线，定额的编制依据，有关人工、材料和机械台班定额的说明，本册定额系数的使用方法。

册说明涉及本册中定额总的使用方法，全面了解和熟悉册说明是正确使用《预算定额》的重要一环。

(3)定额章节

定额章节是《预算定额》的主体部分，它由章说明和定额项目表组成。

每一《预算定额》分册根据本册内容分门别类地划分为若干个定额章，每一定额章按照本章产品的特性划分为若干定额节，每一定额节又按照本节产品的不同规格分解为若干项目和子目，使全册定额由安装工程基本构成要素有机组列，并按章—节（项）—分项（类型）—子目（工程基本要素）等次序排列起来，以定额项目表的具体形式列出，以便检索应用。

章说明是对本章定额共性问题所做的说明与规定，包括：本章适用范围及与相邻各章的分界线，编制定额所依据的标准图集及使用不同设计时的调整和补充方法，定额调整与换算的规定。

分册和章节说明介绍了工程量计算规则、已包括和未包括的内容，还有一些重要问题的说明。如第十册说明规定了采暖工程系统调整费的计取方法。第十册第一章管道安装说明中指出：管道安装中不包括法兰、阀门及伸缩器的制作安装。所以使用定额时，应首先了解各说明的内容，否则就不能正确地计算工程量。

(4)附录

附录是定额的有机组成部分，其内容根据各分册特点编列，一般包括主要材料损耗率表、零件价格组成表、各种材料质量表等。

2. 分项工程的工作内容

《预算定额》对每个分项工程的工作内容都做了介绍和规定。例如，室内镀锌钢管（螺纹连接）安装分项工程的工作内容为打、堵洞眼，切管，套丝，上零件，调直，栽钩卡，管道安装，管件安装和水压试验。工作内容不但详细说明了该分项工程施工所做的全部工作内容，避免预算时漏项和多列项，还排列了该分项工程的施工顺序。

3. 定额项目表

定额项目表是《预算定额》的主体。例如，《预算定额》第十册中室内焊接钢管（螺纹连接）安装定额项目表包括以下内容：

①定额项目编号：定额项目编号是为了方便预算的编审工作。

②人工：列出了工日数和人工单价及该分项工程项目的人工费。

③材料：列出了主要材料、辅助材料和零星材料耗费的数量及费用。

④机械台班：列出了机械的种类、型号、台班数量、单价及该分项工程项目的机械台班费。

4. 正确地套用定额项目

套用定额是做预算时的一个很关键的问题，要注意以下几点：

(1)正确套用定额项目。要注意区分室内外项目。例如，室内外管道安装分别有项目，费用不相同。又如，DN32 以下钢管支架安装已包括在管道安装项目之内，而 DN32 以上钢管支架要套管道支架安装项目。只有正确地套用定额项目，才能使工程费用计算得合理、准确。

(2)工程量计算单位要与定额项目一致。预算定额中有些项目的计量单位不同于常规使用的单位，所以套用定额项目时要特别注意工程量计算单位与预算定额项目的单位统一，以免出现计算错误。

(3)注意定额允许的换算问题。若工程内容与定额内容不相符合，要按定额的要求，进行调整换算。例如，消火栓中的火龙带，定额中水龙带的材质是苎麻，如果施工图中设计的材质与之不同，可以换算。

(4)注意定额中括号的含义。凡定额中带括号的材料用量，均未计入其价格，即基价中不包括其价格，应按括号内所列的定额用量套用材料预算价格计算。

(5)注意定额中用语的含义。凡定额中采用“以内”或“以下”字样者，均包括本身在内；凡采用“以外”或“以上”字样者，均不包括本身。

5. 定额规定的正常施工条件

(1)设备、材料、成品、半成品、构件完整无损，符合质量标准和设计要求，附有合格证书和试验记录。

(2)安装工程和土建工程之间的交叉作业正常。

(3)安装地点、建筑物、设备基础、预留孔洞等均符合安装要求。

(4)水、电供应均满足安装施工正常使用。

(5)正常的气候、地理条件和施工环境。

6. 定额人工工日消耗量

(1)定额的人工工日不分列工种和技术等级，一律以综合工日表示，包括基本用工、超运距用工和人工幅度差。

(2)综合工日的单价采用北京市 2015 年安装工程人工费单价，每工日 23.22 元，包括基本工资和工资性津贴等。

7. 定额材料消耗量

(1)定额中的材料消耗量包括直接消耗在安装工作内容中的主要材料、辅助材料和零星材料等，并计入了相应损耗，其内容和范围包括：从工地仓库、现场集中堆放点或现场加工点到操作点或安装点的运输损耗、施工操作损耗、施工现场堆放损耗。

(2)凡定额内未注明单价的材料均为主材，基价中不包括其价格，应根据括号内所列的用量，按各省、自治区、直辖市的材料预算价格计算。

(3)用量很少、对基价影响很小的零星材料合并为其他材料费，计入材料费内。

(4)施工措施性消耗部分，周转性材料按不同施工方法、不同材质分别列出一次使用量和一次摊销量。

(5)材料单价采用北京市 2015 年材料预算价格。

(6)主要材料损耗率见各册附录。

定额项目表是显示定额的基本表格，每一定额项目表均由工作内容、计量单位、定额编号(子目号)、分项工程项目名称、工料机消耗量定额、基价及附注等部分组成。

工程实例

【例 1-2】 表 1-4 为《青海省通用安装工程计价定额》第四册“电气设备安装工程”风扇安装的定额项目表。表中定额编号 4-15-71 为完成一台吊风扇安装的定额标准，其含义为：

①定额消耗的综合工日为 0.346 工日，定额规定的预算工资标准为 107.86 元/工日，则

人工费单价＝人工定额×人工单价＝0.346×107.86＝37.32 元

②定额消耗的安装材料

a. 主要材料：分项定额主材为风扇，其定额消耗指标为 1.000，在表中带括号表示为未计价主材，其价值未包括在定额基价内，须按当地现行材料预算价格计算其主材费。

表 1-4　　风扇

工作内容：测位、打眼、埋塑料胀管、上螺钉、接线、安装　　计量单位：台

定额编号				4-15-71	4-15-72
项目名称				吊风扇	壁扇
基价/元				50.48	49.72
其中	人工费/元			37.32	46.06
	材料费/元			13.16	3.66
	机械费/元			—	—
名称		单位	单价/元	数量	
人工	综合工日	工日	107.86	0.346	0.427
材料	吊风扇	台	—	(1.000)	—
	壁扇	台	—	—	(1.000)
	焊锡膏	kg	22.96	—	—
	焊锡丝 综合	kg	109.96	—	—
	硬铜绞线 TJ-6 mm^2	kg	62.12	—	—
	铜接线端子 DT-6	个	0.90	—	—
	金属膨胀螺栓 M8	套	0.95	3.060	3.060
	风扇吊钩	个	9.15	1.020	—
	冲击钻头 Φ10	个	5.15	0.021	0.021
	铜芯塑料绝缘电线 BV-2.5 mm^2	m	1.42	0.410	0.410
	其他材料	元	1.0	0.233	0.065

b. 辅助材料：铜芯塑料绝缘电线 BV-2.5 mm^2，0.410 m，单价 1.42 元/m；金属膨胀螺栓 M83.06 套，0.95 元/套；冲击钻头 Φ10，0.021 个，5.15 元/个；风扇吊钩，1.020 个，9.15 元/个；其他材料费 0.233 元。则

$$
\begin{aligned}
\text{材料费单价} &= \sum(\text{材料定额}\times\text{相应单价}) \\
&= 3.06\times0.95+1.02\times9.15+0.021\times5.15+0.410\times1.42+0.233\times1 \\
&= 13.16\text{ 元}
\end{aligned}
$$

这里的材料费单价实际上是辅材费单价。

③该子目无机械台班消耗。

④分项定额基价＝人工费单价＋材料费单价＋机械费单价

＝37.32＋13.16＋0＝50.48元

附录是定额册的有机组成部分，其内容根据各分册特点编列，一般包括主要材料损耗率表、零件价格组成表、各种材料质量表等。

二、地区预算定额的测定

1.地区预算定额的制定原则

预算定额编制涉及各方面的因素，是一项十分繁杂的工作，制定预算定额时应依据以下原则：

(1)全面贯彻党的路线、方针和政策

预算定额具有法令性，因此首先以贯彻党的路线、方针和政策为出发点，认真总结建筑安装企业广大职工的实践经验，正确反映当前的施工技术水平和施工管理水平，使定额更好地为加强基本建设经济管理工作服务。

(2)推广新结构、新材料和新技术

预算定额具有先进性，是因为预算定额的内容要尽可能地把已经成熟并推广的新结构、新材料和新技术纳入其中，督促施工企业推广使用新材料、新技术和新结构，以提高我国建筑安装企业的施工技术水平。

(3)贯彻“简明、准确、适用”原则

工程量计算是预算工作中工作量最大、最烦琐的工作，编制预算定额时，其定额项目的划定、定额计量单位的选定以及工程量规则的确定，都直接影响到工程量计算的繁简程度，因此必须使预算定额项目和内容简明，使用方便。

(4)集中领导、分级管理

预算定额是由国家授权部门主持编写，使基建产品有一个统一的计价依据。由于我国幅员广阔，各地区的情况差异很大，所以允许各地区在本地区内编制、使用补充定额，并对定额进行日常管理。

2.地区预算定额编制依据

(1)现行的设计规范、施工及验收规范、操作规程和质量标准

每个分项工程都应按操作规程的步骤和施工规范的要求施工，达到质量标准。预算定额中的数量标准是指完成合格产品所需的数量标准，所以预算定额必须以这些技术文件为依据，确定每个分项工程所包括的工作内容、施工程序和方法以及质量标准。

(2)现行的施工定额

编制预算定额时，以现行施工定额为依据，使预算定额与施工定额的项目和计量单位尽量一致。

(3)通用标准图集

水暖工程，特别是卫生器具的安装工程，更多地使用到标准图集，标准图上不但清楚地表明了管道与设备的连接方法，还表明了成组设备包含的内容及材料消耗量，是预算定额

项目中材料消耗量的依据。

(4)新材料、新技术和先进的施工方法

预算定额的内容和数量要及时地反映新的科技成果,使定额具有先进性,并促进施工技术水平的提高。

(5)现行的预算定额

新定额的编制是在原有定额的基础上,去掉其中不适宜的内容,增添新的内容和数量标准。

(6)有关的科学试验、测定、统计、经验分析资料

以此作为预算定额编制的基础资料,以提高定额的准确性。

三、《青海省通用安装工程计价定额》编制

1. 2020 年《青海省通用安装工程计价定额》编制的依据和内容

(1)《青海省通用安装工程计价定额》(以下简称本定额)共分十二册,包括:

第一册　机械设备安装工程

第二册　热力设备安装工程

第三册　静置设备与工艺金属结构制作安装工程

第四册　电气设备安装工程

第五册　建筑智能化工程

第六册　自动化控制仪表安装工程

第七册　通风空调安装工程

第八册　工业管道安装工程

第九册　消防安装工程

第十册　给排水、采暖、燃气安装工程

第十一册　信息通信设备及线缆安装工程

第十二册　刷油、防腐蚀、绝热工程

(2)本定额的主要编制依据

①国家法律、法规、标准规范。

②国家 2020 版《通用安装工程消耗量定额(送审稿)》。

③《青海省建设工程定额编制管理实施细则(试行)》。

④2016 版《青海省通用安装工程消耗量定额与基价》。

(3)本定额适用于青海省行政区域内的一般工业与民用建筑的新建、扩建、改建通用安装工程。

(4)本定额是完成规定计量单位分项工程所需的人工、材料、施工机械台班、仪器仪表台班的消耗量的标准,是使用国有投资的工程编制招标控制价、施工图预(结)算、确定工程造价的依据,也是编制投资估算、设计概算、衡量投标报价合理性的基础,也可作为编制企业定额、投标报价、调解处理工程造价纠纷、鉴定的参考。

(5)本定额按正常施工组织和施工条件,省内大多数施工企业采用的施工方法、机械化程度、合理的劳动组织及工期进行编制。

①设备、材料、成品、半成品、构配件完整无损,符合质量标准和设计要求,附有合格证书和检验、试验记录。

②安装工程和土建工程之间交叉作业正常。

③安装地点、建筑物、设备基础、预留孔洞、预留埋件等均符合安装要求。

④水、电供应均满足安装施工正常使用。

⑤正常的气候、地理条件和施工环境。

(6)本定额人工消耗量及单价的确定

①人工以综合工日表示,并列出工日消耗量。工日消耗量包括基本用工、超运距用工、辅助用工和人工幅度差。

②人工每工日按 8 h 工作制计算。

③定额项目中综合工日的消耗量未考虑高原人工降效因素。

④人工单价取定:107.86 元/工日。

(7)本定额材料消耗量及价格的确定

①本定额采用的材料泛指原材料、成品、半成品均为符合国家质量标准和相应设计要求的合格产品。

②本定额中的材料包括安装材料和消耗性材料。安装材料属于未计价材料的,在定额中以“(×××)”表示。消耗性材料包括施工中消耗的主要材料、辅助材料、周转材料和其他材料。

③本定额中材料消耗量包括净用量和损耗量。损耗量包括从工地仓库、现场集中堆放地点(或现场加工地点)至操作(或安装)地点的施工场内运输损耗、施工操作损耗、施工现场堆放损耗等(材料损耗率见各册附录)。

④本定额所用到的混凝土、砂浆及各种胶泥等均按半成品消耗量以体积表示,其配合比详见 2020 版《青海省建设工程消耗量定额与基价混凝土、砂浆配合比》。

⑤本定额周转性材料按不同施工方法、考虑不同工程项目类别、不同材质规格综合计算出的摊销量计入定额消耗量。

⑥对于用量少、低值易耗的零星材料,列为其他材料费,以“元”表示。

⑦主要材料、成品、半成品损耗率见各册附录。

⑧主要材料价格按 2019 年《青海省建设工程材料预算价格(西宁市区)》取定。

(8)本定额机械台班消耗量及台班单价的确定

①本定额中的机械按常用机械、合理机械配备和施工企业的机械化装备程度,并结合工程实际综合确定。

②本定额的机械台班消耗量是按机械正常施工效率并考虑机械幅度差综合取定,每台班按 8 小时工作制计算。

③凡单位价值 2 000 元以内、使用年限在一年以内的不构成固定资产的施工机械,不列入机械台班消耗量,作为工具用具在建筑安装工程费中的企业管理费考虑,其消耗的燃料动力已列入材料消耗量。

④本定额项目中机械台班消耗量未考虑高原机械降效系数。

⑤本定额机械台班单价按 2020 年《青海省施工机械台班费用单价(西宁市区)》确定;凡未指明具体型号、规格的机械,其台班单价是根据本省施工机械配备情况取定的综合价格;零星机械综合列为其他机械费,以“元”表示。

(9)本定额施工仪器仪表台班消耗量及台班单价的确定

①本定额的施工仪器仪表是按正常施工组织、施工企业技术水平考虑,同时结合市场

实际情况综合确定。

②本定额的施工仪器仪表消耗量是按仪器正常使用率，并考虑必要的检验检测及适当幅度差综合确定的，每台班按 8 h 工作制计算。

③凡单位价值在 2 000 元以内，使用年限在一年以内的不构成固定资产的施工仪器仪表，不列入施工仪器仪表台班消耗量，作为工具用具在建筑安装工程费中的企业管理费考虑，其消耗的燃料动力已列入材料消耗量。

④本定额项目中施工仪器仪表台班消耗量未考虑高原机械降效系数。

⑤本定额中施工仪器仪表台班单价是按 2020 年《青海省施工仪器仪表台班费用单价（西宁市区）》确定的。

（10）关于水平运输和垂直运输

①水平运输

a. 本定额水平运距：设备按 200 m 综合取定，材料（含成品、半成品）按 300 m 综合取定。执行定额时不做调整。

b. 当工程项目场地狭小，需要场外运输或场内二次搬运，已包括在相应费用定额中。

②垂直运输

a. 垂直运输基准面为室外地坪。

b. 建筑物垂直运输按照多层建筑物层数 6 层以下、单层建筑物檐高 20 m 以下、地下深度 10 m 以内考虑，工程实际超过时，计算建筑物超高（深）增加费。

（11）关于安装操作高度

①安装操作基准面一般为室外地坪或室内各层楼地面地坪。

②安装操作高度是指安装操作基准面至安装点的垂直高度。本定额除各册定额另有规定者外，安装操作高度综合取定为 6 m 以内。操作物高度超过综合规定点以外的，其操作高度增加费按其超过部分的工程量计算操作高度增加费。

（12）关于建筑物超高（深）增加费

①本定额除各册定额另有规定者外，建筑物超高（深）增加费是指多层建筑物层数 6 层以上、单层建筑物檐高 20 m 以上、地下深度 10 m 以上的建筑施工时，应计算建筑物超高（深）增加费。

②建筑物超高（深）增加费包括人工降效、使用机械（含仪器仪表）、垂直运输等费用。

③建筑物超高（深）增加费，应以整个工程全部工程量（含地下、地上部分）为基数，按照系数法计算。当建筑物既超高又超深，按照两者较大系数乘以 1.35 计算。系数详见各册说明。

（13）关于脚手架搭拆

①本定额脚手架搭拆是根据施工组织设计、满足安装需要所采取的安全措施。脚手架搭拆除满足自身安全外，不包括工程项目安全、环保、文明等工作内容。

②脚手架搭拆综合考虑了不同的结构形式、材质、规模、占用时间等要素，除定额规定不计取脚手架搭拆费用外，执行定额时不做调整。

③在同一个单位工程内有若干专业安装时，凡符合脚手架搭拆计算规则的，则应分别计取脚手架搭拆费用。本定额未考虑特殊环境区域安装工程所增加工作内容。

（14）本定额未考虑施工与生产同时进行、在有害身体健康（防腐工程、监测项目除外）的环境中施工时降效增加费，发生时按相应定额项目人工费的 10％另行计算。

（15）本定额是按水源、电源已接入现场编制，若现场无水源、无电源时，发承包双方以合同约定。

(16)本定额中的工作内容已说明了主要的施工工序,次要工序虽未说明,但均已包括在内。

(17)本定额对工程量计算规则中的计量单位和工程量计算有效位数统一规定如下:

①“以长度计算”的工程量以“m”为计量单位,工程量保留小数点后两位数字。

②“以面积计算”的工程量以“m^2”为计量单位,工程量保留小数点后两位数字。

③“以体积计算”的工程量以“m^3”为计量单位,工程量保留小数点后两位数字。

④“以质量计算”的工程量以“t”为计量单位,工程量保留小数点后三位数字。

⑤“以数量计算”的工程量以“台、块、个、套、件、根、组”等为计量单位,工程量应取整数。

(18)本定额中两个或两个以上调整系数,按连乘法计算。

(19)本定额注有“××以内”或“××以下”者,均包括××本身;“××以外”或“××以上”者,则不包括××本身。

(20)本省各地区定额人工调整系数表及高原人工、机械降效系数参考表见表1-5和表1-6。

表1-5　　青海省建设工程预算定额人工费单价(2020年)

地区			人工系数	地区		人工系数
西宁	市区		1.000	海南	共和	1.124
	湟中区		1.001		贵德	1.031
	大通		1.002		贵南	1.178
	湟源		1.004		同德	1.207
海东	平安		1.004		兴海	1.185
	乐都		1.002	黄南	同仁	1.091
	民和		1.002		尖扎	1.045
	互助		1.001		泽库	1.214
	化隆		1.006		河南	1.214
	循化		0.977	玉树	玉树	1.309
海北	门源		1.069		称多	1.309
	海晏		1.069		囊谦	1.309
	祁连		1.110		杂多	1.334
	刚察		1.157		治多	1.341
海西	德令哈		1.168		曲麻莱	1.348
	乌兰		1.126	果洛	玛沁	1.287
	都兰		1.126		甘德	1.300
	天峻		1.199		达日	1.300
	大柴旦		1.217		久治	1.251
	茫崖市	冷湖	1.250		班玛	1.254
		茫崖	1.291		玛多	1.313
	格尔木					

注:1.表中系数不包括高原人工效率降低因素。

2.西宁市区:指在城中、城东、城西、城北等管辖范围内区域。

3.表中系数适用于青海省住房城乡建设主管部门颁发的各专业定额。

4.计算公式:地区人工增加费=定额基价人工费×(地区人工调整系数-1)

表 1-6　　高原地区人工、机械效率降低参考系数

项目	海拔高程/m				
	2 000～2 500	2 500～3 000	3 000～3 500	3 500～4 000	4 000～4 500
人工	1.09	1.14	1.19	1.24	1.29
机械	1.25	1.35	1.45	1.55	1.65

注：4 500 m 以上地区，由发承包双方约定高原人工、机械降效系数。

2. 预算基价表表现形式

以第十二册“刷油、防腐蚀、绝热工程”的手工除锈为例，见表 1-7。

表 1-7　　手工除锈

工作内容：除锈、除尘。　　计算单位：10 m^2

定额编号				12-1-1	12-1-2	12-1-3	12-1-4
项目				管道		设备 φ1000 以上	
				轻锈	中锈	轻锈	中锈
基价				35.59	83.69	37.53	59.75
其中	人工费/元			32.68	77.87	34.62	53.93
	材料费/元			2.91	5.82	2.91	5.82
	机械费/元						
名称		单位	单价/元	数量			
人工	综合工日	工日	107.86	0.303	0.722	0.321	0.500
材料	钢丝刷	把	1.51	0.200	0.400	0.200	0.400
	铁砂布 0～2#	张	0.68	1.500	3.000	1.500	3.000
	破布	kg	7.95	0.200	0.400	0.200	0.400

四、青海省安装定额计价办法

（一）总说明

1. 为进一步深化工程造价管理改革，规范建设工程计价行为，合理确定和有效控制工程造价，根据《住房城乡建设部财政部关于印发〈建筑安装工程费用项目组成〉的通知》（建标〔2013〕44 号）《财政部国家税务总局印发〈关于全面推开营业税改征增值税试点〉的通知》（财税〔2016〕36 号）《住房和城乡建设部印发〈关于加强和改善工程造价监管〉的意见》（建标〔2017〕209 号）《住房和城乡建设部办公厅关于印发〈工程造价改革工作方案〉的通知》（建办标〔2020〕38 号）以及《建设工程工程量清单计价规范》（GB 50500—2013）等标准规定，结合我省新修订 2020 版房屋建筑与装饰、通用安装、市政、园林绿化工程定额，制定相配套的 2020 版《青海省建筑安装工程费用项目组成及计算规则》（以下简称《费用计算规则》）。

2.《费用计算规则》包括建筑安装工程费用项目组成、工程造价计价程序、专业工程费用标准及有关规定、专业工程适用范围、其他说明共五章。

3.《费用计算规则》适用于青海省境内新建、扩建和改建房屋建筑与装饰工程（含装配式建筑）、通用安装工程、市政工程、园林绿化工程施工发包与承包的计价活动，是工程量清单计价和定额计价的依据，是编制和审核招标控制价、施工图预（结）算、确定工程造价的依

据，也是编制投资估算、设计概算、衡量投标报价合理性的基础，也可作为编制企业定额、投标报价、调解处理工程造价纠纷、鉴定的参考。

4.《费用计算规则》与《建设工程工程量清单计价规范》

GB 50500—2013 等标准及新修订 2020 版房屋建筑与装饰、通用安装、市政、园林绿化工程计价定额配套使用。现行园林绿化、仿古建筑、房屋修缮、市政维护、绿色建筑、海绵城市、城市地下综合管廊等工程及编制建筑安装工程设计概算仍按原计价定额和配套费用定额执行。其中绿色建筑工程涉及房屋建筑、通用安装、市政、园林等专业工程配套费用定额执行《费用计算规则》相应专业工程。

5. 全部或部分使用国有资金投资或招标的建设工程编制

招标控制价、标底时，必须按《费用计算规则》的相应费用标准计取。其他资金投资的建设工程参照《费用计算规则》相应费用标准计取。

6.《费用计算规则》由青海省建设工程造价站负责日常管理。

（二）建筑安装工程费用项目组成

建筑安装工程费按照工程造价形成由分部分项工程费、措施项目费、其他项目费、规费和税金组成。分部分项工程费、措施项目费、其他项目费均包含人工费、材料费（含工程设备费，下同）、施工机具使用费、企业管理费和利润。

1. 分部分项工程费

分部分项工程费是指各专业工程的分部分项工程应予列支的各项费用。专业工程是指按现行国家计量规范划分的房屋建筑与装饰工程、仿古建筑工程、通用安装工程、市政工程、园林绿化工程等各类工程。分部分项工程是指按现行国家计量规范对各专业工程划分的项目，如房屋建筑与装饰工程划分的土石方工程、地基处理与边坡支护工程、桩基工程、砌筑工程、钢筋及钢筋混凝土工程等。

（1）人工费

人工费指直接从事建筑安装工程施工的生产工人开支的各项费用。内容包括：

①计时工资或计件工资：指按计时工资标准和工作时间或对已做工作按计件单价支付给个人的劳动报酬。

②奖金：指对超额劳动和增收节支支付给个人的劳动报酬。如节约奖、劳动竞赛奖等。

③津贴、补贴：指为了补偿职工特殊或额外的劳动消耗和因其他特殊原因支付给个人的津贴，以及为了保证职工工资水平不受物价影响支付给个人的物价补贴。如流动施工津贴、特殊地区施工津贴、高温（寒）作业临时津贴、高空津贴、高原补贴等。

④加班加点工资：指按规定支付的在法定节假日工作的加班工资和在法定日工作时间外延时工作的加点工资。

⑤特殊情况下支付的工资：指根据国家法律、法规和政策规定，因病、工伤、产假、计划生育假、婚丧假、事假、探亲假、定期休假、停工学习、执行国家或社会义务等原因按计时工资标准或计时工资标准的一定比例支付的工资。

⑥社会保险费（个人缴纳部分）：指职工按照规定标准缴纳的社会保险费。

⑦住房公积金（个人缴纳部分）：指职工按照规定标准缴纳的住房公积金。

（2）材料费

材料费指施工过程中耗费的原材料、辅助材料、构配件、零件、半成品或成品、工程设备的费用。内容包括：

①材料原价：指材料、工程设备的出厂价格或商家供应价格。进口材料和工程设备的原价按有关规定计算。

工程设备是指构成或计划构成永久工程一部分的机电设备、金属结构设备、仪器装置及其他类似的设备和装置。

②运杂费：指材料、工程设备自来源地运至工地仓库或指定堆放地点所发生的全部费用。

③运输损耗费：指材料在运输装卸过程中不可避免的损耗。

④采购及保管费：指为组织采购、供应和保管材料、工程设备的过程中所需要的各项费用。包括采购费、仓储费、工地保管费、仓储损耗。

(3)施工机具使用费

施工机具使用费指施工作业所发生的(企业自有)施工机械、仪器装置使用费或其(市场施工机械台班)租赁费。

①施工机械使用费：以施工机械台班耗用量乘以施工机械台班单价表示。施工机械台班单价应由下列七项费用组成：

a. 折旧费：指施工机械在规定的使用年限内，陆续收回其原值的费用。

b. 检修费：指施工机械在规定的耐用总台班内，按规定的检修间隔进行必要的检修，以恢复其正常功能所需的费用。

c. 维护费：指施工机械在规定的耐用总台班内，按规定的维护间隔进行各级维护和临时故障排除所需的费用。保障机械正常运转所需替换设备与随机配备工具附具的摊销费用、机械运转及日常维护所需润滑与擦拭的材料费用及机械停滞期间的维护费用等。

d. 安拆费及场外运费：安拆费指施工机械(大型机械除外)在现场进行安装与拆卸所需的人工、材料、机械和试运转费用以及机械辅助设施的折旧、搭设、拆除等费用；场外运费指施工机械整体或分体自停放地点运至施工现场或由一施工地点运至另一施工地点的运输、装卸、辅助材料等费用。

e. 人工费：指机上司机(司炉)和其他操作人员的人工费。

f. 燃料动力费：指施工机械在运转作业中所消耗的各种燃料及水、电等费用。

g. 其他费：指施工机械按照国家规定应缴纳的车船税、保险费及检测费等。

②仪器仪表使用费：指工程施工所需使用的仪器仪表的摊销及维修费用。内容包括：

a. 折旧费：指施工仪器、仪表在耐用总台班内，陆续收回其原值的费用。

b. 维护费：指施工仪器、仪表各级维护、临时故障排除所需的费用及为保证仪器、仪表正常使用所需备件(备品)的维护费用。

c. 校验费：指施工仪器、仪表标定与检验时发生的费用。

d. 动力费：指施工仪器、仪表在使用过程中所耗用的费用。

(4)企业管理费

企业管理费指施工企业组织施工生产和经营管理所需的费用。内容包括：

①管理人员工资：指按规定支付给管理人员的工资、奖金、津贴补贴、加班加点工资及特殊情况下支付的工资等。

②办公费：指企业管理办公用的文具、纸张、账表、印刷、邮电、书报、办公软件、现场监控、会议、水电、烧水和集体取暖降温(包括现场临时宿舍取暖降温)等费用。

③差旅交通费：指职工因公出差、调动工作的差旅费、住勤补助费，市内交通费和误餐补助费，职工探亲路费，劳动力招募费，职工退休、退职一次性路费，工伤人员就医路费，工地转移费以及管理部门使用的交通工具的油料、燃料等费用。

④固定资产使用费：指管理和试验部门及附属生产单位使用的属于固定资产的房屋、设备、仪器等的折旧、大修、维修或租赁费。

⑤工具用具使用费：指企业施工生产所需的价值低于 2 000 元或管理使用的不属于固定资产的生产工具、器具、家具、交通工具和检验、试验、测绘、消防用具等的购置、维修和摊销费。

⑥劳动保险费和职工福利费：指由企业支付的职工退职金，集体福利费，夏季防暑降温、冬季取暖补贴，上下班交通补贴等。

⑦劳动保护费：指企业按规定发放的劳动保护用品的支出。如工作服、手套以及在有碍身体健康的环境中施工的保健费用等。

⑧检验试验费：指施工企业按照有关标准规定，对建筑以及材料、构件和建筑安装物进行一般鉴定、检查所发生的费用，包括自设实验室进行试验所耗用的材料等费用。不包括新结构、新材料的试验费，对构件（如幕墙、预制桩、门窗等）做破坏性试验及其他特殊要求检验试验的费用和按有关规定由发包人委托检测机构进行检测的费用，对此类检测发生的费用，由发包人在工程建设其他费用中列支。

对承包人提供的具有合格证明的材料进行检测，不合格的，检测费用由承包人承担；合格的，检测费用由发包人承担。

⑨工会经费：指企业按《工会法》规定的全部职工工资总额比例计提的工会经费。

⑩职工教育经费：指按职工工资总额的规定比例计提，企业为职工进行专业技术和职业技能培训、专业技术人员继续教育、职工职业技能鉴定以及根据需要对职工进行各类文化教育所发生的费用。

⑪财产保险费：指施工管理用财产、车辆等的保险费用。

⑫财务费：指企业为施工生产筹集资金或提供预付款担保、履约担保、职工工资支付担保等所发生的各种费用。

⑬税金：指企业按规定缴纳的房产税、车船税、土地使用税、印花税等。

⑭附加税：指企业按规定缴纳的城市维护建设税、教育费附加以及地方教育费附加等。按简易计税法计算工程造价时，附加税另列入税金。

⑮其他：包括技术转让费、技术开发费、投标费、业务招待费、绿化费、广告费、公证费、法律顾问费、审计费、咨询费、保险费等。

（5）利润

利润指施工企业完成所承包工程获得的盈利。

2. 措施项目费

措施项目费是指为完成建设工程项目施工，发生于该工程施工前和施工过程中技术、生活、安全、环境保护等方面的费用。措施项目费分为总价措施项目费和单价措施项目费。

（1）总价措施项目费

①安全文明施工费

安全施工费：指施工现场安全施工所需要的各项费用。

文明施工费：指施工现场文明施工所需要的各项费用。

环境保护费:指施工现场为达到环保部门要求所需要的各项费用。

临时设施费:指施工企业为进行建设工程施工所必须搭设的生活和生产用的临时建筑物、构筑物和其他临时设施的搭设、维修、清理、拆除等各项费用。

②其他总价措施费

夜间施工增加费:指因夜间施工所发生的夜班补助费,夜间施工降效、夜间施工照明设备摊销及照明用电等费用。

二次搬运费:指因施工场地狭小等特殊情况而发生的材料、构配件、半成品等一次运输不能到达堆放地点,必须进行二次或多次搬运所发生的费用。

冬雨季施工增加费:指冬季或雨季施工需增加的临时设施、防滑、排除雨雪、人工及施工机械效率降低等费用。但不包括采用抗雨施工及电热法、暖棚法、外加剂等特殊措施费用。

已完工程及设备保护费:指竣工验收前,对已完工程及设备采取的必要保护措施所发生的费用。

工程定位复测费:指工程施工过程中进行全部施工测量放线和复测工作费用。

(2)单价措施项目费

单价措施项目费用内容详见《房屋建筑与装饰工程工程量计算规范》(GB 50854—2013)等各专业工程工程量计算规范。

3. 其他项目费

(1)暂列金额

暂列金额指招标人在工程量清单中暂定并包括在工程合同价款中的一笔款项。用于施工合同签订时尚未确定或者不可预见的所需材料、工程设备、服务的采购,施工中可能发生的工程变更、合同约定调整因素出现时的工程价款调整以及发生的索赔、现场签证确认等的费用。

(2)暂估价

暂估价指招标人在工程量清单中提供的用于支付必然发生但暂时不能确定价格的材料、工程设备的单价以及专业工程的金额。

暂估价分为材料暂估单价、工程设备暂估单价、专业工程暂估价。

(3)计日工

计日工指在施工过程中,承包人完成发包人提供的工程合同范围以外的零星项目或工作所计算的费用。

(4)总承包服务费

总承包服务费指总承包人为配合、协调发包人进行的专业工程发包,对发包人自行采购的材料、工程设备等进行保管以及施工现场管理、竣工资料汇总整理等服务所需的费用。

4. 规费

规费是指按国家法律、法规规定,由省级政府和省级有关权力部门规定必须缴纳或计取的费用。

(1)社会保险费

①养老保险费:指企业按照规定标准为职工缴纳的基本养老保险费。

②失业保险费:指企业按照规定标准为职工缴纳的失业保险费。

③医疗保险费和生育保险费:指企业按照规定标准为职工缴纳的基本医疗保险费和生育保险费。

④工伤保险费：指企业按照规定标准为职工缴纳的工伤保险费。

(2)住房公积金：指企业按规定标准为职工缴纳的住房公积金。

(3)工程排污费：指按规定缴纳的施工现场工程排污费。

5. 税金

税金是指国家税法规定的应计入建筑安装工程造价内的增值税销项税额。

根据增值税的性质，分为一般计税法和简易计税法。

(1)一般计税法

一般计税方法的应纳税额，是指当期销项税额抵扣当期进项税额后的余额。应纳税额公式计算如下：

应纳税额＝当期销项税额－当期进项税额

(2)简易计税法

简易计税方法的应纳税额，是指按照销售额和增值税征收率计算的增值税额，不得抵扣进项税额，应纳税额公式计算如下：

应纳税额＝销售额×应征率

(3)采用一般计税方法计税时，其税前工程造价的各项费用均不包含增值税的进项税额。采用简易计税方法计税时，其税前工程造价的各项费用均应包含增值税的进项税额。

五、青海省安装工程造价计价程序

(一)工程量清单计价程序

1. 工程量清单指载明建设工程分部分项工程项目、措施项目、其他项目的名称和相应数量以及规费、税金项目等内容的明细清单。

2. 分部分项工程项目清单必须载明项目编码、项目名称、项目特征、计量单位和工程量。分部分项工程项目清单必须根据《房屋建筑与装饰工程工程量计算规范》等国家标准规定的项目编码、项目名称、项目特征、计量单位和工程量计算规则进行编制。

3. 措施项目清单是指为完成工程项目施工，发生于该工程施工前和施工过程中的技术、生活、安全、环境保护等方面的项目清单。包括总价措施项目清单和单价措施项目清单。

4. 工程量清单计价指投标人完成由招标人提供的工程量清单所需的全部费用。包括分部分项工程费、措施项目费、其他项目费和规费、税金。

5. 分部分项工程量清单计价应当根据工程量清单中分部分项工程量清单项目的特征描述及有关要求，以综合单价形式计算。

6. 综合单价是指完成一个规定清单项目所需的人工费、材料和工程设备费、施工机具使用费和企业管理费、利润及一定范围内的风险费用。其中人工费包括定额人工费和人工增加费，人工增加费是指各地区人工费调整、高原降效增加费用。施工机械费包括定额机械费和施工机械增加费，施工机械增加费是指各地区机械高原降效增加费用。

7. 分部分项工程量清单计价的综合单价，可按各专业工程计价定额及《费用计算规则》中规定的费率和计算方法计算。

8. 措施项目清单计价中单价措施项目清单按综合单价计算，可按各专业工程计价定额及《费用计算规则》中规定的费率和计算方法计算；总价措施项目清单计价按《费用计算规则》中费率和计算方法计算。

9.发包人提供的材料和工程设备(简称甲供材)应计入相应项目的综合单价中,但在支付工程价款时,发包人应按合同的约定扣除甲供材料款。

工程量清单总计价程序和综合单价计算程序分别见表1-8和表1-9。

表1-8　工程量清单总计价程序

行号	序号	费用名称		计算方法
1	一	分部分项工程量清单项目费		Σ(分部分项清单工程量×综合单价)
2	二	措施项目费		3+4+5
3	1	单价措施项目		Σ(技术措施清单工程量×综合单价)
4	2	总价措施项目费	安全文明施工费	定额人工费×相应费率
5			其他措施项目费	定额人工费×相应费率
6	三	其他项目费		7
7	1	其他项目费		按招标文件规定
8	四	规费		9+10+11+12
9	1	社会保障费(养老、失业、医疗和生育、工伤保险金)		定额人工费×24.5%
10	2	住房公积金		定额人工费×12%
11	3	工程排污费		按实际发生额
12	五	税金		(1+2+6+8)×税率
13	六	工程总造价		1+2+6+8+12

注:其他项目费中包括暂列金额、暂估价、计日工、总承包服务费等。

表1-9　综合单价计算程序(分部分项工程及单价措施项目)

序号	项目		计算方法
1	人工费	定额人工费	∑(清单工程量×人工基价)
		人工增加费	地区人工费调整+高原人工降效增加费
2	材料费		∑(清单工程量×材料市场价)
3	机械费	定额机械费	∑(清单工程量×机械基价)
		机械增加费	定额机械费×高原机械降效系数
4	管理费		定额人工费×费率
5	利润		定额人工费×费率
6	综合单价		1+2+3+4+5

注:1.人工增加费包括地区人工费调整和高原人工降效增加费

地区人工费调整:定额人工费×(各地区调整系数-1)

高原人工降效增加费:(定额人工费+地区人工费调整)×(高原人工降效系数-1)

2.机械增加费=定额机械费×高原机械降效系数

(二)定额计价法计价程序

定额计价是以2020版《青海省房屋建筑与装饰工程计价定额》等各专业工程定额中人工费、材料费(含未计价材料,下同)、施工机具使用费为基础,依据费用计算规则计价程序计算工程所需的全部费用,包括人工费、材料费、施工机具使用费、企业管理费、利润、规费和税金。

定额计价法计价程序见表1-10。

表1-10　　定额计价法计价程序

行号	序号	费用名称	计算方法
1	一	直接费	2+6+7
2	二	定额直接费	3+4+5
3	1	人工费	Σ(工程量×人工基价)
4	2	材料费	Σ(工程量×材料基价)
5	3	机械费	Σ(工程量×机械基价)
6	4	人工增加费	地区人工费调整+高原人工降效增加费
7	5	机械增加费	定额机械费×高原机械降效系数
8	三	总价措施项目费	9+10
9	1	安全文明施工费	定额人工费×相应费率
10	2	其他总价措施项目费	定额人工费×相应费率
11	四	管理费	定额人工费×相应费率
12	五	利润	定额人工费×相应费率
13	六	人材机价差	Σ(数量×价差)
14	七	其他项目费	15
15	1	其他项目费	按招标文件规定
16	八	规费	17+18+19
17	1	社会保障费(养老、失业、医疗和生育、工伤保险费)	定额人工费×24.5%
18	2	住房公积金	定额人工费×12%
19	3	工程排污费	按实际发生金额
20	九	税金	(1+8+11+12+13+14+16)×增值税率
21	十	工程总造价	1+8+11+12+13+14+16+20

注:1.其他项目费中包括暂列金额、暂估价、计日工、总承包服务费等

2.人工增加费包括地区人工费调整和高原人工降效增加费

地区人工费调整:定额人工费×(各地区调整系数−1)

高原人工降效增加费:(定额人工费+地区人工费调整)×(高原人工降效系数−1)

3.机械增加费=定额机械费×高原机械降效系数

(三)关于调整青海省建设工程预算定额人工费单价的相关规定

西宁市建委、各州、地住房城乡建设局,各施工、工程造价咨询单位;

为使青海省建设工程预算定额人工费单价适应建筑市场实际,经调研测算,决定对青海省建设工程预算定额人工费单价进行调整。现将有关事项通知如下:

1.新调整的预算定额人工费单价使用于青海省建筑、装饰装修、安装、市政、园林绿化仿古建筑、房屋修缮、市政维护工程。

2.调整后的全省各市、县预算定额人工费单价详见附件。新增日工资额不作为取费基础,计税后列入人工总造价。

3.新调整的预算定额人工费单价自2021年1月1日起执行,已完成的工程量和已竣工结算的工程不再调整。

4. 本通知由青海省建设工程造价管理总站负责解释。

青海省建设工程现行定额人工费单价表见表 1-11。

表 1-11　　青海省建设工程预算定额人工费单价表(2021 年)

地区		日工资单价	新增日工资额	累计增加日工资额	地区		日工资单价	新增日工资额	累计增加日工资额
西宁	市区	107.86	12.77	31.66	海南	共和	121.23	14.35	35.58
	大通	108.08	12.80	31.73		贵德	111.20	13.16	32.64
	湟中	108.29	12.82	31.79		贵南	127.06	15.04	37.60
	湟源	108.29	12.82	31.79		同德	130.19	15.42	38.22
海东	平安	108.29	12.82	31.79		兴海	127.81	15.13	37.51
	乐都	108.08	12.80	31.73	黄南	同仁	118.00	13.97	34.64
	民和	108.08	12.80	31.73		尖扎	112.71	13.34	33.08
	互助	108.29	12.82	31.79		泽库	130.94	15.50	38.43
	化隆	108.29	12.82	31.79		河南	130.94	15.50	38.43
	循化	105.38	12.48	30.93	玉树	玉树	141.19	16.72	41.44
海北	门源	115.30	13.65	33.84		称多	141.19	16.72	41.44
	海晏	115.30	13.65	33.84		囊谦	141.19	16.72	41.44
	祁连	119.72	14.17	35.14		杂多	143.89	17.04	42.24
	刚察	124.79	14.77	36.63		治多	144.64	17.12	42.46
海西	德令哈	125.98	14.91	36.98		曲麻莱	145.40	17.22	42.68
	乌兰	121.45	14.38	35.65	果洛	玛沁	138.82	16.44	40.75
	都兰	121.45	14.38	35.65		甘德	140.22	16.60	41.16
	天峻	121.45	14.38	35.65		达日	140.22	16.60	41.16
	大柴旦	131.27	15.55	38.53		久治	135.26	16.02	39.71
	冷湖	134.83	15.97	39.58		班玛	135.26	16.02	39.71
	茫崖	139.25	16.49	40.88		玛多	141.62	16.77	41.57
	格尔木	135.26	16.02	39.71					

(四)专业工程费用标准及有关规定

1. 总价措施项目费

(1)安全文明施工费计取标准（表 1-12）

表 1-12　　安全文明施工费取费标准　　%

工程名称	取费基础	费用名称及类别				
		合计	安全施工费	文明施工费	环境保护费	临时设施费
房屋建筑与装饰工程	定额人工	23	7.87	5.70	2.53	6.90
通用安装工程		10	3.42	2.48	1.10	3.00
市政工程		25	8.55	6.20	2.75	7.50
单独装饰工程		21	7.19	5.20	2.31	6.30
大型土石方工程		10	3.42	2.48	1.10	3.00
包工不包料工程		8	2.74	1.98	0.88	2.40
园林绿化工程		—	—	—	—	—

(2)其他总价措施费计取标准(表 1-13)

表 1-13　　其他总价措施费取费标准　　%

工程名称	取费基础	费用名称及类别					
		合计	夜间施工增加费	二次搬运费	冬雨季施工增加费	已完工程及设备保护费	工程定位复测费
房屋建筑与装饰工程	定额人工	7	0.96	2.45	2.75	0.18	0.66
通用安装工程		1	0.52	0.30	—	0.18	—
市政工程		5	0.85	0.86	2.45	0.18	0.66
单独装饰工程		5	0.85	0.86	2.45	0.18	0.66
大型土石方工程		3.5	0.85	—	1.81	0.18	0.66
包工不包料工程		3.5	0.85	—	1.81	0.18	0.66
园林绿化工程		—	—	—	—	—	—

2. 企业管理费、利润计取标准(表 1-14)

表 1-14　　企业管理费、利润取费标准　　%

工程名称	取费基础	费用名称及类别	
		企业管理费	利润
房屋建筑与装饰工程	定额人工	18	15
通用安装工程		16	15
市政工程		26	15
单独装饰工程		16	15
大型土石方工程		12	7
包工不包料工程		15	7
园林绿化工程		—	—

注:装配式建筑工程利润率按房屋建筑与装饰工程利润率提高 15%计算。

3. 规费计取标准(表 1-15)

表 1-15　　规费计取标准　　%

规费名称	取费基础	费率
1. 社会保障费	定额人工	24.5
(1)养老保险费		16
(2)失业保险费		0.5
(3)医疗保险费和生育保险费		6.5
(4)工伤保险费		1.5
2. 住房公积金		12
3. 工程排污费	按实际发生计算	

注:规费不分专业工程均执行同一费率标准。

4. 税金计取标准（表 1-16、表 1-17）

表 1-16 一般计税法

费用名称	取费基础	税率/%
增值税	税前工程造价	9

表 1-17 简易计税法(税金及附加)

纳税地点	取费基础	税率/%
在市区	税前工程造价	3.48
在县城、镇		3.41
不在市、县城或镇		3.28

第二章
水暖工程施工图预算

章节概述 >>>

建筑安装工程施工过程中所需的材料种类繁多，因此材料费用是建筑工程成本中的重要组成部分，其中建筑给排水采暖用材料较为复杂。预算编制人员需要掌握各种管材、阀门、附件、仪表及设备的性质、工作原理和价格市场动态，从而对材料的费用进行有效控制。每一种原材料的市场价格也是不一样的，预算编制人员需要确认原材料的质量是否符合施工需求，再确定当前原材料的市场价格。除了施工中的原材料、施工设备和人员工资之外，预算编制人员还需要清晰地了解施工过程中产生的其他费用。物品的市场价格波动都会直接对建筑工程的概预算产生影响，因此，预算编制人员还需要及时掌握物品的市场价格波动情况，提出相对应的控制措施，有效地控制建筑工程施工中的支出成本，从而提高建筑工程各参与方的效益。

教学目标 >>>

- 知识目标

掌握建筑给排水常用管道材料的特性、选用和适用范围；掌握相关附件、设备、最新的管道材料和技术成果以及常用管材、附件、设备安装施工要点；掌握给排水系统的分类、系统组成、系统所需水压的简略估算、给排水方式等基本概念和基本知识；掌握建筑给排水系统安装施工要点。

- 能力目标

通过搜集资料，完成项目任务的分解，通过查阅资料，独立完成给排水工程量的计算。

德育要点 >>>

通过实践学习，培养学生的学习能力，夯实专业基本功，树立正确的价值观，养成细心严谨的学习态度，追求精益求精，体现工匠精神。

第一节　常用管材及附件

一、建筑给排水、采暖用材料

1. 常用管材

传统的镀锌钢管和砂模铸造给排水铸铁管具有易锈蚀、自重大、运输施工不便等缺点，现在已逐渐被淘汰。目前，建筑给排水、采暖常用管材主要有铝塑复合管、铜塑复合管、涂塑管、PE管、PP-R管、PVC-U管和铜管等。

(1)管径

管径一般可分为外径、内径、公称直径。

无缝钢管、焊接钢管(直缝或螺旋缝)、铜管、不锈钢管等管材，其管径以外径字母 D 后附加外径尺寸×壁厚来表示。例如，外径为 108 mm 的无缝钢管，壁厚为 5 mm，用 $D108\times 5$ 表示。

钢筋混凝土(或混凝土)管、陶土管、耐酸陶瓷管、缸瓦管等管材，管径宜以内径 d 表示。例如，$d230$，表示内径为 230 mm。

塑料管管径一般用外径 De 表示，如 De63 表示外径为 63 mm。

公称直径又称为平均外径、公称通径，用 DN 表示。这是因为金属管的管壁很薄，管外径与管内径相差无几，所以取管外径与管内径的平均值作为公称直径。如 DN32 表示公称直径为 32 mm。在工程设计中，如水煤气输送钢管(镀锌或非镀锌)、铸铁管等宜以公称直径 DN 表示。公称直径是为了设计制造和维修方便，人为地规定的一种标准。公称直径的选用详见国家标准《管道元件　公称尺寸的定义和选用》(GB/T 1047—2019)。当设计均用公称直径 DN 表示管径时，应有公称直径 DN 与相应产品规格对照表。

管材的公称直径和其内径、外径都不相等。例如，公称直径为 100 mm 的无缝钢管有 102 mm×5 mm、108 mm×5 mm 等几种。对于 108 mm×5 mm 的无缝钢管，108 mm 为管外径，5 mm 为管壁厚，因此，该钢管的内径为 108－5－5＝98 mm。公称直径不完全等于管外径减两倍壁厚之差，而是接近于内径，但是又不完全等于内径的一种管径的规格名称。在设计中使用公称直径目的是确定管件、阀门、法兰、垫片等零件的结构尺寸与连接尺寸，保持接口的一致。无论管道的实际外径(内径)多大，只要公称直径相同，都能相互连接。如果在设计中采用外径表示，应列出管材规格对照表，标明对应的公称直径、壁厚。

在工程中，各种管材的管径单位常用的有米(m)、厘米(cm)、毫米(mm)和英寸(in)。单位有公制(DN)和英制(NB)，对照关系见表 2-1。

表 2-1　公制与英制之间的对照关系

DN/mm	8	10	15	20	25	32	40	50	65	80	100	125	150
NB/in	$\frac{1}{4}$	$\frac{3}{8}$	$\frac{1}{2}$	$\frac{3}{4}$	1	$\frac{5}{4}$	$\frac{3}{2}$	2	$\frac{5}{2}$	3	4	5	6

(2)压力

各种管材在工程应用中均具备三种压力，即公称压力、试验压力和工作压力。

公称压力、试验压力和工作压力均与介质的温度密切相关，都是指在一定温度下制品(或管道系统)的耐压强度，三者的区别在于参照的温度条件不同。

①公称压力：在基准温度下的耐压强度。用 PN 表示，单位为 MPa。

例如，$PN2$，表示公称压力为 2 MPa。

②试验压力：在常温下的耐压强度。用 P_s 表示，单位为 MPa。

例如，P_s3，表示试验压力为 3 MPa。

③工作压力：在给定温度下的操作(工作)压力。用 P_t 表示，单位为 MPa。

例如，P_t1，表示工作压力为 1 MPa。

公称压力、试验压力和工作压力之间的关系：$P_s > PN \geqslant P_t$。

(3)管材的性能及应用

①塑料管：塑料管主要包括硬聚氯乙烯(PVC-U)管、高密度聚乙烯(HDPE)管、交联聚乙烯(PEX)管、聚丙烯(PP-R、PP-C)管、聚丁烯(PB)管、丙烯腈-丁二烯-苯乙烯(ABS)管、氯化聚氯乙烯(PVC-C)管等，常见塑料管、复合管实物图如图 2-1 所示。

(a) PP-R管　(b) PVC-C管　(c) PVC-U管　(d) 热水型钢塑复合管

(e) 钢塑复合管

(f) 塑覆铜管　(g) 铝塑复合管

图 2-1　塑料管、复合管实物图

a. 公称直径与外径的关系：公称外径与公称直径存在对照关系见表 2-2。

b. 塑料管的性能：表 2-3 为常用给排水塑料管的性能。表 2-4 为硬聚氯乙烯(PVC-U)管规格。表 2-5 为常用无规共聚聚丙烯(PP-R)管规格。表 2-6 为常用给排水管材特性及连接方式。

c. 塑料管常用管径：塑料管常用管径采用外径 De 表示，规格为 20、25、32、40、50、65、

75、90、110、125、140、160、180、200、225、250、280、315 等(单位为 mm)。

d. 塑料管的连接方法：螺纹连接、焊接(电加热空气焊)、热熔连接、电熔合连接、法兰连接和黏结等。

e. 塑料管的适用范围：可适用于工业与民用建筑内冷水、热水和饮用水系统。但由于其材质差异，硬聚氯乙烯(PVC-U)管不能用于热水系统，只适用于冷水供水系统。

表 2-2　公称外径与公称直径对照关系

公称外径/mm	20	25	32	40	50	63	75	90	110
DN/mm	15	20	25	32	40	50	65	80	100

表 2-3　常用给排水塑料管的性能

分　类	优　点	缺　点	连接方式	用　途	备　注
硬聚氯乙烯(PVC-U)管	抗腐蚀能力强，易于黏合，价廉，质地坚硬	有 PVC-U 单体和添加剂渗出，不适用于热水输送；接头黏合技术要求高，固化时间较长	黏合、螺纹	适用于生活给排水进户管	管径 DN 为 25 mm～200 mm。
高密度聚乙烯(HDPE)管	耐性好，较高的抗疲劳强度，耐温性能较好；质轻，可挠性和抗冲击性能好	熔接需要电力，机械连接，连接件大	挤压夹紧、热熔合、电熔合	适用于生活给排水管	—
交联聚乙烯(PEX)管	耐温性能好，抗蠕变性能好	只能用金属件连接；不能回收重复利用	挤压夹紧	适用于冷水、热水管	—
聚丁烯(PB)管	耐温性能好，良好的抗拉性能，耐冲击，抗蠕变性能好，高柔韧性	国内尚无 PB 树脂原料，依赖进口，价高	挤压夹紧、热熔合、电熔合	—	—
改性聚丙烯(PP-R)管	耐温性能好，可回收利用，质量轻，强度高，韧性好，耐冲击，阻力小，无毒、卫生，不锈蚀，不结垢等	在同等压力和介质温度的条件下	热熔合	适用于生活给排水管、热水管	该管材为国内新一代的绿色建筑材料——冷热水、饮用水管道系列产品，成为“绿色革命”中的一颗闪亮的新星
丙烯腈-丁二烯-苯乙烯(ABS)管	强度大，耐冲击	耐紫外线差，黏合固化时间较长	黏合、螺纹、电熔合	适用于生活给排水管	—

表 2-4　　硬聚氯乙烯(PVC-U)管规格(摘自 GB/T 10002.1—2023)　　mm

公称外径	允许偏差	公称外径	允许偏差	公称外径	允许偏差
20	+0.3 0	140	+0.5 0	450	+1.4 0
25	+0.3 0	160	+0.5 0	500	+1.5 0
32	+0.3 0	180	+0.6 0	560	+1.7 0
40	+0.3 0	200	+0.6 0	630	+1.9 0
50	+0.3 0	225	+0.7 0	710	+2.0 0
63	+0.3 0	250	+0.8 0	800	+2.0 0
75	+0.3 0	280	+0.9 0	900	+2.0 0
90	+0.3 0	315	+1.0 0	1 000	+2.0 0
110	+0.4 0	355	+1.1 0		
125	+0.4 0	400	+1.2 0		

表 2-5　　常用无规共聚聚丙烯(PP-R)管规格(DN×壁厚)　　mm

S5(1.25 MPa)	S4(1.6 MPa)	S3.2(2.0 MPa)	S2.5(2.5 MPa)
20×1.9	20×2.3	20×2.8	20×3.4
25×2.3	25×2.8	25×3.5	25×4.2
32×3.0	32×3.6	32×4.4	32×5.4
40×3.7	40×4.5	40×5.5	40×6.7
50×4.6	50×5.6	50×6.9	50×8.4
63×5.8	63×7.1	63×8.1	63×10.5

表 2-6　　常用给排水管材特性及连接方式

管　材	PVC-U 管	PB 管	PP-R 管	PEX 管	ABS 管	铝塑复合(PAP)管	塑覆铜管	钢塑复合(SP)管	涂塑钢管
长期使用温度/℃	≤45	≤90	≤70	≤90	≤60	HDPE≤60 XIPE≤90	≤80	≤50	≤50
工作压力/MPa	1.6	1.6～2.5(冷水) 1.0(热水)	2.0(冷水) 1.0(热水)	1.6(冷水) 1.0(热水)	1.6	2.0～3.0	2.0	2.5	2.5
壁厚	中	最薄	最厚	中	中	厚	薄	—	—
单价	便宜	贵	贵	较贵	较贵	较贵	贵	贵	较贵
规格(外径)/mm	20～315	16～110	20～110	16～63	15～300	16～32	15～55	15～300	15～300

续表

管　材	PVC-U管	PB管	PP-R管	PEX管	ABS管	铝塑复合(PAP)管	塑覆铜管	钢塑复合(SP)管	涂塑钢管
寿命/年	50	50	50	50	—	50	50	50	50
连接方式	胶圈连接或承插黏结	夹紧式、热熔式连接	热熔式连接	采用金属管件夹紧式、卡套式连接	胶圈连接或承插黏结	采用金属管件夹紧式连接	夹紧式、焊接式	管螺纹及法兰连接	管螺纹及法兰连接

②复合管

复合管包括衬铅管、衬胶管、玻璃钢管等。复合管大多是由工作层（要求耐腐蚀）、支承层、保护层（要求耐腐蚀）组成。

a. 复合管的分类：根据金属的材料可分为钢塑复合管、不锈钢塑复合管、塑覆不锈钢管、塑覆铜管、铝塑复合管、交联铝塑复合管、衬塑铝合金管等。

b. 常用的复合管：铝塑复合管和钢塑复合管两种。钢塑复合管有衬塑和涂塑两类。

c. 复合管的优点：无毒，耐腐蚀，质轻，机械强度高，脆化温度低，使用寿命长等。

d. 复合管的适用范围：一般用于室内工作压力不大于 1.0 MPa 的冷、热水管道系统中，是镀锌钢管的替代品。

e. 复合管的连接方式：宜采用冷加工方式，因为热加工方式容易造成内衬塑料的伸缩、变形乃至熔化。一般有螺纹、卡套、卡箍等连接方式。

③钢管

a. 分类：钢管按制造方式分为焊接钢管和无缝钢管两种；按使用要求分为镀锌钢管（白铁管）和不镀锌钢管（黑铁管）；按照钢管的焊接情况分为直缝焊接钢管和螺纹缝焊接钢管。

b. 钢管的特点：具有强度高、承受流体压力大、抗振性能好、质量比铸铁管轻、接头少、表面光滑、容易加工和安装等优点，但抗腐蚀能力差。镀锌钢管由于长期工作，镀锌层逐渐磨损脱落，钢体外露，导致管壁锈蚀、结垢、滋生细菌，使管道内的水质恶化。镀锌钢管的一般寿命只有 8～12 年，而一般的塑料管寿命可达 50 年。因此，现在冷浸镀锌钢管已被淘汰，热镀锌钢管也已限制使用，目前多用于消防管道上。表 2-7 为低压流体输送用焊接、镀锌焊接钢管规格。

表 2-7　　低压流体输送用焊接、镀锌焊接钢管规格

公称直径/mm	外径/mm	钢管				基面外径/mm	螺纹			按每 6 m 加一个接头计算钢管每米质量/kg
		一般管		加厚管			每英寸丝扣数	空刀以外的长度		
		壁厚/mm	每米理论质量/kg	壁厚/mm	每米理论质量/kg			锥形螺纹/mm	圆柱形螺纹/mm	
8	13.5	2.25	0.62	0.75	0.73	—	—	—	—	—
10	17.0	2.25	0.82	2.75	0.97	—	—	—	—	—
15	21.3	2.75	1.26	3.25	1.45	20.956	14	12	14	0.01
20	26.8	2.75	1.63	3.50	2.01	26.442	14	14	16	0.02
25	33.5	3.25	2.42	4.00	2.91	33.250	11	15	18	0.03
32	42.3	3.25	3.13	4.04	3.78	41.912	11	17	20	0.04

续表

公称直径/mm	外径/mm	钢管				基面外径/mm	螺纹			按每6 m加一个接头计算钢管每米质量/kg
		一般管		加厚管			每英寸丝扣数	空刀以外的长度		
		壁厚/mm	每米理论质量/kg	壁厚/mm	每米理论质量/kg			锥形螺纹/mm	圆柱形螺纹/mm	
40	48.0	3.50	3.84	4.25	4.58	47.805	11	19	22	0.06
50	60.0	3.50	4.88	4.50	6.16	59.616	11	22	24	0.09
65	75.5	3.75	6.64	4.50	7.88	75.187	11	23	27	0.13
80	88.5	4.00	8.34	4.75	9.81	87.887	11	32	30	0.20
100	114.0	4.00	10.85	5.00	13.44	113.034	11	38	36	0.40

注：1. 轻型管壁比表中一般管的壁厚小 0.75 mm，不带螺纹，宜于焊接。
2. 镀锌钢管（白铁管）比不镀锌钢管质量大 3%～6%。

c. 钢管的连接方法：钢管的连接方法有螺纹、法兰、焊接。

钢管螺纹连接配件如图 2-2 所示。

(a)法兰盘 (b)侧孔弯头 (c)侧孔三通
(d)卡箍连接件(沟槽式连接) (e)管帽
(f)异径四通 (g)管箍 (h)沟槽卡箍 (i)大小头
(j)过桥弯头 (k)螺纹短管 (l)对丝活接式不锈钢管件 (m)双卡压薄壁不锈钢直通管

图 2-2 钢管螺纹连接配件

d. 薄壁不锈钢管：薄壁不锈钢管是采用壁厚为 0.6～2.0 mm 的不锈钢带或不锈钢板，用自动氩弧焊等熔焊焊接工艺制成的管材。薄壁不锈钢管适用于优质饮用水系统、热水系统及将安全、卫生放在首位的给排水系统，具有安全可靠、卫生环保、经济适用等优点，已被国内外工程实践证明是给排水系统综合性能优异、新型、节能和环保型的管材之一，但其成本较高。

2. 其他材料

(1)型钢

型钢在管道工程中主要用于制作各种支架、吊架。型钢的种类很多，如圆钢、扁钢、角钢、槽钢、工字钢、钢板等。钢板主要用来制作给水高位水箱、采暖膨胀水箱，使用时可根据有关施工图纸要求查阅材料手册。

(2)油漆等防腐材料

管道安装完毕后，需在管道(包括设备如散热器、水箱)表面刷油漆，以防止金属腐蚀。常用油漆(涂料)的种类及主要性能、用途见表 2-8。

表 2-8　常用油漆(涂料)的种类及主要性能、用途

涂料名称	主要性能	耐温/℃	主要用途
红丹防锈漆	与钢铁表面附着力强，防潮防水，防锈力强	150	钢铁表面打底，不应暴露于大气中，必须用适当面漆覆盖
铁红防锈漆	覆盖性强，薄膜坚韧，涂漆方便，防锈能力较红丹防锈漆差些	150	钢铁表面打底或盖面
铁红醇酸底漆	附着力强，防锈性能和耐气候性较好	200	高温条件下黑色金属打底
灰色防锈漆	耐气候性较调和漆强	—	用作室内外钢铁表面上的防锈底漆和罩面漆
锌黄防锈漆	对海洋性气候及海水侵蚀有防锈性	—	适用于铝或其他金属上的防锈
环氧红丹漆	快干，耐水性强	—	适用于经常与水接触的钢铁表面
磷化底漆	能延长有机涂层寿命	60	有色及黑色金属的底层防锈漆
厚漆(铅油)	漆膜较软、干燥慢，在炎热而潮湿的天气有发黏现象	60	用清油稀释后，用于室内钢、木表面打底或盖面
油性调和漆	附着力及耐气候性好，在室外使用优于磁性调和漆	60	用作室内外金属、木材、砖墙面漆
铝粉漆	—	150	专供采暖管道、散热器作面漆
耐温铝粉漆	防锈不防腐	>300	黑色金属表面漆
有机硅耐高温漆	—	400～500	黑色金属表面漆
生漆(大漆)	漆层机械强度高，耐酸性强，有毒，施工困难	200	用于钢、木表面防腐
过氯乙烯漆	抗酸性强，耐浓度不大的碱性，不易燃烧，防水绝缘性好	60	用于钢、木表面，以喷涂为佳
耐碱漆	耐碱腐蚀	>60	用于金属表面
耐酸树脂磁漆	漆膜保光性、耐气候性和耐油性好	150	适用于金属、木材及玻璃布的涂刷
沥青漆(以沥青为基础)	干燥快，涂膜硬，但附着力及机械强度差，具有良好的耐水、防潮、防腐及抗化学侵蚀性，但耐气候性、保光性差，不宜暴露在阳光下，室外容易收缩龟裂	—	主要用于水下和地下钢铁构件、管道、木材及水泥面的防潮、防水、防腐

管道的一般防腐就是涂料防腐。一般分为底漆、面漆、罩面漆三种涂层，每层按设计要求可涂一遍或几遍。

管道的特殊防腐的做法就是对埋地钢管涂冷底子油和热沥青，其类型及结构见表 2-9。

(3)保温材料(绝热材料)

保温材料对节约能源、改善劳动条件、提高系统运行经济性及安全性都具有非常重要的意义。保温结构一般由防锈层、保温层、防潮层(对保冷结构而言)、保护层、防腐层及识别标志等组成。

保温层外的保护层常用材料有油毡、玻璃丝布、石棉、水泥、镀锌铁皮等。

常用保温材料及性能见表 2-10。

表 2-9 钢管的特殊防腐类型及结构

防腐层层次（从金属表面起）	正常防腐层（厚度≥3 mm）	加强防腐层（厚度≥6 mm）	特加强防腐层（厚度≥9 mm）
1	冷底子油	冷底子油	冷底子油
2	沥青涂层	沥青涂层	沥青涂层
3	外包保护层	加强包扎层（封闭层）	加强保护层（封闭层）
4		沥青涂层	沥青涂层
5		外包保护层	加强包扎层（封闭层）
6			沥青涂层
7			外包保护层

表 2-10 常用保温材料及性能

材料名称	密度/(kg·m^{-3})	导热系数/[W·(m·℃)$^{-1}$]		适用温度/℃	特点或规格
		常温	其他温度		
特级膨胀珍珠岩	50～80	0.019～0.029		−196～1 200	粉状
1～3 级膨胀珍珠岩	81～300	0.029～0.062		−196～1 200	粉状
磷酸珍珠岩制品	200～300	0.052～0.08	$0.053+0.000\ 13t_{cp}$	900	板、管状
沥青玻璃棉毡	120～140	0.041～0.047	$0.037+0.000\ 13t_{cp}$	−20～250	3 000 mm×900 mm×(25～50) mm
沥青矿渣棉毡	120～150	0.041～0.052		250	1 000 mm×750 mm×30 mm
矿渣棉(长纤维)	70～120	0.041～0.049		650	1 000 mm×750 mm×30 mm
矿渣棉(普通)	110～130	0.043～0.052		650	1 000 mm×750 mm×30 mm
膨胀蛭石	80～280	0.052～0.070		−20～1 000	粒度 0～30
水泥蛭石管壳、板	350～500	0.089～0.140	$0.093\ 4+0.000\ 215t_{cp}$	600	
沥青蛭石管壳、板	350～400	0.081～0.105		250	15≤DN≤400
聚苯乙烯泡沫塑料	16～220	0.025～0.011		−80～70	1 000 mm×1 000 mm×60/80/100 mm 500 mm×500 mm×10/25/40/50 mm 15≤DN≤400

续表

材料名称	密度/(kg·m^{-3})	导热系数/[W·(m·℃)$^{-1}$]		适用温度/℃	特点或规格
		常温	其他温度		
聚氨基甲酸酯泡沫塑料	20～40	0.030～0.042		－50～130	1 000 mm×1 000 mm×60/80/100 mm 500 mm×500 mm×10/25/40/50 mm 15≤DN≤400
硅藻土保温管壳、板	550～700	0.010 5～0.130 0		900	密度、导热系数均较大，强度高，施工方便，不刺人
硅藻土石棉灰	280～380		0.085(109 ℃)	900	
石棉绳	590～730	0.19～0.21		500	
水泥泡沫混凝土(42.5号或52.5号硅酸盐水泥)	400～450	0.093～0.140	0.093＋0.000 17t_{cp}	250	

(4)管道螺纹连接填料

管道螺纹连接填料对连接的严密性十分重要，填料的选用是根据管内介质和工作温度等决定的。

当管内介质温度在120 ℃以下时，如热水、低压蒸汽和给水管道，可使用线麻(亚麻)和厚白铅油作为填料。先将线麻从螺纹的第二扣开始，沿螺纹顺时针方向缠绕至线麻终点，在缠绕的线麻表面均匀地涂抹厚白铅油，即可拧上管件(俗称上零件)。当管内介质温度高于120 ℃ 时，则可用石棉绳纤维和厚白铅油作为填料，或在管螺纹上涂抹厚白铅油即可。

某些工业管道严禁采用缠麻抹油的方式，应根据设计要求采用不同填料。常用填料有：

①黄粉甘油调和物(氧化铅粉拌甘油)适用于氧气、制冷、石油等管道，随用随调制。

②聚四氟乙烯生料带常用于燃气、氧气、乙炔管道及温度为－180～250 ℃的液体、气体及输送腐蚀性介质的管道。

③酒精漆片泡制物可按设计要求用于制冷管道等，随用随调制。

④四氟乙烯填料按设计要求用于酸类管道。

二、给水附件

给水附件是安装在管道及设备上启闭和调节装置的总称。给水附件分为配水附件和控制附件。

1. 配水附件

配水附件的作用是调节和分配水流。常用配水附件如图2-3所示。

(1)配水龙头

配水龙头是普通式水龙头，包括球形阀式配水龙头和旋塞式配水龙头两种。

①球形阀式配水龙头：装在洗涤盆、污水盆、盥洗槽上的水龙头。水流通过此种龙头因改变流向，故阻力较大。

正确选择管材的重要性

②旋塞式配水龙头：设在压力不大的给水系统上。这种龙头旋转90°即完全开启，可短时获得较大流量，因水流呈直线通过龙头，故阻力较小。但启闭迅速，易产生水击。适用于浴室、洗衣房、开水间等场所。

(2)盥洗龙头

盥洗龙头设在洗脸盆上专供冷水或热水用。包括莲蓬头式、鸭嘴式、角式、长脖式等。

(3)混合龙头

混合龙头用于调节冷、热水的龙头，适用于盥洗、洗涤、沐浴等场合，样式较多。

此外，还有小便斗龙头、皮带龙头、消防龙头、电子自动龙头和红外线自控水龙头等。

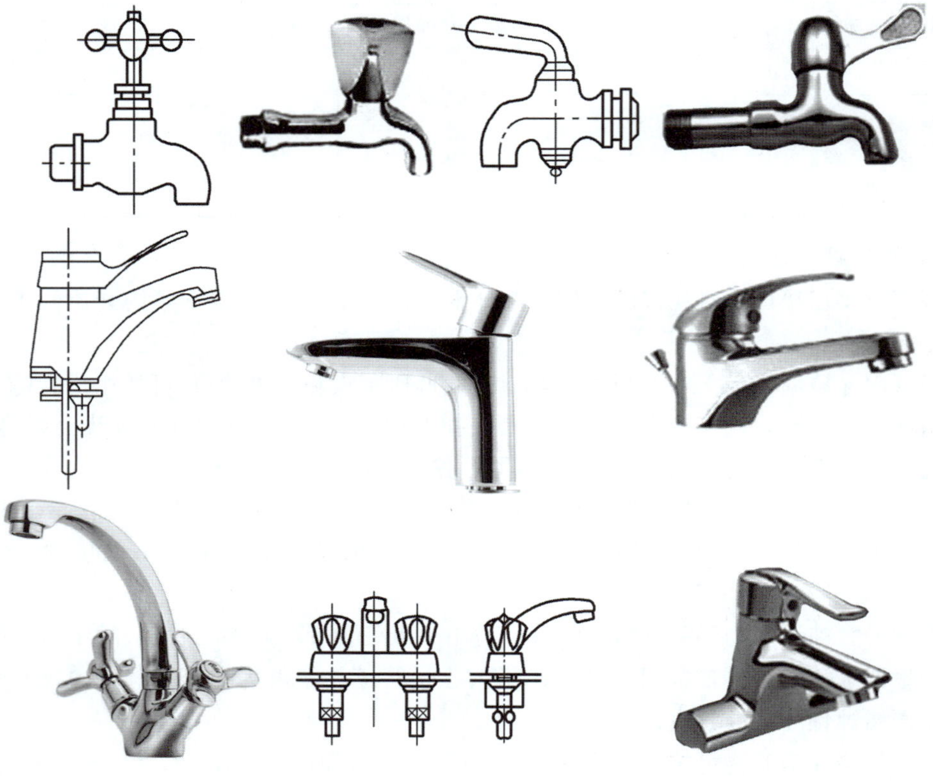

图 2-3 常用配水附件

2. 控制附件

控制附件用于调节水量和水压、控制水流方向、关断水流等。控制附件的安装详见《常用小型仪表及特种阀门选用安装》(01SS105)。

(1)截止阀

截止阀关闭严密，但水流阻力较大，适用于管径小于或等于50 mm的管道上，如图2-4所示。

(2)闸阀

当管道直径在70 mm以上时采用闸阀。闸阀全开时，水流呈直线通过，阻力小，但水中有杂质落入阀座后，可能导致闸阀不能完全关闭，从而产生磨损和漏水，缩短阀门使用寿命，如图2-5所示。

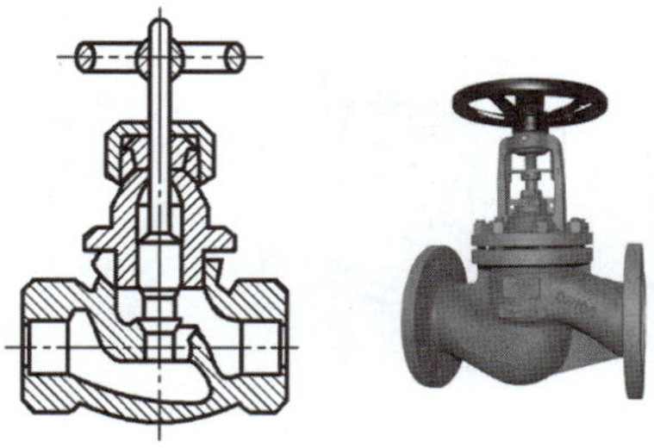

截止阀三维演示

图 2-4　截止阀

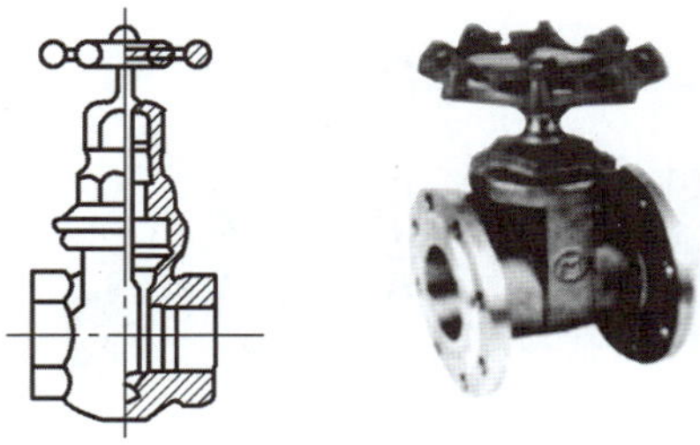

闸阀三维演示

图 2-5　闸阀

（3）浮球阀（液位阀）

浮球阀是一种可以自动进水、自动关闭的阀门，多装在水池或水箱内，用于控制水位。当水箱充水到设计最高水位时，浮球随着水位浮起，关闭进水口；当水位下降时，浮球下落，进水口开启，向水箱继续充水。浮球阀口径一般为 15～100 mm，使用时应与各种相同管径规格配套，如图 2-6 所示。

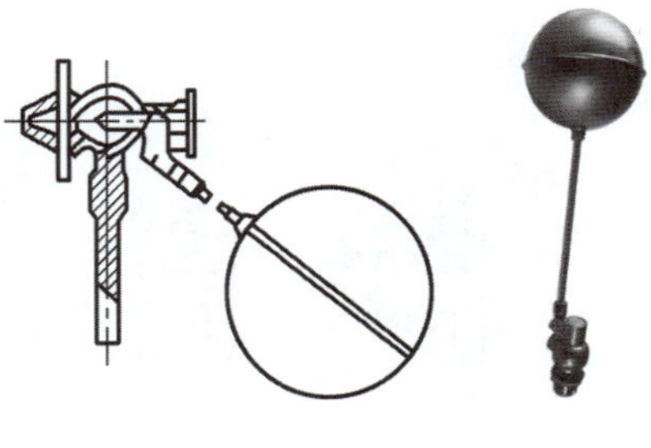

图 2-6　浮球阀

（4）止回阀

止回阀又称为逆止阀、单向阀，是一种在阀门前、后压力差作用下自动启闭的阀门，其作用是使介质只沿一个方向流动，阻止介质逆向流动。止回阀按其结构不同，分为升降式、旋启式和蝶形对夹式。升降式止回阀如图 2-7(a)所示，它一般装于水平或垂直管道上，其水头损失较大，只适于小管径。升降式止回阀又有卧式与立式之分。旋启式止回阀如图 2-7(b)所示，它一般在直径较大，水平、垂直管道上均可装设。倒流防止器由两个隔开的止回阀和一个安全泄水阀组成，如图 2-7(c)所示，主要用于城镇供水管网与各类用户管网之间，自来水总管和小区用户水表后，或生活饮用水与中水、消防水、空调水、绿化水等异质水系统之间交叉连接处，形成有效隔断，无负压设备的配套安装，能够有效防止倒流污染的发生。安装止回阀时，也应注意介质的流向，不能装反。

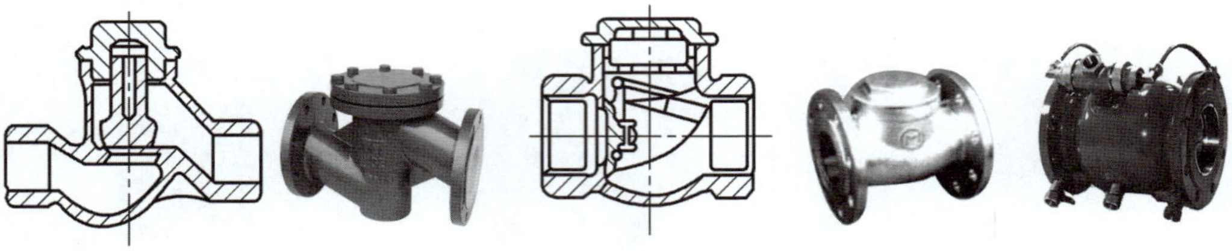

(a) 升降式　　(b) 旋启式　　(c) 倒流防止器

图 2-7　止回阀

(5)排气阀

排气阀具有管道中大量空气排出、系统运行中的小量排气和外界空气高速导入三种功能，用于水泵出口及给水、排水管线中。其自动排气与自动补气的功能可以提高输水管路的排送效率，降低排送成本，如图 2-8 所示。

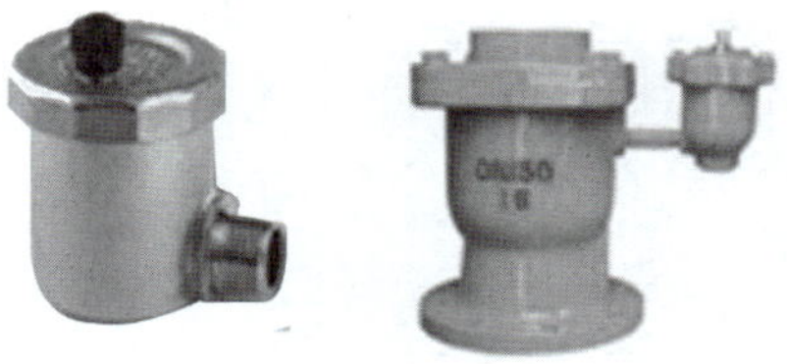

图 2-8　排气阀

(6)旋塞阀

旋塞阀又称为转心门或考克，装在需要迅速开启或关闭的地方，适用于压力较低和管径较小的管道，如图 2-9 所示。

(7)安全阀

安全阀是保证系统和设备安全的阀件。为了避免管网和其他用水设备中压力超过规定的范围而使管网、各种用水器具以及密闭水箱受到破坏，需装安全阀。安全阀一般分为弹簧式和杠杆式两种，如图 2-10 所示。

图 2-9　旋塞阀

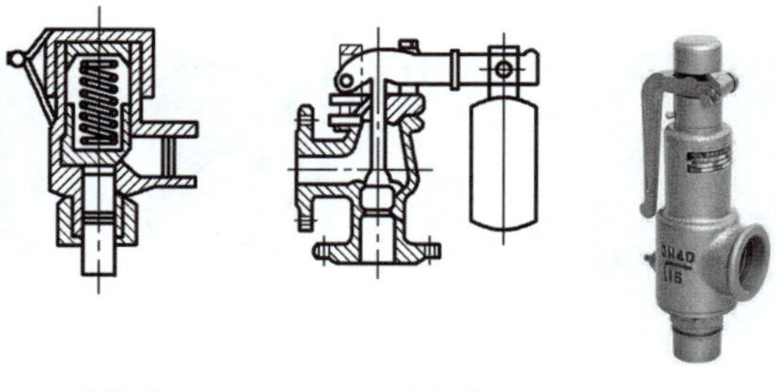

(a) 弹簧式　　(b) 杠杆式　　(c) 实物

图 2-10　安全阀

(8)延时自闭式冲洗阀

延时自闭式冲洗阀是直接安装在大便器冲洗管上的冲洗设备，具有体积小、外表洁净美观、无需水箱、使用、安装方便等优点，具有节约用水和防止回流污染等功能，如图 2-11 所示。

(9)其他各类阀门如图 2-12～图 2-20 所示。

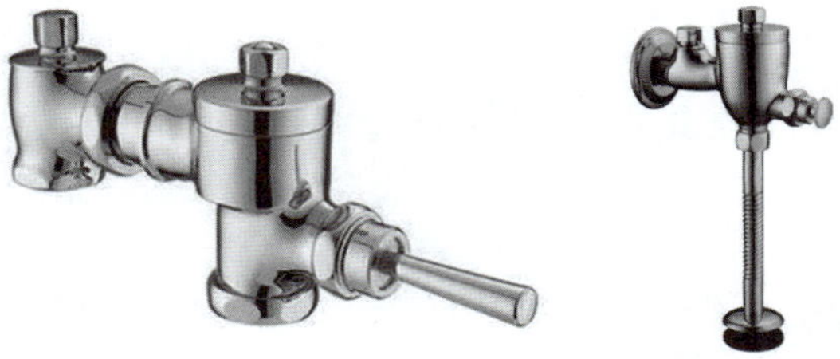

图 2-11　延时自闭式冲洗阀

可调式减压阀
三维演示

泄压阀的三维演示

蝶阀三维演示

图 2-12　可调式减压阀

图 2-13　泄压阀

图 2-14　液压水位控制阀

图 2-15　电磁阀

图 2-16　消声止回阀

图 2-17　比例减压阀

图 2-18　明杆楔式法兰闸阀

图 2-19　蝶阀

图 2-20　隔膜阀

三、水　表

水表是一种计量承压管道中流过水量累积值的仪表。按用途可分为冷水水表、热水水表；按计量原理可分为流速式水表和容积式水表；按显示方式可分为就地指示式水表和远传式水表。目前，建筑内部给水系统中广泛使用的是流速式水表。流速式水表是基于管径一定时，通过水表的水流速度与流量成正比的原理来测量用水量的。它安装在封闭管道中，其中的运动元件靠水流作用进行运动并传输给指示装置，计算出所流出的水的体积值。

水表的安装详见《常用小型仪表及特种阀门选用安装》(01SS105)。

1. 水表的类型

流速式水表按叶轮的构造不同，分为旋翼式(又称为叶轮式)和螺翼式两种，如图 2-21 和图 2-22 所示。另有非接触式 IC 卡智能水表，如图 2-23 所示。

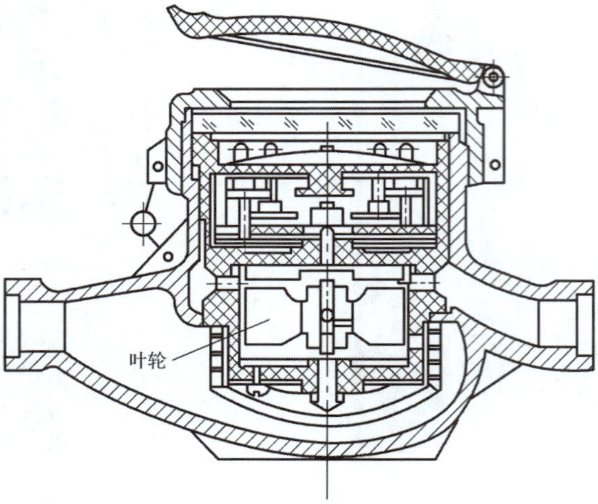

图 2-21 旋翼式水表

旋翼式水表的叶轮转轴与水流方向垂直，阻力较大，起步流量和计量范围较小，多用于小口径水表，适宜测量小流量。它精度高，计量准确，但计量范围较小。

螺翼式水表叶轮转轴与水流方向平行，阻力较小，起步流量和计量范围比旋翼式水表大，节能显著，计量范围较大。

复式水表是旋翼式水表和螺翼式水表的组合形式，在流量变化较大时使用。

流速式水表按其计数机件是否浸在水中，分为干式和湿式。其中湿式水表机件结构简单，计量准确，密闭性能好，但只能在水中不含杂质的管道上使用。如果水的浊度高，将降低水表的计量精度，产生磨损并降低水表的使用寿命。

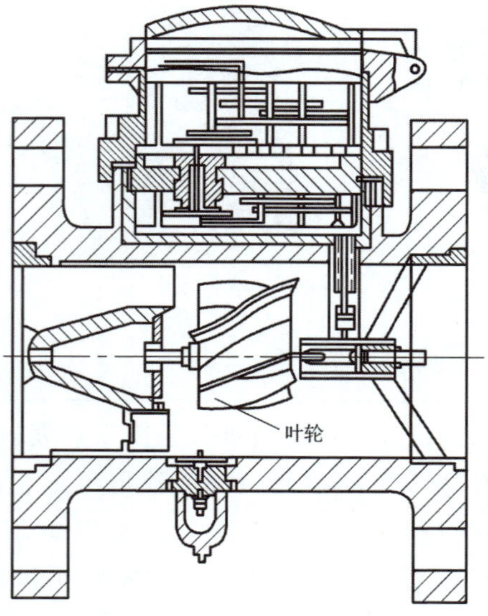

图 2-22 螺翼式水表

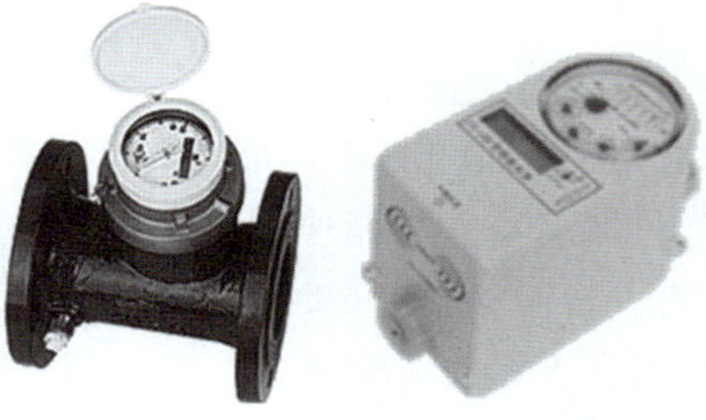

图 2-23 非接触式 IC 卡智能水表

实际工程中在未确定具体产品时，水表损失宜按表 2-11 中数值选用。

表 2-11　　LXS 旋翼湿式、LXSL 旋翼立式湿式水表流量参数　　m^2/h

公称直径/mm	计量等级	过载流量 Q_s	常用流量 Q_p	分界流量 Q_t	最小流量 Q_{min}
15	A	3	1.5	0.150	0.060
	B			0.120	0.030
20	A	5	2.5	0.250	0.100
	B			0.200	0.050
25	A	7	3.5	0.350	0.140
	B			0.280	0.070
32	A	12	6.0	0.600	0.240
	B			0.480	0.120
40	A	20	10.0	1.000	0.400
	B			0.800	0.200
50	A	30	15.0	4.500	1.200
	B			3.000	0.450

注：LXSL 旋翼立式湿式水表安装在垂直管道上，具有结构紧凑、占地面积小、安装及抄表方便等特点，其计数器有指针式、字轮式两种形式。

2. 水表的选用

(1)水表类型的选择

首先应考虑所计量的用水量及其变化幅度、水温、工作压力、单向或正逆向流动及水质情况，再来决定水表的类型。一般情况下，DN≤50 mm 时，应采用旋翼式水表；DN＞50 mm 时，应采用螺翼式水表；当通过的流量变幅较大时，应采用复式水表。

(2)水表公称直径的确定

用水量均匀的给水系统，如工业企业生活间、公共浴室、洗衣房等建筑内部给水系统，给水设计秒流量能在较长时间内稳定出现，因此应以此作为水表的额定流量来确定水表的公称直径。

给水量不均匀的给水系统，如住宅、集体宿舍、旅馆等建筑内部给水系统，给水设计秒流量只能在较短时间内出现，因此应以此作为水表的最大流量来确定水表的公称直径。

(3)水表的水头损失

水流经过水表的水头损失，可按 0.5～1.5 mH_2O (1 mH_2O=9.8 kPa)来估算，同时应按表 2-12 规定，复核水表的水头损失。

表 2-12　　按最大每时流量选用水表时的允许水头损失值　　kPa

类　型	正常用水时	消防时
旋翼式	＜25	＜50
螺翼式	＜13	＜30

3. 水表的安装

(1)水表节点

水表节点是安装在引入管上的水表及其前后设置的阀门、泄水装置的总称。水表节点如图 2-24 所示。

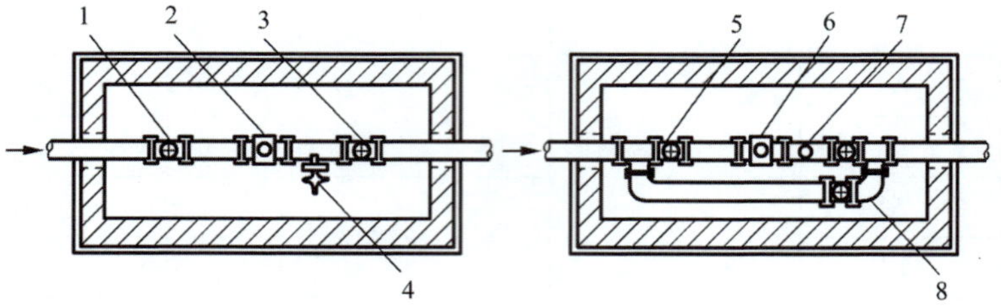

(a)水表节点（无旁通管）　　(b)水表节点（带旁通管）

图 2-24　水表节点

1、3、5—阀门；2、6—水表；4—泄水管；7—泄水口；8—旁通管

(2)水表前后与阀门之间直线段的距离不得小于其配水管管径的 8～10 倍。

(3)水表应安装在抄表和检修方便，不受冰冻、污染、水淹和不易损坏之处。

(4)水表的前后应安装阀门，便于水表的拆换和检修，对于不能间断供水的建筑，应在阀门前后设旁通管，如图 2-24(b)所示。

(5)进户水表的安装位置如图 2-25 所示。

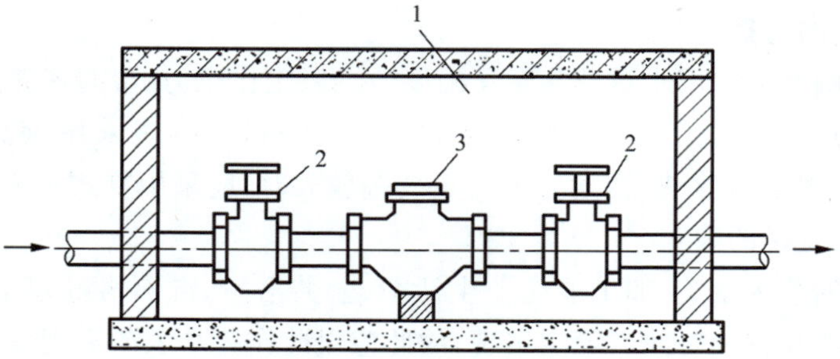

图 2-25　进户水表的安装位置

1—水表井；2—阀门；3—水表

在建筑给水系统中，除了在引入管上安装水表外，在需要计量水量的某些部位和设备的配水管上也需要安装水表。住宅建筑每户均应安装分户水表。目前，水表安装的发展趋势是“一户一表，水表出户”，这样做的益处在于：

①有利于规范水表的定期准确抄数及水费回收，有利于用户保护水表及其他供水设施，有利于节约用水。

②有利于结合改造，淘汰镀锌钢管等影响水质的劣质管材，推广应用塑料管等新型管材，保证用户从水龙头获取符合标准的水，有利于人们的身体健康。

对于现代建筑，一般要求三表出户，即水表、气表和电表。

四、水　泵

水泵是给水系统中的主要升压设备。在建筑给水系统中，多采用离心式水泵，简称离心泵。它具有结构简单、体积小、效率高等优点。各种离心泵如图 2-26 所示。

图 2-26　各种离心泵

1. 水泵的工作原理

以离心泵为例，离心泵主要由泵壳、泵轴、叶轮、吸水管、压水管等部分组成，如图 2-27 所示。

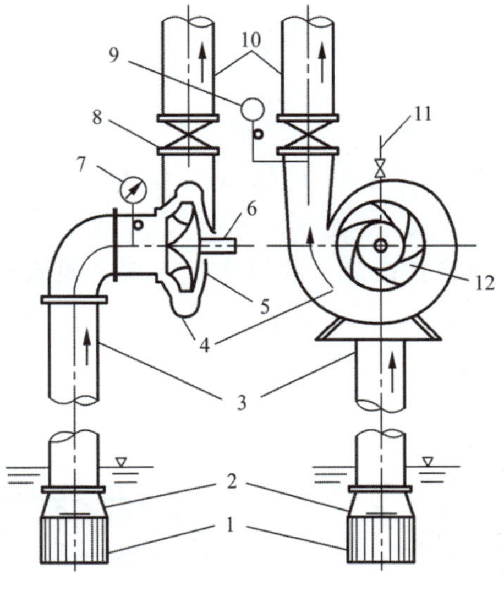

图 2-27　离心泵工作原理

1—拦污栅；2—底阀；3—吸水管；4—泵壳；5—填料函；6—泵轴；7—真空表；8—阀门；9—压力表；10—压水管；11—加水漏斗；12—叶轮

离心泵启动前，要使泵壳及吸水管中充满水，以排除壳内空气。当叶轮高速转动时，在离心力的作用下，水从叶轮中心被甩向泵壳，使水获得动能与势能。由于泵壳是逐渐扩大的，所以水进入泵壳后流速逐渐减小，部分动能转化为势能。因而泵出口处的水便具有较高的压力，流入压水管。在水被甩出的同时，离心泵进口处形成真空，由于大气压的作用，吸水池中的水通过吸水管流向离心泵进口，进而流入泵体。电动机带动叶轮连续旋转，离心泵便均匀地连续供水。

2. 水泵装置形式

水泵装置形式按进水方式有水泵直接从室外给水管网抽水和从水池抽水两种。水泵从水池抽水时，其启动前的充水方式有两种：一是吸入式，即泵轴高于水池常水位；二是灌入式，即水池常水位高于泵轴。水泵运行方式也有恒速运行和变速运行两种。

五、水箱、水池

1. 水箱

在建筑给水系统中，当需要增压、稳压、减压及储存一定水量时，均可设置水箱。水箱根据用途不同可分为高位水箱、减压水箱、冲洗水箱和断流水箱等。

水箱的形状通常为圆形或矩形，特殊情况下也可设计成其他形状。制作材料有钢板、钢筋混凝土、塑料和玻璃钢等。

水箱的有效容积应根据调节水量、消防储水量和生产事故储水量确定。

调节水量应根据用水量和流入水量的变化曲线确定。

当缺乏这些数据或数据可靠性较差时，可按经验数据计算。给水系统单设水箱时，对日用水量不大的建筑物，生活储水量可取最高日用水量的 50%～100%；对日用水量较大的建筑物，可取最高日用水量的 25%～30%。给水系统的水泵、水箱联合工作，当水泵自动启动时，生活储水量不小于最高日用水量的 5%；当水泵手动启动时，不小于最高日用水量的 12%。如果仅在夜间进水，可按用水人数和用水量标准确定。消防储水量按保证室内 10 min 消防设计流量考虑。

生产事故储水量按工艺要求确定。

高层建筑中的分区减压水箱，由于本身仅起减压作用，故容积较小，安装控制水位的浮球阀等设备即可。

水箱的安装高度应满足建筑物内最不利配水点所需要的流出水头。水箱的安装高度一般要高出其供水分区 3 层以上。

水箱上应装设下列管道，如图 2-28、图 2-29 所示。

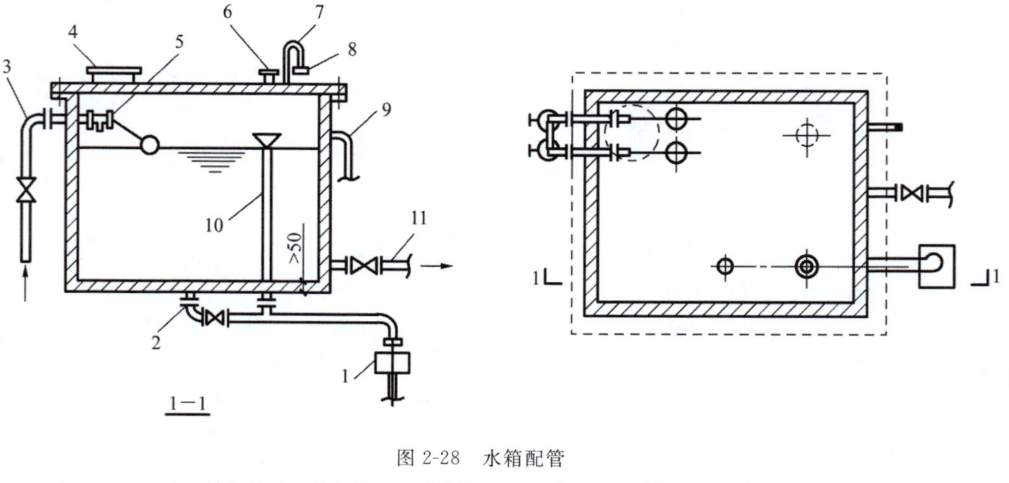

图 2-28 水箱配管

1—受水器；2—泄水管；3—进水管；4—人孔；5—浮球阀；6—仪表孔；7—通气管；8—防虫网；9—信号管；10—溢流管；11—出水管

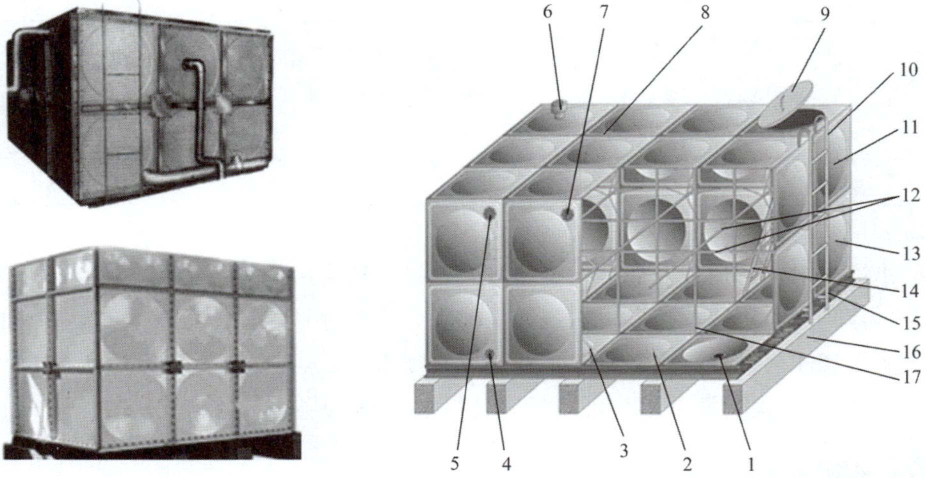

图 2-29　水箱附件外形

1—排污口；2—水箱底板；3—斜拉筋；4—出水口；5—溢流口；6—通气孔；7—进水口；
8—水箱盖板；9—人孔盖；10—外爬梯；11—上边板；12—横、纵向拉杆；
13—下边板；14—内爬梯；15—槽钢底座；16—混凝土基础；17—支撑

(1)进水管：水箱的进水管上应装设浮球阀，且不少于两个，在浮球阀前应设置阀门。进水管管顶上缘至水箱上缘应有 150～200 mm 的距离。进水管管径按水泵流量或室内设计秒流量计算确定。

(2)出水管：管口下缘应高出箱底 50 mm 以上，一般取 100 mm，以防污染物流入配水管网。出水管和进水管可以分开设置，也可以合用一条管道，合用时出水管上应设有止回阀。其标高应低于水箱最低水位 1.0 m 以上，以保证止回阀开启所需压力。出水管管径按设计秒流量计算确定。

(3)溢流管：用以控制水箱的最高水位，溢流管口应高于设计最高水位 50 mm，管径应比进水管大 1～2 号。溢流管上不允许设置阀门，溢流管的设置应满足水质防护的要求。

(4)信号管：安装在水箱壁溢流口以下 10 mm 处，管径为 10～20 mm。信号管另一端通到值班室的洗涤盆处，以便随时发现水箱浮球阀失灵而能及时修理。若水箱水位和水泵联锁，则可在水箱侧壁或顶盖处安装水位继电器或信号器，采用自动水位报警。

(5)泄水管：从箱底接出，用以检修或清洗时泄水。泄水管上应设阀门，管径为 40～50 mm，可与溢流管相连后用同一根管排水。

(6)通气管：对于生活饮用水箱，储水量较大时，宜在箱盖上设通气管，使水箱内空气流通，其管径一般不小于50 mm，管口应朝下并设网罩。

水箱应有具有一定坡度的泄水管。水箱一般设置在净高不低于 2.2 m、采光通风良好的水箱间内，其安装间距见表 2-13。水箱箱底距地面宜有不小于 800 mm 的净空，以便于安装管道和进行维修，水箱有结冻、结露可能时，应采取保温措施。

表 2-13　　水箱之间及水箱与建筑物之间的最小距离　　m

水箱形式	水箱至墙面的距离		水箱之间净距	水箱顶至建筑结构最低点间距离
	有阀侧	无阀侧		
圆形	0.8	0.5	0.7	0.6
矩形	1.0	0.7	0.7	0.6

2. 水池

水池是建筑给水常用调节和储存水量的构筑物。它通常采用钢筋混凝土、砖石等材料制作，形状多为圆形或矩形，也可以根据现场情况设计成其他形状。水池应设进水管、出水管、溢流管、泄水管和信号管。水池宜布置在地下室或室外泵房附近，以便管理和维护。

当资料不足时，水池的调节水量可按最高日用水量的10%～20%估算。

六、气压给水设备

气压给水设备主要由气压水罐、水泵、空气压缩机、控制器等组成，如图2-30所示。生活气压给水设备一般配置变频给水泵，消防气压给水设备一般配置稳压泵。

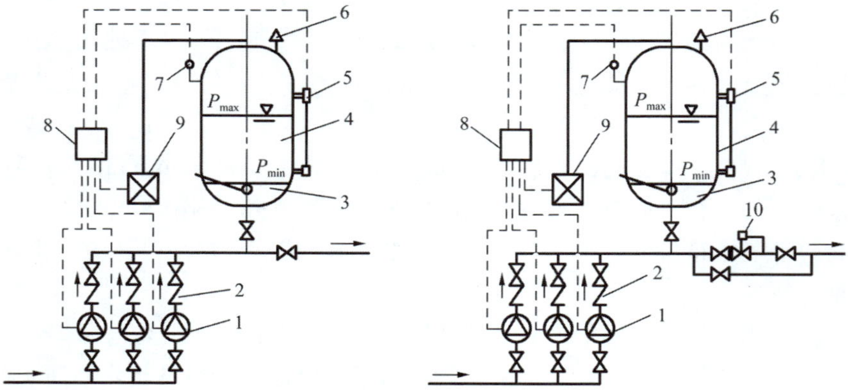

(a)单罐变压式　　(b)单罐恒压式

图2-30　气压给水设备

1—水泵；2—止回阀；3—排气阀；4—气压水罐；5—液位信号器；6—安全阀；

7—压力继电器；8—控制器；9—空气压缩机；10—压力调节阀

气压给水设备工作原理：气压水罐内空气的起始压力高于给水系统所必需的设计压力 P_{max}，水在压缩空气的作用下，被送往配水点。随着罐内水量减少，空气压力也减小到规定的下限值 P_{min}。在压力继电器的作用下，水泵自动启动，将水压入罐内和配水系统中。当罐内水位逐渐上升到最高水位时，压力也达到了规定的上限值，压力继电器切断电路，水泵停止工作。如此往复循环。

气压给水设备按压力稳定情况分为变压式和恒压式两类。

1. 变压式气压给水设备

在用户对水压没有特殊要求时，一般采用变压式气压给水设备，气压水罐内的空气容积随供水工况而变，给水系统处于变压状态下工作。

2. 恒压式气压给水设备

在用户要求水压稳定时，可采用恒压式气压给水设备，也可在变压式气压给水设备的出水管上安装调压阀，使阀后水压保持恒定。

气压给水设备的选择计算主要包括两项内容：确定气压水罐总容积；确定水泵的流量、扬程，并由此查水泵样本选定其型号。

七、热水供应设备

1. 容积式水加热器

容积式水加热器分为立式和卧式两种。卧式容积式水加热器因为其性能比立式好，一般被广泛采用。图 2-31 为卧式容积式水加热器，中下部放置加热排管，蒸汽由排管上部进入，凝结水由排管下部排出。冷水由加热器底部压入，被加热后的热水由其上部送出；加热排管可采用铜管或钢管。对于一般的立式及卧式容积式水加热器，经选型计算后均可按国家标准图选用。

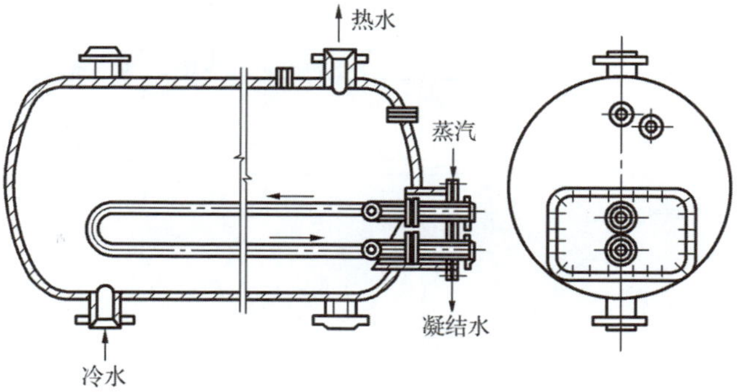

图 2-31 卧式容积式水加热器

2. 加热水箱

加热水箱是通常用钢板制成的矩形容器，也可采用钢筋混凝土做矩形池。加热水箱中放置蒸汽多孔管、蒸汽喷射器、排管或盘管等。

3. 快速水加热器

有汽-水和水-水两种类型。前者热媒为蒸汽，后者热媒为过热水。汽-水快速水加热器也有两种类型。图 2-32 所示是多管式汽-水快速水加热器，它的优点是效率高，占地面积小；缺点是水头损失大，不能储存热水供调节使用，在冷水和蒸汽压力不稳定时，出水温度变化较大。

快速水加热器适用于用水量大而且用水需求比较均匀的建筑物。此外，还有单管式汽-水快速水加热器，这种加热器可以并联或串联，如图 2-33 所示；蒸汽多孔管直接加热，如图 2-34 所示；蒸汽喷射器混合直接加热如图 2-35 所示；多管式汽-水间接加热如图 2-36 所示。

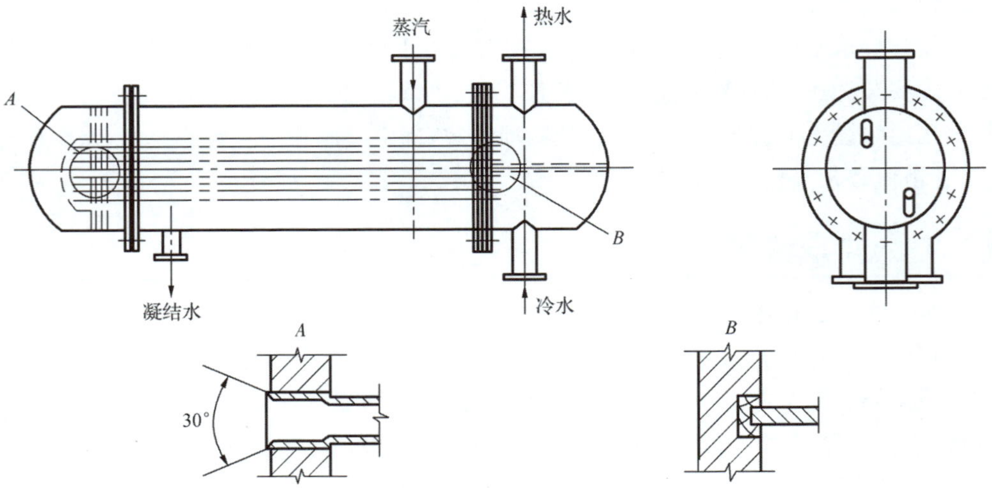

图 2-32　多管式汽-水快速水加热器

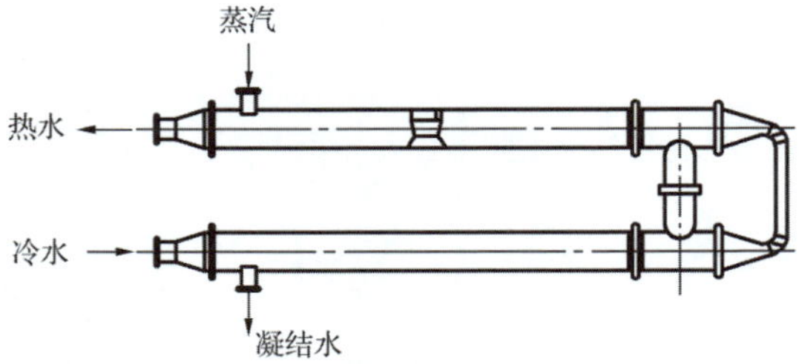

图 2-33　单管式汽-水快速水加热器

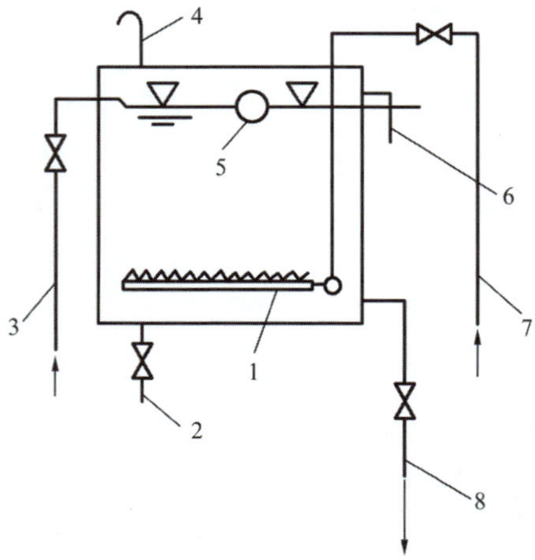

图 2-34　蒸汽多孔管直接加热

1—蒸汽多孔管；2—泄水管；3—冷水管；4—排气管；
5—浮球阀；6—溢流管；7—蒸汽管；8—热水管

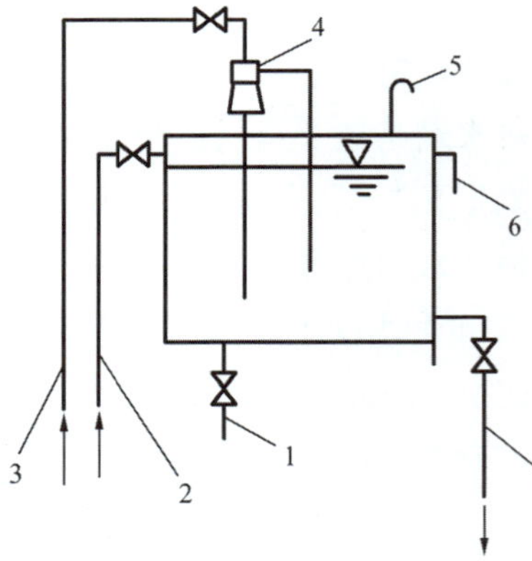

图 2-35　蒸汽喷射器混合直接加热

1—泄水管；2—冷水管；3—蒸汽管；4—蒸汽喷射器；
5—排气管；6—溢流管；7—热水管

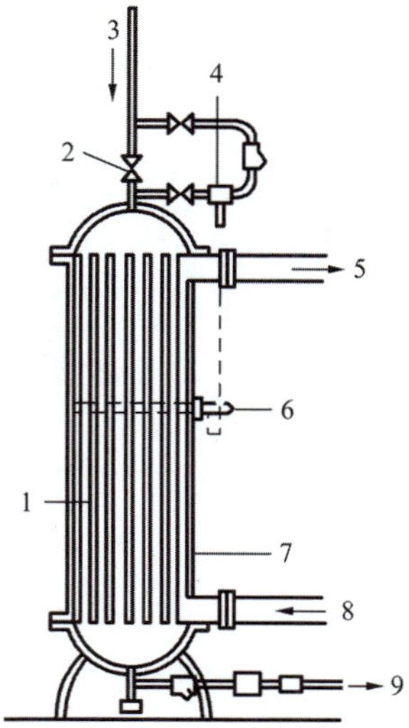

图 2-36　多管式汽-水间接加热

1—排管；2—阀门；3—蒸汽；4—温度自动控制阀；5—热水；6—温度控制器；
7—多管式快速水加热器；8—冷水；9—冷凝水

水-水快速水加热器外形和多管式汽-水快速水加热器相同，所不同的是套管内多管排列；热媒为过热水。热效率比汽-水快速水加热器低，但比容器式水加热器高。

4. 热水储存器

热水储存器是一种专门用于储存热水的容器。在热水供应系统用水不均匀时，储水器起调节作用。它有开式和密闭式两种，前者称为热水箱，后者称为热水储水罐，一般用钢板或不锈钢板制造。热水箱可做成方形或圆形，热水箱和储水罐的容积应经计算确定。

九、采暖系统及采暖设备

冬季室外气温较低，室内的热量会通过围护结构和冷风渗透不断地传到室外。为了保持室内所要求的采暖温度，就需要用人工方法向室内供给热量，保持一定的室内温度，以保证室内适宜的生活条件或工作条件。采暖系统主要由热源、采暖管道、散热设备三部分组成。

1. 采暖系统的分类

(1)按采暖的作用范围分类

①局部采暖系统：热源、采暖管道与散热设备连成整体且不能分离的系统，如火炉采暖、电热采暖、煤气红外线辐射器采暖等。

②单户采暖系统：专门为单户或几户小住宅而设置的一种采暖系统。

③集中采暖系统：采用锅炉或水加热器对水集中加热，通过采暖管道同时向多个房间供暖的系统。其特点是供热量和范围大，传输距离长，热效率高，节省燃料，污染小，机械化程度高。

目前，集中采暖系统已成为现代化城镇的重要基础设施之一，是城镇公共事业的主要组成部分，已在全国许多城市应用。

④区域采暖系统：以集中供热的热网作为热源，用以满足一个建筑群或一个区域采暖

用热需要的系统。它的采暖规模比集中采暖要大得多,实质上它是集中采暖的一种特殊形式。

区域采暖系统演示

(2)按热媒的不同分类

在采暖系统中,把热量从热源输送到散热设备的物质称为热媒。在采暖系统中,可把热水、蒸汽、热空气、烟气等作为热媒。

①热水采暖系统:以热水为热媒的采暖系统。一般认为,凡是温度低于 100 ℃的水称为低温水,高于 100 ℃ 的水称为高温水。低温水采暖系统供、回水的设计温度通常为 70～95 ℃。由于低温水采暖系统卫生条件较好,所以目前被广泛用于民用建筑中。

②蒸汽采暖系统:以饱和蒸汽为热媒的采暖系统。按蒸汽的压力不同,可分为低压蒸汽采暖系统(蒸汽压力小于或等于 70 kPa)、高压蒸汽采暖系统(蒸汽压力大于 70 kPa)和真空蒸汽采暖系统(蒸汽压力低于大气压力)。

③热风采暖系统:以热空气为热媒的采暖系统,即把空气加热到适当的温度(一般为 35～50 ℃)直接送入房间,以满足采暖要求。

④烟气采暖系统:直接利用燃料在燃烧时所产生的高温烟气,在流动过程中向房间散出热量,以满足采暖要求。

2. 热水采暖系统

(1)自然循环热水采暖系统

如图 2-37 所示是自然循环热水采暖系统工作原理。该系统有散热器和一个加热锅炉,它们通过供水管和回水管把锅炉与散热器相连接,在系统的最高处连接有一个膨胀水箱,它的作用是容纳水在受热后膨胀而增大的体积。运行前,整个系统要注入冷水至最高处,系统工作时,水在锅炉内加热,受热体积膨胀,密度减小,热水便沿供水管进入散热器,在散热器内,水放热冷却,密度增大,密度较大的回水再返回锅炉重新加热,这种密度的差别形成了推动整个系统中的水沿管道流动的动力。在热水采暖系统中,这种动力又称为作用压头,简称为压头。

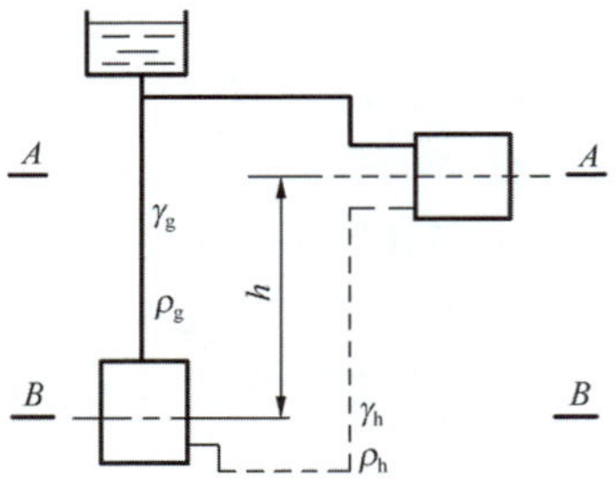

图 2-37 自然循环热水采暖系统工作原理

热水采暖系统中,由于水被加热后温度升高,溶解在水中的空气会析出,逐渐聚集在管道某个部位,形成气塞,影响水的正常流动。散热器内存有空气,会减小散热面积,而且空气中的氧气对管道有腐蚀作用。在系统的最高处连接一个膨胀水箱,可以起到排除空气的作用。为了便于排气,供水管一般应有 0.005 的坡度,并使其坡向膨胀水箱。水被加热时其体积会膨胀,膨胀水箱还可以容纳系统中水受热膨胀而增大的体积。

实际工程中,设备的安装位置和供、回水的温度均有一定限度,自然循环的作用压力是很小的,这种采暖方式只适用于作用半径不大的小型低层建筑。

(2)机械循环热水采暖系统

机械循环热水采暖系统主要由锅炉、供水管、回水管、散热器、膨胀水箱、排气装置和循环水泵等组成,其工作原理如图 2-38 所示。它与自然循环热水采暖系统的主要区别是在管道上安装了循环水泵,系统中水的流动依靠循环水泵来提供动力。在系统运行前,先充满水(同时排气),启动循环水泵,水在锅炉中被加热,沿供水管流入散热器,散热后的回水沿回水管重新回到锅炉,并不断循环。

循环水泵一般设置在靠近锅炉进口前的回水管上,这样可以使它在水温较低的状态下工作,同时也便于锅炉房设备的集中管理。

在机械循环热水采暖系统中,膨胀水箱通常连接在循环水泵吸水口的回水管上,不论系统是否运行,连接点的压力总是处于静水压力作用之下保持不变,该点称为恒压点,控制系统的压力恒定。

水平方向的供水管一般应有 0.003 的沿水流方向上升的坡度,使气、水同向流动,在末端最高点应设置排气装置,以集中排除系统中的空气。

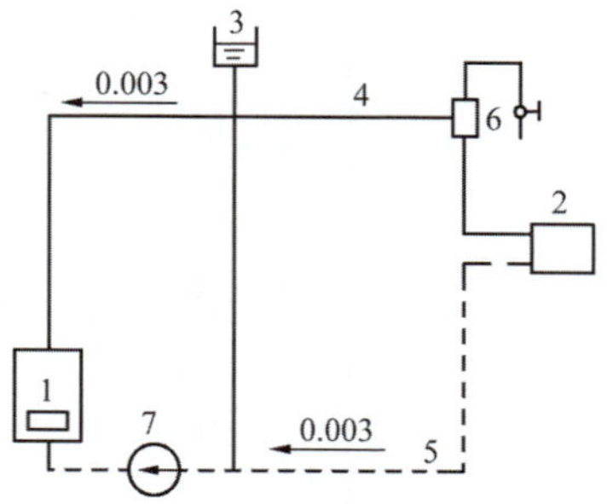

图 2-38　机械循环热水采暖系统工作原理
1—锅炉;2—散热器;3—膨胀水箱;4—供水管;
5—回水管;6—排气装置;7—循环水泵

与自然循环热水采暖系统相比,机械循环热水采暖系统的主要优点包括作用半径大,管径较小,锅炉的安装位置不受限制,系统布置灵活。但系统也因设置循环水泵而增加了投资,耗电量较大,而且运行管理复杂。

机械循环热水采暖系统有以下几种主要形式:

①双管上供下回式:双管上供下回式机械循环热水采暖系统如图 2-39 所示。该系统的特点是各层散热器并联在立管上,可用支管上的阀门对散热器进行单独调节。但自然循环作用压力的影响仍存在,上层散热器环路作用压力大,底层散热器环路作用压力小,上、下层环路的阻力往往难以平衡,以致上热下冷的热力失调现象较严重。

②双管下供下回式:双管下供下回式机械循环热水采暖系统如图 2-40 所示。该系统一般将供、回水管敷设在底层地沟内,或都敷设在底层散热器下面,系统内空气的排除较为困难。排气方法主要有两种:一种是通过顶层散热器的冷风阀,手动分散排气;另一种是通过专设的空气管,手动或集中自动排气。

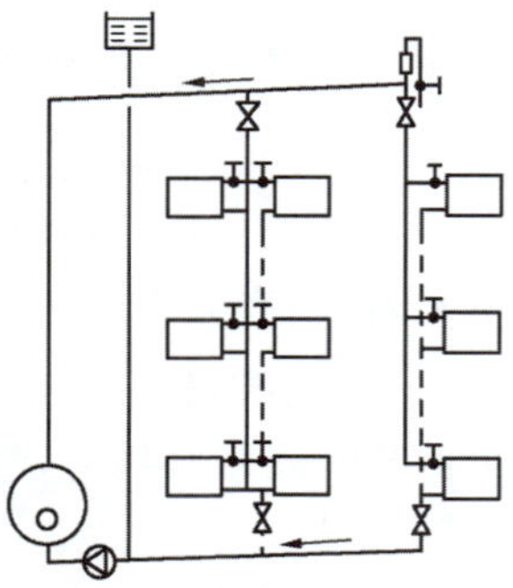

图 2-39　双管上供下回式机械循环热水采暖系统

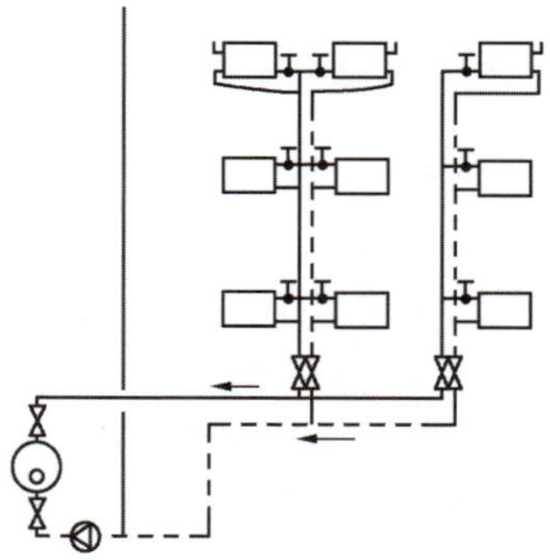

图 2-40　双管下供下回式机械循环热水采暖系统

③单管上供下回式:如图 2-41 所示为单管上供下回式机械循环热水采暖系统。由于单管式系统节省管材,安装方便,造价较低,所以在多层建筑热水采暖系统中应用较普遍。

④双管下供上回式:如图 2-42 所示为双管下供上回式机械循环热水采暖系统。其供水管设在下部,回水管设在上部,水自下而上流动,因此也称倒流式。图 2-42 中,左侧为双管系统,右侧为单管系统。

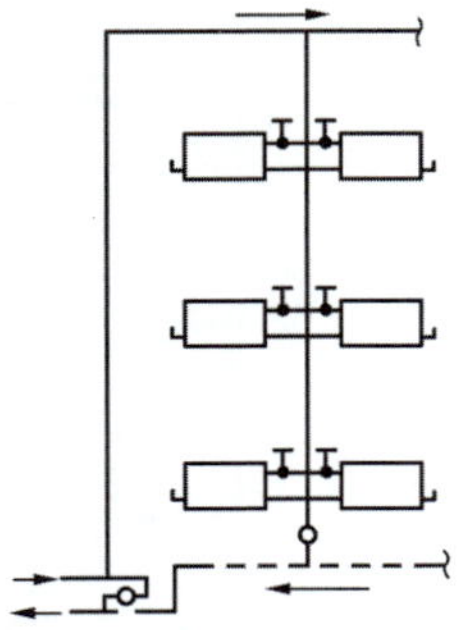

图 2-41　单管上供下回式机械循环热水采暖系统

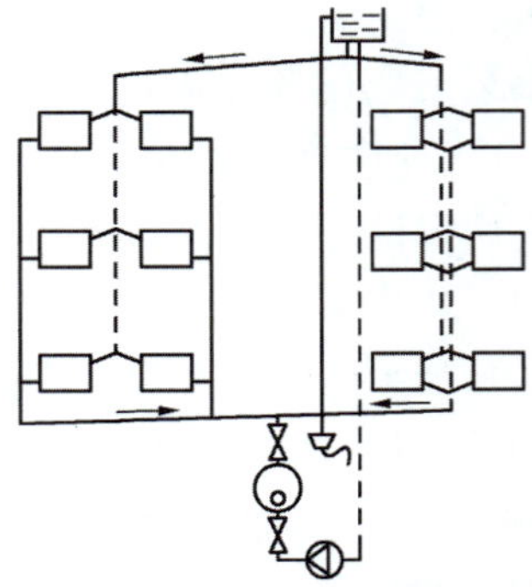

图 2-42　双管下供上回式机械循环热水采暖系统

⑤单管水平式：单管水平式采用机械循环热水采暖系统包括单管水平顺流式和单管水平跨越式两种。单管水平顺流式采用由一条水平管道将同一层的几种散热器串联在一起的敷设方式，也称为水平串联式，可分为上串联式和下串联式，如图 2-43 所示。水平顺流式与其他几种形式相比，最节省管材，造价低，弯道穿越楼板少，便于施工和维护。

单管水平跨越式是在同一层的几组散热器下部敷设一条水平管道，用支管分别与每组散热器连接，也称水平并联式，如图 2-44 所示。单管水平跨越式机械循环热水采暖系统中的每组散热器可以通过进水支管上的阀门来调节热媒流量。

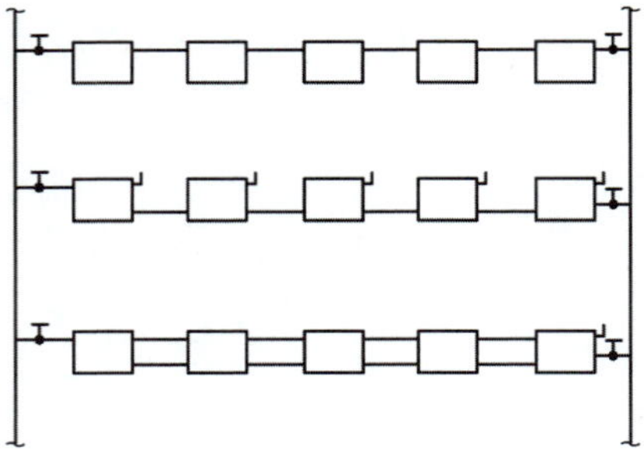

图 2-43　单管水平顺流式机械循环热水采暖系统

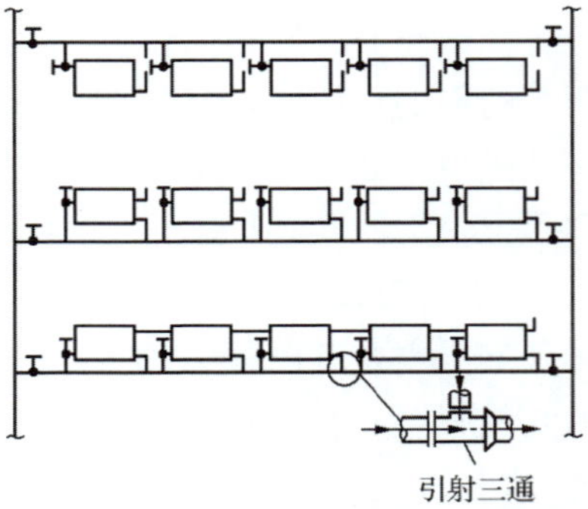

图 2-44　单管水平跨越式机械循环热水采暖系统

3. 蒸汽采暖系统

(1)蒸汽采暖原理

水在蒸汽锅炉里被加热而形成有一定压力和温度的蒸汽，蒸汽靠自身压力通过管道流入散热器，在散热器内放出热量，并经过散热器壁面传给房间；蒸汽则由于放出热量而凝结成水，经疏水器(起隔水阻汽作用)后沿凝结水管道返回热源的凝结水箱内，经凝结水泵注入锅炉再次被加热变为蒸汽，如此连续不断地工作。

(2)低压蒸汽采暖系统

低压蒸汽采暖系统根据回水方式不同，分为重力回水系统和机械回水系统两类。机械回水系统中，机械回水锅炉可不安装在底层散热器以下，只需将凝结水箱安装在低于底层散热器和凝结水管的位置，系统中的空气通过凝结水箱顶部的空气管排出。注意凝结水管内汽、水呈逆向流动，尤其是在初期运行时凝结水很多，容易产生水击现象，噪声大。为了减轻水击现象，需要减小流速，适当增大立管管径。

4. 热风采暖系统

以空气作为热媒的采暖系统称为热风采暖系统。

(1)暖风机

暖风机是热风采暖系统的主要设备,它是由风机、电动机、加热器等组成的通风采暖联合机组。按风机的种类不同,暖风机可分为轴流式暖风机和离心式暖风机,如图 2-45、图 2-46 所示。

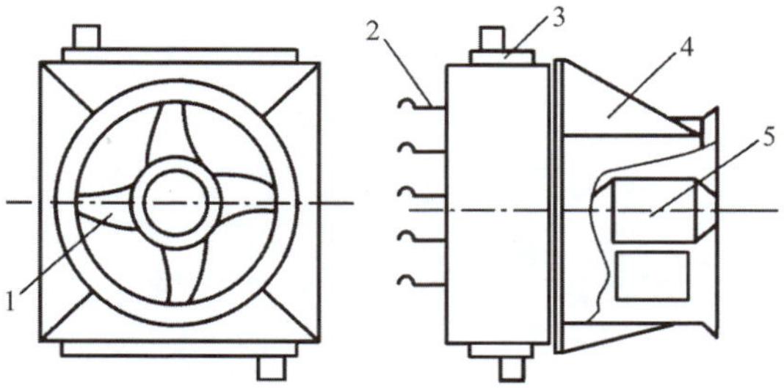

图 2-45　轴流式暖风机

1—轴流风机;2—百叶窗;3—加热器;4—支架;5—电动机

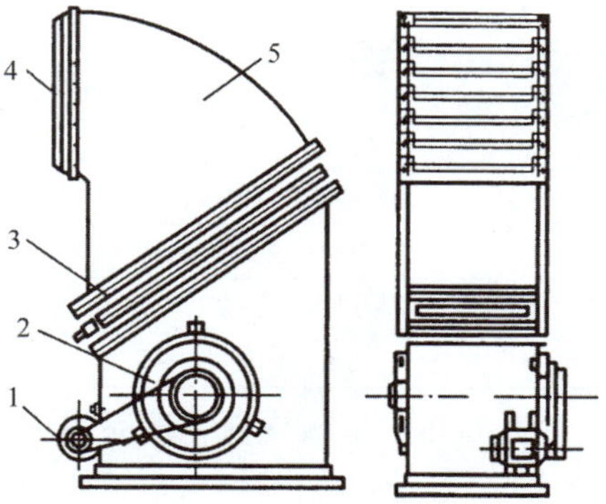

图 2-46　离心式暖风机

1—电动机;2—离心风机;3—加热器;4—导流叶片;5—外壳

(2)热风采暖与热风幕

热风采暖与热风幕的热媒系统通常应独立设置。当与采暖系统合用时,必须有可靠的水力平衡措施。

①热风采暖:热风采暖的热媒宜用不低于 90 ℃的热水或 0.1～0.3 MPa 的蒸汽。采用蒸汽时,每台机组应独立设置阀门和疏水器。

②热风幕:民用建筑的热风幕可采用电加热或温度低于 90 ℃的热水。

下列场所宜用热风幕:

建筑物中出入频繁的无门斗的出入口内侧。

两侧温度、湿度或洁净度相差较大,且有人员频繁出入的通道。

热风幕送风参数应符合下列要求:

送风温度:一般外门不宜高于 50 ℃,高大外门不得高于 70 ℃。

送风速度:公共建筑外门不宜大于 6 m/s,工业建筑外门不宜大于 8 m/s,高大外门不得大于 25 m/s。

5. 辐射采暖系统

辐射采暖系统是一种利用建筑内部的顶面、墙面、地面进行采暖的系统,它具有良好的卫生条件,舒适度高,属于标准较高的采暖系统。

与散热器采暖相比,其优点有:舒适感佳,人和物体直接受到热辐射,室内地面、墙面和物体表面温度高,减少了外界的热辐射的散失;无散热器,不占用建筑面积,便于家具布置;温度分布均匀,温度梯度小,无效热损失少;在同等舒适条件下,辐射采暖房间的设计温度可比散热器采暖降低 2～3 ℃,高温辐射时可以降低 5～10 ℃,因此能节约采暖能耗。

(1)辐射采暖的分类

按辐射板板面温度分为低温辐射、中温辐射和高温辐射三种。低温辐射板面温度低于 80 ℃,中温辐射板面温度为 80～200 ℃,高温辐射板面温度为 200～500 ℃。

按辐射板构造分为埋管式和组合式两种。埋管式采用直径为 15～32 mm 的塑料管或发热电缆埋置于建筑地面构成辐射表面;组合式是利用金属板焊接以金属管组成辐射板。

按辐射板位置不同分为顶面式和地面式。顶面式是以顶棚作为辐射采暖面，辐射热可达 70% 左右；地面式是以地面作为辐射采暖面，辐射热约为 55%。

(2)辐射采暖的形式

辐射采暖的形式主要有五种，其形式、应用范围和特点见表 2-14。

表 2-14 **辐射采暖的形式**

序 号	形 式	应用范围和特点
1	低温热水地板辐射采暖	技术成熟，适用于民用、公共建筑，如住宅应用较多
2	发热电缆地面辐射采暖	应用不多
3	顶棚电热膜辐射采暖	可用于民用、公共建筑中
4	热水吊顶辐射采暖	适用于工业建筑
5	燃气红外线采暖	适用于高大空间的厂房和室外局部供暖

(3)低温热水地板辐射采暖系统的组成

在住宅建筑中，低温热水地板辐射采暖的加热管一般应按户划分独立的系统，并设置集配装置，如分水器和集水器，再按房间配置加热盘管，一般不同房间或住宅各主要房间宜分别设置加热盘管，并与集配装置相连。对于其他建筑，可根据具体情况划分系统。

一般每组加热盘管的总长度不宜大于 120 m，盘管阻力不宜超过 30 kPa，住宅加热盘管间距不宜大于 300 mm。

加热盘管在布置时应保证地板表面温度均匀。一般宜将加热盘管设在外窗或外墙侧，使室内温度分布尽可能均匀。其布置形式有多种，常见的形式如图 2-47 所示。

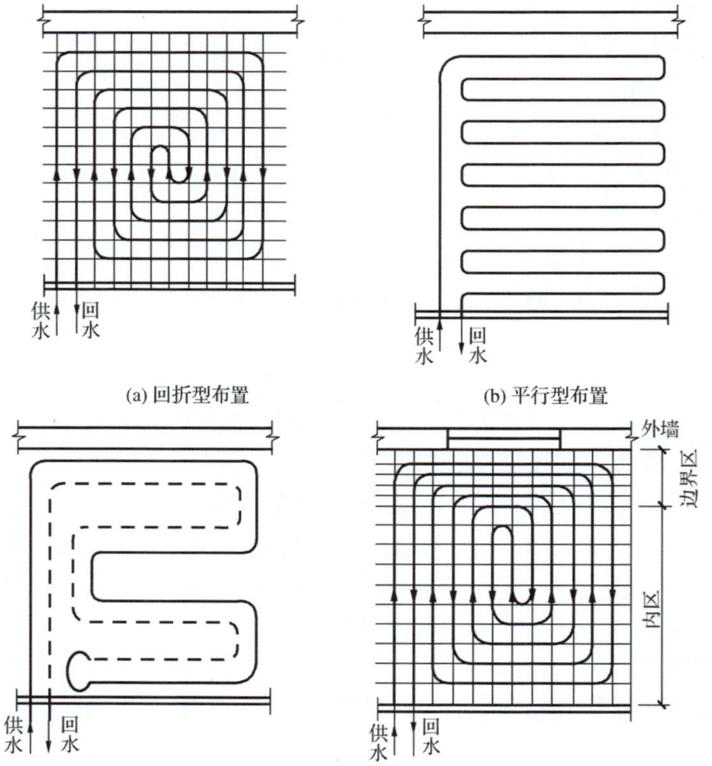

(a) 回折型布置　(b) 平行型布置

(c) 双平行型布置　(d) 带有边界和内部地带的回折型布置

图 2-47　低温热水地板辐射采暖系统加热盘管布置

低温热水地板辐射采暖系统平面图如图 2-48 所示，图中基础层为地板，保温层控制传热方向，豆石混凝土层为结构层，用于固定加热盘管和均衡表面温度。

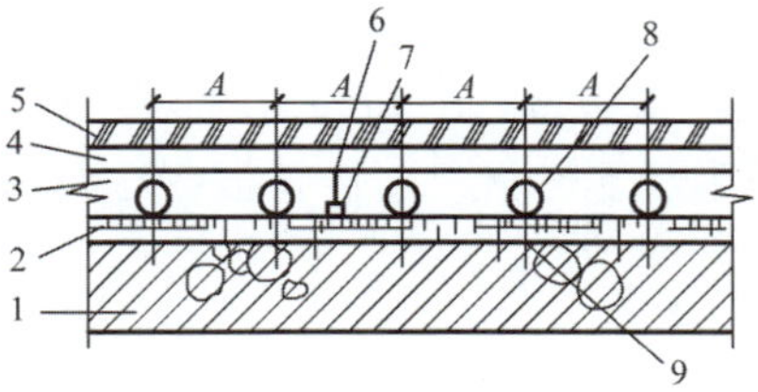

图 2-48 低温热水地板辐射采暖系统平面图

1—基础层；2—保温层；3—豆石混凝土层；4—砂浆找平层；5—地面层；6—膨胀带；7—支座；8—固定卡；9—交联管

各加热盘管供(回)水管应分别与集(分)水器连接，每套集(分)水器连接的加热盘管不宜超过 8 组，且连接在同一集(分)水器上的长度、管径等应基本相等。集(分)水器的安装如图 2-49 所示。分水器的总进水管上应安装球阀、过滤器等；在集水器总出水管上应设有平衡阀、球阀等；各组盘管与集(分)水器连接处应设球阀，分水器顶部应设手动或自动排气阀。

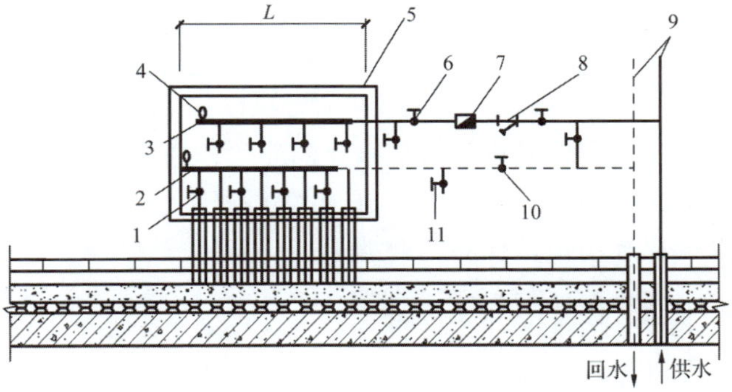

图 2-49 集(分)水器安装

1—泄水阀；2—集水器；3—分水器；4—排气阀；5—箱体；6—球阀；7—热计量装置；

8—过滤器；9—采暖立管；10—调节阀(或平衡阀)；11—泄水阀

加热盘管的管材有钢管、铜管和塑料管。常用的塑料管有耐热聚乙烯(PE-RT)管、交联聚乙烯(PE-X)管、聚丁烯(PB)管、交联铝塑复合(XPAP)管和无规共聚聚丙烯(PP-R)管。它们共同的优点是耐老化、耐腐蚀、不结垢、承压高、无环境污染和沿程阻力小等。

低温热水地板辐射采暖系统施工有关的技术措施和施工安装要求如下：

①加热盘管及其覆盖层与外墙、楼板结构层间应设绝热层。

②覆盖层厚度不宜小于 50 mm，应设伸缩缝，肋管穿过伸缩缝时，应设长度不小于 100 mm 的柔性套管。

③绝热层设在土壤上时应先做防潮层，在潮湿房间内，加热管覆盖层上应做防水层。

④热水温度不应高于 60 ℃，民用建筑供水温度宜为 35～50 ℃。

⑤系统工作压力不应大于 0.8 MPa，否则应采取相应的措施。当建筑物高度超过 50 m 时，宜竖向分区。

⑥加热盘管宜在环境温度高于 5 ℃的条件下施工。

⑦加热盘管伸出地面时，穿过地面构造层部分和裸露部分应设硬质套管；在混凝土填

充层内的加热盘管上不得设可拆卸接头；加热盘管固定点间距：直管段小于或等于 1 m 时宜为 500～700 mm，弯曲管段小于 0.35 m 时宜为 200～300 mm。

⑧细石混凝土填充层强度不宜低于 C15，应掺入防龟裂添加剂；应有膨胀补偿措施：面积大于或等于 30 m^2，每隔 5～6 m 应设 5～10 mm 宽的伸缩缝；与墙、柱等交接处应设 5～10 mm 宽的伸缩缝；缝内应填充弹性膨胀材料。浇捣混凝土时，加热盘管应保持大于或等于 0.4 MPa 的静压，养护 48 h 后再卸压。

⑨调试与试运行：初始加热时，热水温度应平缓。供水温度应控制在比环境温度高 10 ℃ 左右，但不应高于 32 ℃，并应连续运行 48 h，随后每隔 24 h 水温升高 3 ℃，直到设计水温，并对与分水器、集水器相连的加热盘管进行调节，直到符合设计要求。

6. 采暖系统散热设备

散热器的功能是将采暖系统的热媒所携带的热量通过散热器壁面以对流、辐射方式传递给室内，从而补偿房间的热损失，达到采暖的目的。

对散热器的要求：传热能力强，单位体积内散热面积大，耗用金属量小，成本低，具有一定的机械强度和承压能力，不漏水，不漏气，外表光滑，不积灰，易于清扫，体积小，外形美观，耐腐蚀，使用寿命长。

(1)散热器的分类

散热器的种类繁多，根据材质的不同可分为铸铁、钢制、铝合金、不锈钢面板等散热器。

①铸铁散热器

a. 铸铁柱形散热器：铸铁柱形散热器是呈单片的柱状连通体。每片各有几个中空的立柱，有二柱、四柱和五柱几种，如图 2-50 所示。有些散热器带柱脚，可以与不带柱脚的合成一组落地安装，也可以全部选用不带柱脚的在墙上挂式安装。

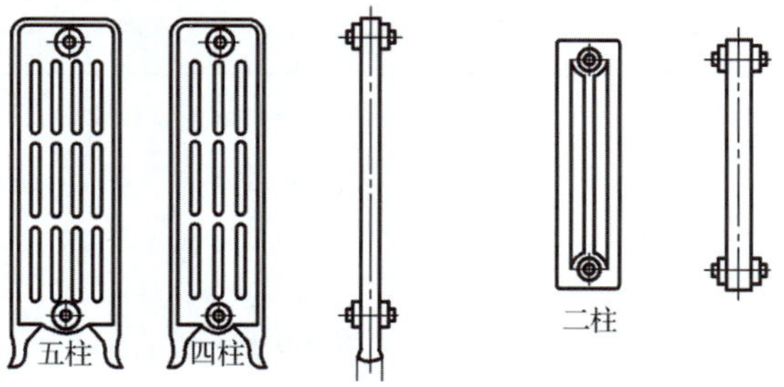

图 2-50 铸铁柱形散热器

铸铁柱形散热器传热性能较好，比较美观，耐腐蚀，表面光滑，易清除灰尘，每片散热面积小，易组合成所需要的散热面积。但它的相对接口多，安装较费力，承压能力不高。

b. 铸铁翼形散热器：铸铁翼形散热器可分为圆翼形和长翼形两种。铸铁长翼形散热器是外壳上带有许多竖向肋片的长方体，内部为扁盒状空间，如图 2-51 所示。其高度为 600 mm，每片的标准长度分为两种，每片长度为 280 mm 的称为“大 60”，长度为 200 mm 的称为“小 60”。可把几片组合在一起形成一组。

铸铁翼形散热器制造工艺简单，抗腐蚀性强，价格低。与铸铁柱形散热器相比，铸铁翼形散热器每片散热面积大，接口少，但肋片间距小，易积灰，难清扫，外形也不太美观。此外，单个铸铁翼形散热器面积较大，不易组合成需要的散热面积。

②钢制散热器：钢制散热器分为柱形、板形、扁管形、闭式等。

a. 钢制柱形散热器的构造和铸铁柱形散热器相似，每片也有几个中空的立柱，如图 2-52 所示。

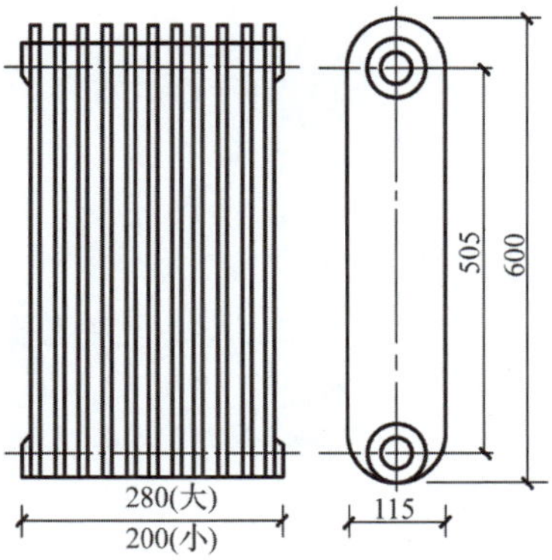

图 2-51　铸铁长翼形散热器

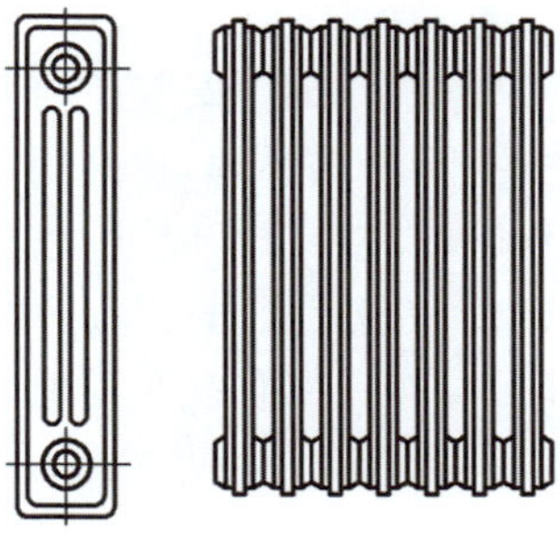

图 2-52　钢制柱形散热器

这种散热器利用 1.5～2.0 mm 厚普通冷轧钢板，经过冲压形成半片柱状，再经压力滚焊复合成单片，单片之间通过气体弧焊连成所需要的散热器段。每段片数根据实际需求设计，一般每组不宜超过 20 片。高度有 600 mm、640 mm 等多种规格。

钢制柱形散热器传热性能好，质量小，但制造工艺复杂。

b. 钢制板形散热器也是由冷轧钢板冲压、焊制而成。它主要由面板、背板、进出口接头等组成，对流片多采用 0.5 mm 厚的冷轧钢板冲压成型，点焊在背板后面。

c. 钢制扁管形散热器是由数根矩形扁管叠加焊制成排管，两端连接断面为的联箱，形成水流通路。

d. 钢制闭式散热器由钢管、带折边的钢片和联箱等组成。钢制闭式散热器体积和质量小，承压能力强，但串片间易积尘，水容量小。

③铝合金散热器：铝合金散热器是由铝合金翼形管材加工成排管状，如图 2-53 所示。

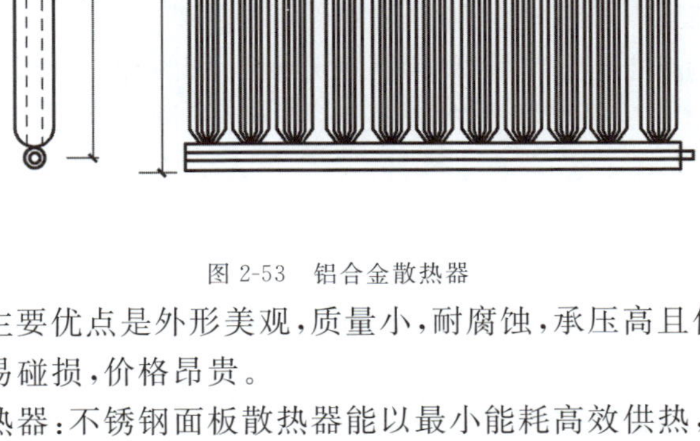

区域采暖系统演示

散热器的分类和选择

图 2-53　铝合金散热器

铝合金散热器的主要优点是外形美观，质量小，耐腐蚀，承压高且传热性能好。其缺点是材质软，运输、施工易碰损，价格昂贵。

④不锈钢面板散热器：不锈钢面板散热器能以最小能耗高效供热，耗水量亦降至最低，

当设备与温控阀配套使用时,可以大大节省采暖费用。入水口和出水口都设计在底部,以便于落地或安装。

(2)散热器的布置与安装

①散热器布置应符合下列规定:

a. 散热器宜布置在房间内靠外墙一侧,有外窗时应安装在窗台下。当遇玻璃幕墙、落地窗等导致安装困难时,也可安装在内墙上,不影响散热效果。

b. 根据热空气上升的原理,楼梯间的散热器应尽量布置在底层。

c. 门斗和双层外门之间不应布置散热器,以防冻裂。

d. 公共建筑楼梯间或有回马廊的大厅,散热器应尽量布置在底层;当散热器数量过多,底层无法布置时,可按比例布置在其他层。住宅楼梯间一般不设置散热器。

②散热器安装应符合下列规定:

a. 散热器安装前应按图纸要求的数量进行组对,并按规定做水压试验。试验压力应符合设计要求,若设计无要求时,应为工作压力的 1.5 倍,但不小于 0.6 MPa。试压合格后再做防腐处理,一般铸铁散热器应刷防锈漆、银粉各一遍。

b. 散热器与管道的连接必须安装可拆装的连接件,如活接头、法兰等。

c. 散热器支托架安装位置应正确,埋设平整、牢固。若安装带足散热器,在每组上部装设一个托架或钢卡件,所需带足片数:14 片以下为 2 片,15~24 片为 3 片。采用轻质墙结构时,散热器底部可用特制金属托架支承。

d. 散热器挂式安装时,底部距地面通常为 150 mm,顶部距窗台为 100 mm。房间同一侧墙上的散热器必须在同一条直线上,散热器中心与墙表面距离应符合表 2-15 的规定。

表 2-15　　散热器中心与墙表面距离

散热器类型	60 型	M132 型、M150 型	铸铁柱形	铸铁圆翼形	钢制扁管形、板形	钢制闭式	
						平放	竖放
与墙表面距离/mm	115	115	130	115	30	95	60

e. 散热器一般采用明装。对房间装修和卫生要求较高时才加挡板或网罩等暗装,暗装时装饰罩应有合理的气流通道、足够的通道面积,以提高散热器散热效果,方便维修。

f. 幼儿园的散热器必须暗装或加防护罩。

7. 采暖系统辅助设备

(1)膨胀水箱

膨胀水箱是热水采暖系统的重要附属设备之一,用于收纳受热后的膨胀水,并解决系统定压和补水问题。在有多个采暖建筑的同一采暖系统中也只能设一个膨胀水箱。膨胀水箱分为开式和闭式,以下介绍开式膨胀水箱。

开式膨胀水箱一般用钢板焊制而成,有方形和圆形两种。开式膨胀水箱构造简单,管理方便,多用于低温水采暖系统。如图 2-54 所示为开式圆形膨胀水箱。

开式膨胀水箱设置在系统的最高位置,通过开式膨胀水箱底部的膨胀管与系统连接,膨胀管上不得设阀门。上部设置的溢流管是为了控制开式膨胀水箱内的最高水位,溢流管上也不得设阀门,就近引至排水系统。泄水管设在开式膨胀水箱底部,清洗和检修排空时使用,上面装设阀门,通常与溢流管连接在一起。当开式膨胀水箱放在不采暖房间时,为了防止开式膨胀水箱冻结,须设置循环管,循环管也与系统相连,与膨胀管的连接点保持 1.5~3.0 m 的距离,以维持开式膨胀水箱中的水能缓慢流动。开式膨胀水箱的安装高度

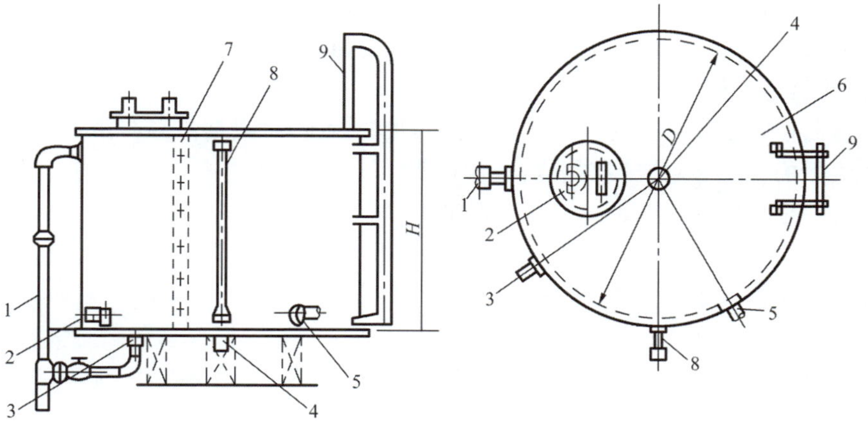

图 2-54 开式圆形膨胀水箱

1—溢流管；2—循环管；3—泄水管；4—膨胀管；5—信号管；6—箱体；7—内梯；8—水位计；9—外梯

应至少高出系统最高点 0.5 m。

开式膨胀水箱一般设置在建筑物最高处的水箱间内，水箱间应保证良好的通风和采光。为了方便安装和维修管理，开式膨胀水箱与墙面应保持一定的距离。开式膨胀水箱可用型钢或钢筋混凝土等材料支承。为防止冻结，开式膨胀水箱与配管应保温。

(2)排气装置

自然循环热水采暖系统主要利用开式膨胀水箱排气，机械循环热水采暖系统还需要在局部最高点设置排气装置。常用的排气装置有手动集气罐、自动排气罐、手动放气阀等。

①手动集气罐：手动集气罐可用直径为 100～250 mm 的钢管焊制而成。根据安装形式分为立式和卧式两种。

手动集气罐一般设在系统的末端最高处，水中的气泡会随水流一同进入罐内。由于手动集气罐的直径比连接的管道直径大得多，流入罐内的热水流速降低，水中的气泡便可浮出水面，集聚在上部空间，定期打开阀门就可以放气。采用手动集气罐排气时，应注意定期及时排出空气；否则，当罐体内空气过多时，空气会随水流被带走。

②自动排气罐：自动排气罐依靠水对物体的浮力，自动打开和关闭罐体的排气口，达到排气和阻水的目的。当自动排气罐内无空气时，系统中的水流入，使浮漂浮起，关闭排气口，阻止水流出。当自动排气罐内空气量增多时，空气汇集在上部空间，使水位下降，浮漂下落，排气口打开排气。空气排出后，浮漂随水位上升，重新关闭排气口。

③手动放气阀：手动放气阀又称为手动跑风阀，在热水采暖系统中安装在散热器的上端，定期打开手轮，排除散热器内的空气。

(3)除污器

除污器的作用是截留过滤，并定期清除系统中的杂质和污物，以保证水质清洁，减小阻力，防止管道系统和设备堵塞。除污器分为立式直通、卧式直通和角通三种，按国标制作，根据现场情况选用。

除污器应安装在以下部位：

①采暖系统入口的供水管上。

②循环水泵的吸水口处。

③各种换热设备之前。

④各种小口径调压装置，以及可能堵塞的某些装置前。

除污器后应装阀门，并设置旁通管，在排污或检修时临时使用。

(4)散热器温控阀

散热器温控阀是一种自动控制散热器散热量的设备，可根据室温与给定温度之差自动调节热媒流量的大小。它安装在散热器入口管上，主要应用于双管系统，也可在单管水平跨越式系统中也可应用。这种设备具有恒定室温、节约热能的特点。

(5)补偿器

各种热媒在管道中流动时，管道受热而膨胀，故在热力管网中应考虑对其进行补偿。采暖管道的增长量必须通过热膨胀计算确定。

补偿器有方形补偿器、套管补偿器和波纹管补偿器等。

当地方狭小，方形补偿器无法安装时，可采用套管补偿器或波纹管补偿器。但套管补偿器易漏水漏气，宜安装在地沟内，不宜安装在建筑物上部。波纹管补偿器材质为不锈钢，补偿能力大且耐腐蚀，但造价较高。

(6)平衡阀

平衡阀可有效地保证管网静态水力及热力平衡，它安装在小区室外管网系统中，消除小区内个别住宅楼室温过低或过高的现象，同时，可达到节约煤和电的目的。

平衡阀的工作原理是通过改变阀芯与阀座的间隙来改变流体流经阀门的阻力，达到调节流量的目的，它相当于一个局部阻力可以调节的节流元件。在要求保证流量的管网系统中都应设置平衡阀，每个环路中只需要设置一个平衡阀，安装在供水或回水管上，并且无须再设置其他起关闭作用的阀门。

平衡阀在各适用场合的作用如下：

①锅炉或冷水机组水流量的平衡。

②热力站的一、二次环路水流量的平衡。

③小区采暖管网中各幢楼之间水流量的平衡。

④室内采暖或空调水力系统中水流量的平衡。

(7)分水器、集水器和分汽缸

当需要从总管接出两个以上分支环路时，考虑各环路之间的压力平衡和使用功能的要求，宜用分水器、集水器和分汽缸。

8. 分户热量计量

住宅进行集中采暖分户热量计量是建筑节能、提高室内采暖质量和实现采暖系统智能化管理的一项重要技术措施。

(1)分户热量计量装置分类

室内采暖系统分户热量计量方式有两种：一是采用热量表对每户单独的采暖环路的散热量进行测试；二是采用热分配表对各散热器的散热量进行测试。

①热量表：热量表由流量计、温度传感器和二次仪表三部分组成。有的智能化热量表除具有直接读取热量和供、回水温度的功能外，还具有直接读取暖气费和锁定等功能。

②热分配表：热分配表是对各散热器的散热量进行测试，分为蒸发式和电子式两大类。

a. 蒸发式热分配表主要包括导热板和蒸发液。散热器将热量传给导热板，导热板将热量传给液体管中的蒸发液，因散热器不断散热，管中液体会不断蒸发而减少，达到读取散热器热量的目的。其特点是结构简单、成本低，只要在全部的散热器上安装蒸发式热分配表就能实现按户计量。

b. 电子式热分配表是在蒸发式热分配表基础上发展而来。这种计量装置需要测量散热器和室内温度，利用散热器表面温度与室内温度差确定其散热量。其特点是方法简便、测量准确，但成本高于蒸发式热分配表。

(2)分户热量计量装置安装

单户安装热量表时，还应安装附属设备，如入户管上需安装截止阀、关闭锁定控制阀、热量计等；采用热分配表时，对于单栋或单元，还应安装热量计、过滤器和旁通管等。

热量计应安装在供水管上；温度传感器应安装在进出户的供、回水管上。

(3)分户热量计量装置的应用

不同的热量计量方式对系统的要求不同。

①采用热量表的系统：在我国，新建住宅的热水集中采暖系统推荐使用双管系统，推广温度调节和分户热量计量装置，实行供热收费，即一个热量表对应一住户(一户一表制)，从而要求系统对各用户设置供、回水管道，如图 2-55 所示。

各室内分系统可采用单管水平顺流式，如图 2-55(a)所示，但此种形式不能安装恒温阀调节室温，一般不宜采用此系统。常采用的系统形式为单管水平跨越式，如图 2-55(b)所示。

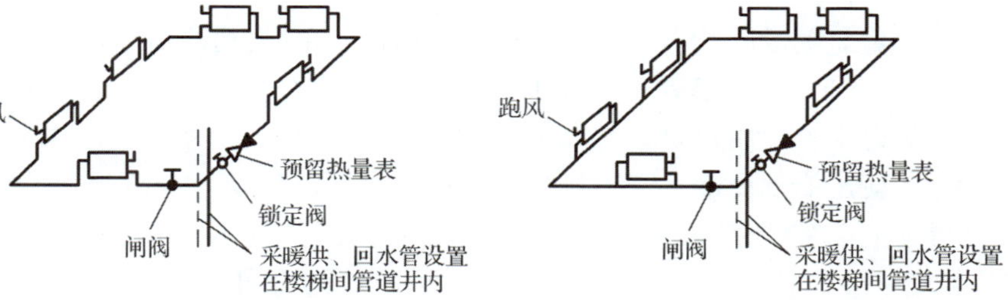

(a) 单管水平顺流式　(b) 单管水平跨越式

图 2-55　分户热量计量采暖系统的典型形式

②采用热分配表的系统：由于热分配表直接测量散热器的散热量，故不必进行分室控制，该系统适于已运行使用的各类采暖系统中的热量计量。此类计量方法应对每栋建筑或每个单元的入口安装热量表进行计量，然后再根据热分配表的计量值进行分配。

③供、回水双立管的布置：供、回水双立管一般布置在楼梯间，不占用房间面积，检修与读表均方便，也可布置在厨房、厅堂、卫生间等处。若布置在管道井内，应对井内供、回水双立管进行保温。

④室内管道的布置：

a. 供、回水水平管布置在同层的地面下，形成双管下供下回式系统、单管水平顺流式或单管水平跨越式系统。

b. 在室内热量表后设一组分水器和集水器(即供、回水分配器)，不设供、回水管，采用放射式沿地面或墙体等方式对各散热器组独立进行供、回水管敷设。

⑤对土建的要求：管道井一般宜一梯二至三户时采用一个楼梯间设置一个井，井的净空可为 500 mm×1 000 mm、500 mm×600 mm、500 mm×800 mm 或 400 mm×1 000 mm。

9. 采暖管道的布置、加工与连接

(1)热力入口的布置

室内采暖系统是通过热力入口与室外供热管网相接。热力入口的主要功能有以下几方面：

①接通或切断室内外联系。

②解决热用户与热网之间热媒品种和参数不同的矛盾。

③分配并调节热媒。

④监督和检查采暖情况。

热力入口的形式很多,所设的装置应根据热网提供的热媒情况及用户的需求来决定。热用户与热网直接连接的热水集中采暖系统的热力入口,适用于供求双方的水力工况基本一致时的情况。若供水管网提供的压力较大,可以增设压差控制阀,并在压差控制阀前后及回水管处设压力表,以便检查压力。压差控制阀前设过滤器,清除热网供水带入的杂质,防止堵塞调压板孔口。供、回水管上安装温度计,用于测量用户供水水温。旁通管在供热初期和室内采暖系统调节、检修时使用。热力入口可设在建筑物进、出口处的地沟或地下室,穿过地下室或地下构筑物外墙时应采取防火措施;有振动时应采取柔性防水套管,一般可采用刚性防水套管。

当室内采暖系统要求的热媒品种与室外供热管网提供的不一致或者系数差异较大时,热力入口所需的设备会很多,占用空间也大,尤其是高层建筑或小区采暖系统,有时甚至占用独立的建筑物,称为热力站或热力间。

(2)室内采暖管道

采暖管道布置与敷设的基本原则是力求系统构造简单、管道短、阀体少,分支环路热负荷较均衡,阻力易于平衡,便于运行调节和维护管理,并应符合如下要求:

室内采暖管道不得穿越建筑物基础、变形缝,当必须穿越时,宜设管沟,无条件设管沟时,应加套管,并使用能承受最大变形量的柔性连接管件;穿越墙体时宜设套管。室内采暖管道不得穿越变配电室,当变配电室需要安装散热器时,不得在室内设置阀门、放风门、泄水装置,管道宜焊接。室内采暖管道与电气、燃气管的最小净距应符合表2-16的要求。

较小的室内采暖干管可不设分支环路,如图2-56所示。为了缩短作用半径,减少阻力损失,可以设置两个或两个以上的分支环路。如图2-57所示为两个分支环路的异程式系统。

表2-16　室内采暖管道与电气、燃气管的最小净距　mm

热水管	平　行	交　叉
导线穿金属在上	300	100
导线穿金属在下	200	100
电缆在上	500	100
电缆在下	500	100
明敷绝缘导线在上	300	100
明敷绝缘导线在下	200	100
裸母线	1 000	500
吊车滑轮线	1 000	500
燃气管	100	20

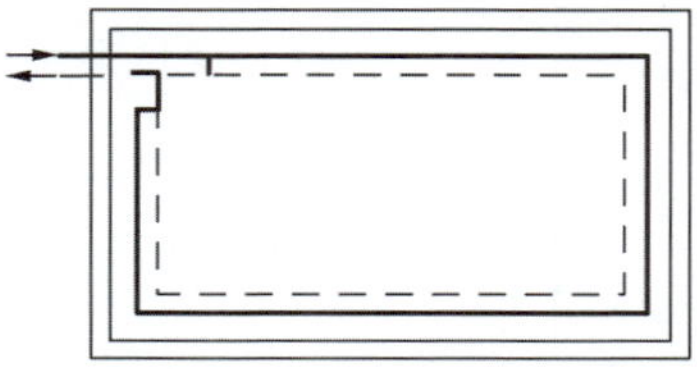

图 2-56　不设分支环路的系统

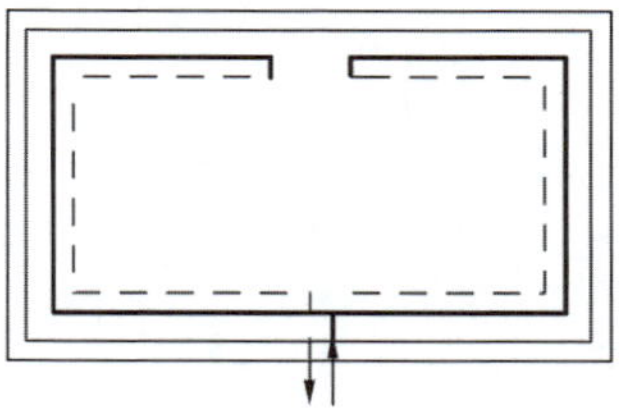

图 2-57　两个分支环路的异程式系统

如图 2-58 所示为两个分支环路的同程式系统。与同程式系统相比，异程式系统缩短了干管长度，但每个立管构成的环路不易平衡。如图 2-59 所示为多个分支环路的异程式系统。

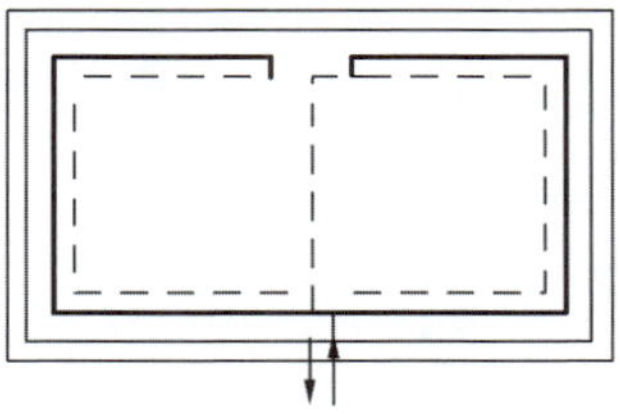

图 2-58　两个分支环路的同程式系统

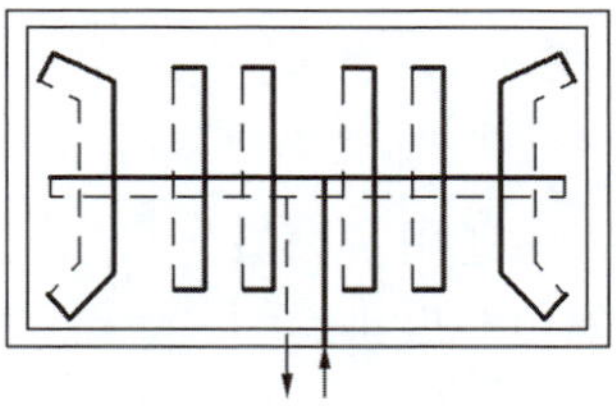

图 2-59　多个分支环路的异程式系统

室内采暖干管应尽量直线布置，如果管道转角高于或低于管道的水平走向，其最高点或最低点应分别安装排汽和泄水装置。室内采暖管道应有一定坡度，当无特殊设计要求时，坡度应符合如下规定：

热水管道及同向流动的蒸汽和凝结水管道，坡度一般为 0.003，但不得小于 0.002。逆向流动的蒸汽和凝结水管道，坡度不得小于 0.005。

第二节　水暖管道的布置与敷设

一、建筑给排水、采暖管道的布置

建筑给排水、采暖管道的布置与建筑物的性质、外形、结构状况、卫生器具和生产设备布置情况以及所采用的给水方式等因素有关，并应充分考虑利用室外管网的压力。管道布置时应力求长度最短，尽可能呈直线走向，沿墙、梁、柱平行敷设，既经济又合理，兼顾美观，并考虑施工、检修、维护方便。

1. 给水管道形式

①下行上给式(下分式)：水平干管在底层直接埋于地下，设在地沟内或地下室的天花板下，供水方向自下而上。这种方式多用于居住和公共建筑的直接给水。

②上行下给式(上分式)：水平干管位于顶层天花板下(或顶层吊顶内)，供水方向自上而下。民用等建筑设高位水箱时，常采用此种方式，如图 2-60 所示。

③中分式：水平干管设在建筑物的中层走廊内(或中层的楼板下)，供水方向分别向上、向下。这种方式适用于直接给水，如图 2-61 所示。

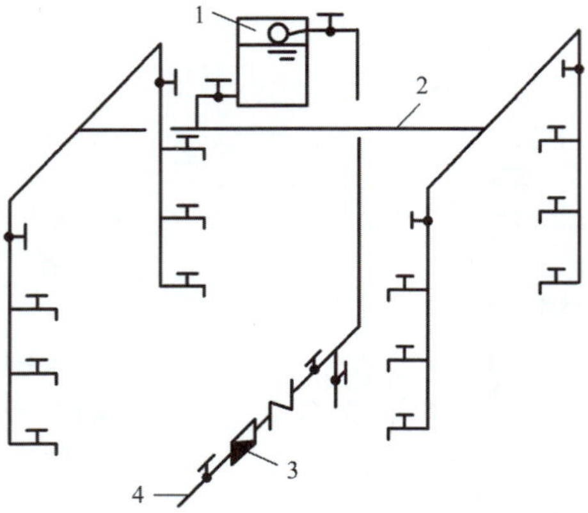

图 2-60 上行下给式

1—水箱；2—水平干管；3—水表；4—引入管

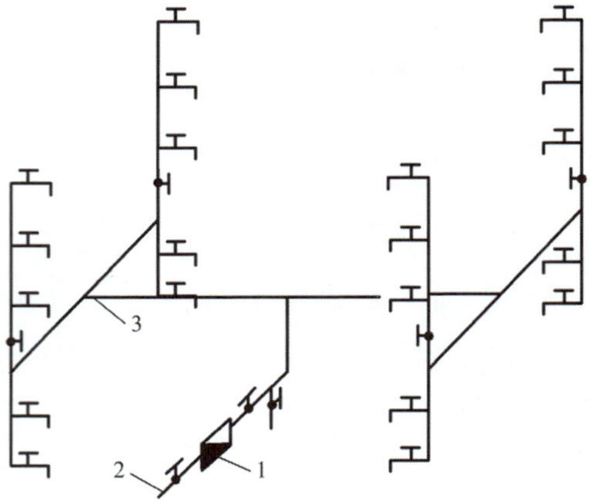

图 2-61 中分式

1—水表；2—引入管；3—水平干管

④环状式：适用于大型公共建筑、有 10 个以上消火栓的消防管道以及不允许间断供水的建筑物，如图 2-62 所示。

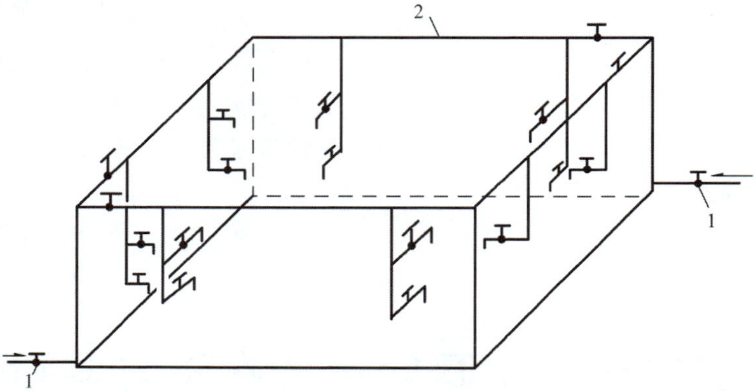

图 2-62 环状式

1—引入管；2—水平干管

2. 引入管的布置

引入管一般设置一条，当建筑物不允许间断供水或室内消火栓总数在 10 个以上时，需要设置两条，并应由城市环状管网的不同侧引入；如果不满足条件，也可由同侧引入，但两条引入管间距离不得小于 10 m，并应在两接点间设置阀门，如图 2-63 所示。

引入管与排水管管外壁的水平距离不得小于 1.0 m。引入管穿过承重墙或基础时，管顶上部应预留净空，且不得小于建筑物的沉降量，一般不小于 0.1 m；应预留孔洞，孔洞尺寸见表 2-17，并做好防水的技术处理，引入管穿过基础如图 2-64 所示。

表 2-17　　引入管穿过承重墙或基础预留孔洞尺寸　　mm

管径	≤50	50～100	125～150
孔洞尺寸	200×200	300×300	400×400

当管道系统工作压力不大于 1.0 MPa 时，宜采用涂（衬）塑焊接钢管（复合管）、可锻铸铁衬塑管、聚丙烯（PP-R）管，螺纹连接。

当管道系统工作压力大于 1.0 MPa 且不大于 1.6 MPa 时，宜采用涂（衬）塑无缝钢管

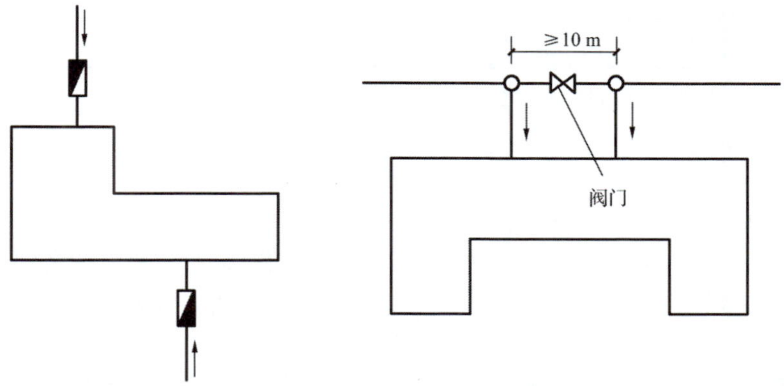

(a) 不同侧引入管　　(b) 同侧引入管

图 2-63　引入管

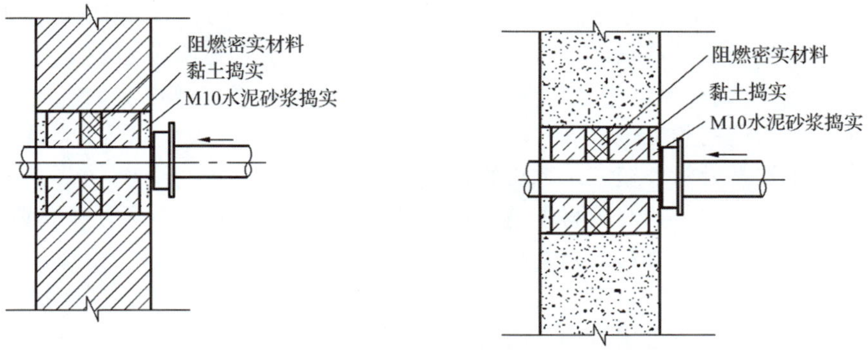

(a) 引入管穿过砖基础　　(b) 引入管穿过混凝土基础

图 2-64　引入管穿过基础

(复合管)、无缝钢管或球墨铸铁涂(衬)塑管,法兰连接或沟槽式连接。

当管道系统工作压力大于 1.6 MPa 且小于 2.5 MPa 时,应采用涂(衬)塑的无缝钢管和无缝钢管或铸钢涂(衬)塑管,法兰或沟槽式连接。

当管径不大于 100 mm 时,宜采用螺纹连接;当管径大于 100 mm 时,应采用法兰或沟槽式连接。

在热水供应管道系统中,宜采用内衬交联聚乙烯(PEX)、氯化聚氯乙烯(PVC-C)的钢塑复合管,聚丙烯(PP-R)管,内衬聚丙烯(PP)、氯化聚氯乙烯(PVC-C)的管件。当采用橡胶密封时,应采用耐热橡胶密封圈。

3. 干管的布置

干管应尽量靠近用水量大的设备处或不允许间断供水的用水处,以保证供水可靠,并减少管道传输流量,使大口径管道长度最短。工厂车间内的给水管道架空布置时,应不妨碍生产操作及车间内的交通运输,不允许把管道布置在遇水能引起爆炸、燃烧或损坏的原料、产品和设备上方。管道直埋地下时,应采取措施避免其被重物压坏或被设备振坏,不允许管道穿过设备基础;特殊情况下,应同有关专业人员协商处理。

二、建筑给排水、采暖管道的敷设

建筑给排水、采暖管道的敷设，根据建筑对卫生、散热设备美观等方面的不同要求，分为明装和暗装两类。

1. 明装

管道一般在室内沿墙、梁、柱、天花板下、地板旁暴露敷设。明装管道造价低，施工安装、维护管理均较方便；缺点是占用建筑空间，管道表面积灰、产生凝结水等影响环境卫生，而且有碍房间美观。一般民用建筑和大部分生产车间均为明装方式。

2. 暗装

暗装管道敷设在地下室天花板下或吊顶内，或在管道井、管槽、墙槽、管道设备层和公共管沟内隐藏敷设。暗装的优点是不影响房间的整洁美观，卫生条件好，不占房屋空间；适用于标准较高的高层建筑、宾馆、医院等；在工业企业中的某些精密仪器或电子元件车间等处，要求室内洁净无尘时，也采用暗装。随着人们生活水平的提高，家庭住宅也多采用暗装。暗装的缺点是造价高，施工、维护、管理不方便。给水管道除单独敷设外，还应顾及排水、采暖、通风、空调和供电等其他建筑设备工程管线的布置和敷设。平行或交叉设置时，应综合考虑管道间的相互位置、距离、固定方法等，以满足安全，施工、维护等要求。

埋地的钢塑复合管外壁宜采取可靠的防腐措施。

管道敷设时必须采用与管材相适应的管件，生活给水系统所涉及的材料必须达到饮用水卫生标准。给水塑料管和复合管可以采用橡胶圈接口、黏结接口、热熔连接、专用管件连接及法兰连接等形式。塑料管和复合管与金属管件、阀门应用专用管件连接，不得在塑料管上套丝。铜管连接可采用专用接头或焊接，当管径小于 22 mm 时，宜采用承插或套管焊接，承口应迎介质流向安装；当管径大于或等于 22 mm 时，宜采用对口焊接。

地下室或地下构筑物外墙有管道穿过的，应采取防水措施。对有严格防水要求的建筑物，必须采用柔性防水套管，如图 2-65 所示。

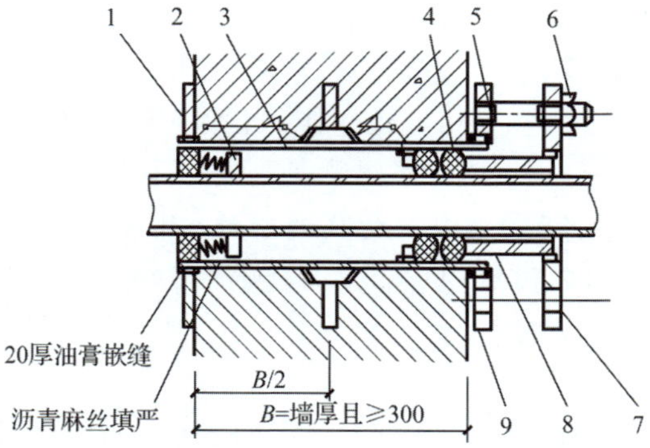

图 2-65 穿墙柔性防水套管示意

1—翼环；2—挡圈；3—套管；4—橡胶条；5—双头螺栓；6—螺母；7—法兰盘；8—短管；9—法兰

管道穿过结构伸缩缝、抗震缝及沉降缝敷设时，可选取下列保护措施：

(1)在墙体两侧采用柔性连接，如图 2-66 所示。

(2)在管道或保温层外皮上、下部留有不小于 150 mm 的净空。

(3)在穿墙处做成方形补偿器，水平安装，如图 2-67 所示。

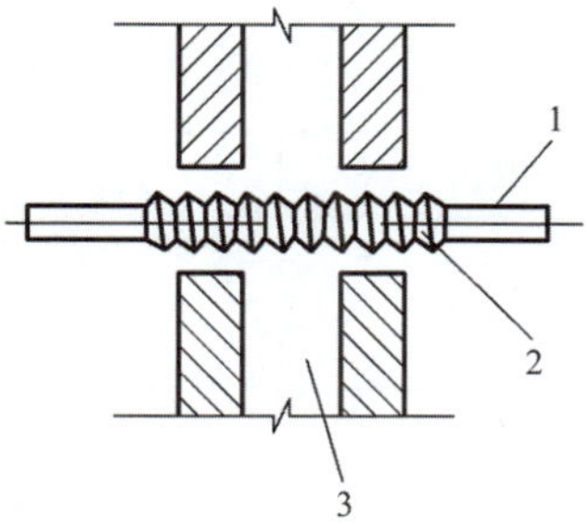

图 2-66 墙体两侧柔性连接
1—管道;2—软管;3—沉降缝

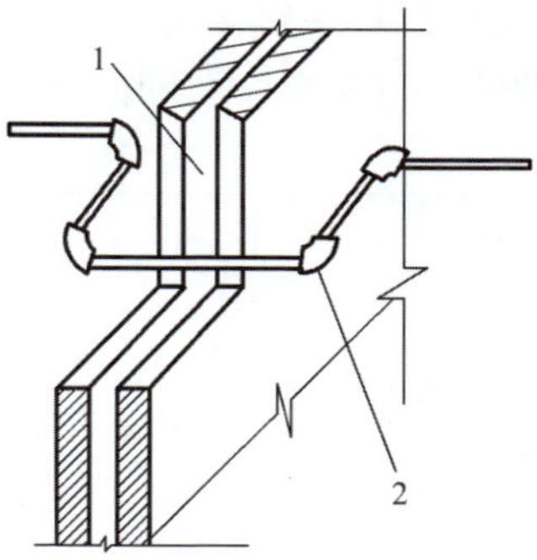

图 2-67 穿墙处做成方形补偿器
1—沉降缝;2—螺纹弯头

给水、热水、采暖管道穿过楼板、墙面、屋面处均需设置套管,套管管径应比管道管径大 2 号。套管一般应用刚性套管,如图 2-68、图 2-69 所示。穿墙套管应保证两端与墙面平齐,穿楼板套管应使下端与楼板下端平齐,上端有防水要求的房间套管应高出地面 50 mm,其他房间套管应为 20 mm,套管环缝应均匀,用阻燃材料和防水油膏填塞,外部用泥子或密封胶封堵,管道接口不得设在套管内。套管内外表面及两端口要做防腐处理,断口要平整。

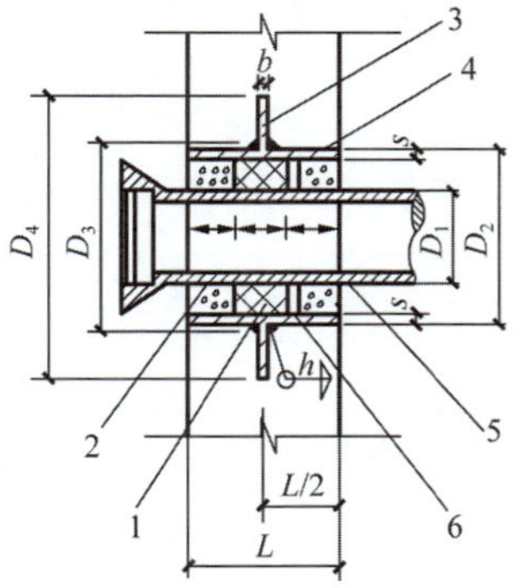

图 2-68 铸铁管的刚性套管接管
1—油麻;2—石棉水泥;3—翼环;
4—钢套管;5—铸铁管;6—挡圈

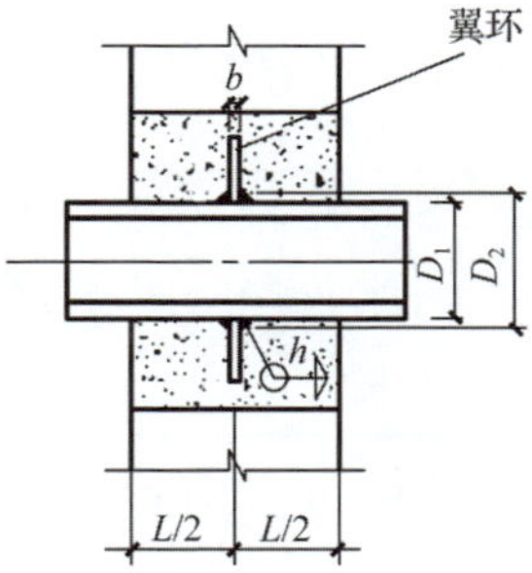

图 2-69 钢管的刚性套管接管

三、管道支架的安装

管道的支承结构称为管道支架,是管道系统的重要组成部分。管道支架的安装是管道安装的重要环节。

1. 管道支架的类型

管道支架根据对管道制约作用的不同分为固定支架和活动支架;按支架自身构造情况的不同分为托架和吊架。

在固定支架上,管道被牢牢地固定住,不能有任何位移。

在活动支架上,管道可沿轴向自由移动。

2. 支架安装位置的确定

固定支架的安装位置由设计人员在图纸上予以确定。一般考虑到自然补偿、伸缩器补偿的要求,在确定固定支架安装位置时应符合表 2-18 的规定。

活动支架安装位置一般在设计时不予明确，必须根据施工现场的施工及验收规范的规定具体定位，做预算时支架个数和间距也应按表 2-18 考虑。

表 2-18　　支架的最大间距　　mm

公称管径/mm		15	20	25	32	40	50	70	80	100	125	150
方形补偿器		—	—	30	35	45	50	55	60	65	70	80
套筒补偿器		—	—	—	—	—	—	—	—	45	50	55
L形	长臂最大长度	15	18	20	24	24	30	30	30	30	—	—
	短臂最小长度	2.0	2.5	3.0	3.5	4.0	5.0	5.5	6.0	6.0	—	—

3. 支架的安装

支架的安装包括支架构件的预制加工和现场安装两个部分。支架构件多为标准设计，现场安装支架常用的方法有栽埋法、膨胀螺栓法、射钉法、预埋焊接法、抱柱法等。

管道支架安装应符合下列要求：

(1)PP-R 管安装时，必须按不同管径设置管卡或吊架，位置应正确，埋设要牢固平整，管卡与管道接触应紧密，但不得损伤管道表面。

(2)采用金属管卡或支架时，与管道接触部分应加塑料或橡胶软垫。在金属管配件与聚丙烯管道连接接触部位，管卡应设在金属配件一侧，并应采取防止接口松动的技术措施。采用钢管水平安装的支架间距应按照表 2-19 确定。

表 2-19　　水平钢管支架间距

公称管径/mm		15	20	25	32	40	50	70	80	100	125	150
支架最大间距/m	保温	1.5	2.0	2.0	2.5	3.0	3.0	3.5	4.0	4.5	5.0	6.0
	不保温	2.0	2.5	3.0	3.5	4.0	4.5	5.0	5.5	6.0	6.5	7.0

(3)敷设的管道设有伸缩节时，应按固定点要求安装固定支架。

(4)采暖、给水及热水供应系统的金属管道立管管卡，应使用专用管卡或自制管卡，并符合下列规定：楼层高度小于或等于 5 m 时，每层必须安装 1 个；楼层高度大于 5 m 时，每层不得少于 2 个。管卡安装高度距地面 1.5～1.8 m；2 个以上管卡应匀称安装；同一房间管卡应安装在同一高度上。

管道穿越墙壁、楼板时，应预留孔洞。给水管道每隔适当距离，应采用固定配件（如支架、吊架等）加以固定。支架实物图及其安装如图 2-70～图 2-72 所示。

图 2-70　支架实物

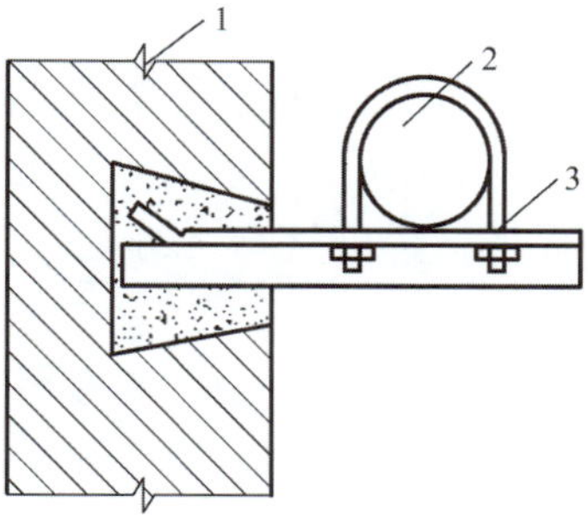

图 2-71　在砖墙上安装支架

1—砖墙；2—管道；3—支架

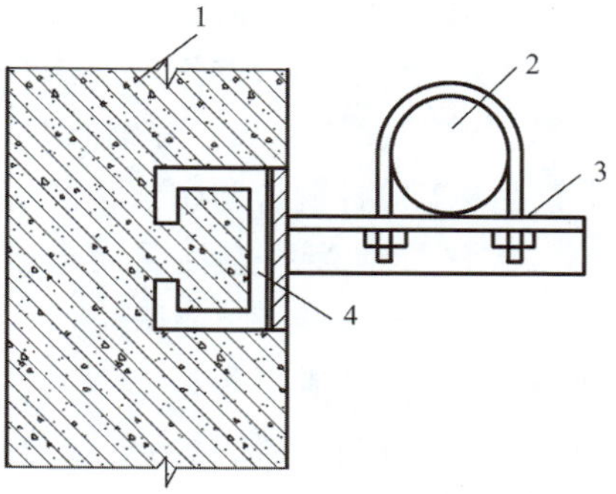

图 2-72　在混凝土柱上安装支架

1—混凝土柱；2—管道；3—支架；4—预埋钢板

暗装时，在管接头、弯头、三通、四通连接处和阀门设置处，一定要设置便于维修、更换给水附件的检查(修)门。

四、管道工程施工基本操作技术

1. 管道的切断

在管道施工中，为了满足所需要的长度，必须切断管道。切断的方法有锯断、刀割、气割、砂轮切割机切割、凿切和等离子切割等，所使用的工具分别是手工锯或锯床、管子割刀、氧气-乙炔割枪射吸式割锯、砂轮切割机、手锤和凿刀、等离子切割机。

(1)锯断是一种常用的切断方法，可用于切断钢管、有色金属管、塑料管等。

(2)刀割适用于切断 15≤DN≤100 的钢管。

(3)气割主要用于切割碳素钢管、钢板和各类型钢。

(4)砂轮切割机切割又称为磨割，用于切割各种碳素钢管、型钢、铸铁管和塑料管，使用广泛。

(5)凿切主要用于铸铁管及陶土管的切断。

(6)等离子切割用于切割钢管及气割不能切割的不锈钢、铸铁等管材，这种方法常见于大型加工厂。

2. 套丝

管螺纹的加工习惯上称为套丝，是管道安装工程最基本、应用最多的操作技术之一。套丝方法有手工和机械两种。手工套丝使用的工具称为管子铰板(也称代丝)。机械套丝使用机械套丝机。

3. 管道的连接

(1)钢管的连接

各类钢管根据不同的类型、管径，分别采用螺纹连接(丝接)、法兰连接和焊接三种不同的连接方法。

①螺纹连接：螺纹连接是指将钢管端部加工的外螺纹和管件的内螺纹紧密连接。它适用于所有镀锌钢管的连接，以及较小管径(DN≤32 mm)、较低工作压力(1 MPa 以下)焊接钢管的连接和带螺纹的阀类及设备接管的连接。

②法兰连接：法兰连接通过连接件法兰及紧固螺栓、螺母，压紧中间的法兰垫片而使管

道连接起来。法兰连接用可拆卸的接头，常见的连接包括管道与法兰阀门的连接、法兰与法兰管件（盘式弯头、盘式三通）的连接及法兰接口的设备连接等。

最常用的法兰是丝扣法兰和平焊钢法兰。丝扣法兰一般为铸铁法兰，它与钢管的连接为丝扣连接，主要用于镀锌钢管与带法兰的附件连接。平焊钢法兰是管道安装工程使用最广泛的一种法兰，它与钢管的连接采用电焊焊接。其规格按管道压力分为 0.25 MPa、0.6 MPa、1.0 MPa、1.6 MPa、2.5 MPa 五种。

除上述两种法兰外，还有平焊松套钢法兰、对焊钢法兰、卷边松套法兰等多种。

法兰连接的操作工序包括法兰与钢管的点焊、校正、焊接、制垫、加垫、紧固螺栓等。

③焊接：钢管焊接常用的焊接方法有电焊和气焊。从焊接效果上看，电焊优于气焊，故应优先考虑电焊。一般只有 DN＜50 mm、壁厚小于 3.5 mm 的管子才考虑使用气焊焊接。

焊接的操作工序包括：管子的切割、管口处理、对口、点焊、管道平直度校正、施焊等。

（2）铸铁管的连接

根据铸铁管的管材和形式，连接方法有法兰连接和承插连接两种，这里只介绍承插连接。

承插连接将管子或管件的插口（俗称小头）插入承口（俗称喇叭头），并在其承接的环形内隙填入接口填料。按接口填料的不同，承插连接分为石棉水泥接口、水泥接口、自应力水泥砂浆接口、三合一水泥接口、青铅接口（冷铅接口或熔铅接口）等。

承插连接的操作工序包括对口、填麻打麻（或填麻打橡胶圈，直径大于或等于 300 mm 管道的承插连接多用填橡胶圈代替填麻，橡胶圈内径为管子外径的 85%）、填灰打灰口或填铅打铅口、接口的养护等。

4. 管道防护

为使室内给水系统能在较长时间内正常工作，延长其使用寿命，除了加强维护管理外，还需要采取以下一系列措施：

（1）防腐

无论明装或暗装的管道和设备，除镀锌钢管、给水塑料管、铜管，都必须做防腐处理。最简单的防腐方法是刷油法，即先将管道及设备表面除锈，明装管道刷防锈漆（如红丹漆）两道，再刷面漆（如银粉）两道。当管道需要装饰或标志时，可再刷调和漆或铅油。暗装管道除锈后，刷防锈漆两道。对于更高防腐要求的管道，可使用多层防腐层，层数为 3～9 层不等，材料为底漆（冷底子油，亦称基层处理剂，由沥青加溶剂调制而成）、沥青、防水卷材、牛皮纸等。

埋地钢管除锈后刷冷底子油两道，再刷热沥青两道；埋地铸铁管外表一律要刷沥青防腐，明露部分可刷红丹漆及银粉漆各两道。工业上用于输送酸、碱等腐蚀性液体的管道还需在钢管或铸铁管内壁涂衬防腐材料。

（2）防冻、防结露

设置在温度低于 0 ℃ 环境下的各类设备和各种材质的管道，都应进行保温防冻。如寒冷地区的屋顶水箱，冬季不采暖的室内和阁楼中的管道以及敷设在受室外冷空气影响的门厅、过道等处的管道，在涂刷底漆防腐后，还应采取保温措施。常用做法是：包扎矿渣棉、石棉硅藻土、玻璃棉、膨胀蛭石，泡沫水泥瓦等作为保温层。保温层外包玻璃布涂漆等作为保护层。

在气候温暖潮湿的地区、采暖的卫生间、工作温度较高的较大房间(如厨房、洗衣房、某些生产车间)或管道内水温较室温低的地方，管道及设备的外壁可能产生凝结水，从而引起管道和设备的腐蚀，影响使用和环境卫生。为此，必须采取防结露措施，即设置防潮绝热层，其做法与一般保温层的做法相同。

(3)防振、防噪声

其来源通常包括：

①器材的损坏，导致在某些地方(常在控制附件和配水附件处)产生机械振动声。

②管道中水的流速过高，通过阀门时或在管径(变径)突变或流速急变处，可能产生噪声。

③水泵工作时发出的噪声。

④管中压力大、流速高，引起水锤现象，产生噪声。

⑤设备与基础连接不妥，造成机械噪声。

为防止管道的损坏和噪声的污染，在设计给水系统时应控制管道的水流速度，并在系统中应尽量减少使用电磁阀或速闭型给水栓。住宅建筑进户管的阀门后，宜装设家用可曲绕橡胶接头进行减振。可在管支架、吊架内衬垫减振材料，以减轻噪声的扩散。

为了防止附件和设备上产生噪声，安装时应选用质量良好的配件和附件及可曲绕橡胶接头等。此外，为提高水泵机组装配和安装的准确性，常采用减振基础及减振器、减振垫，以有效减弱或防止噪声的传播，如图 2-73～图 2-75 所示。

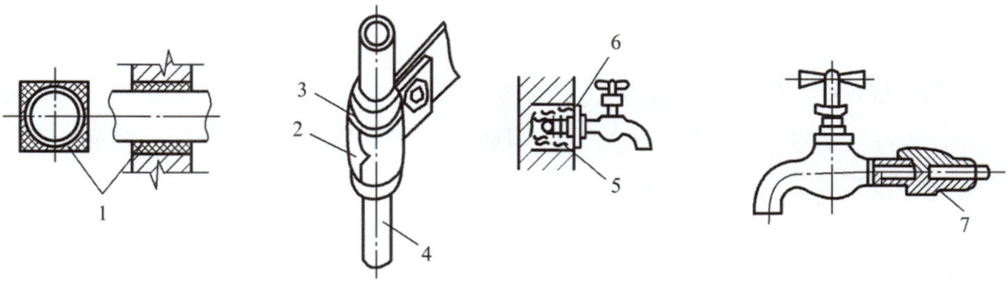

图 2-73　各种管道器材的防噪声措施

1—矿渣棉；2—管卡；3—橡胶或毛毡；4—管道；5—吸声材料；6—橡皮；7—衬垫

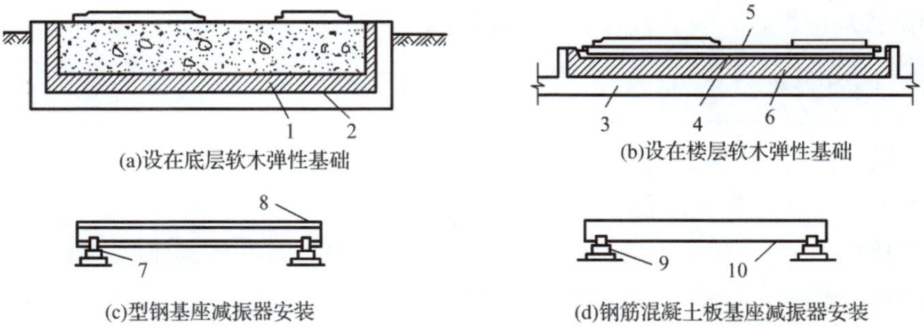

图 2-74　软木减振基础及减振器安装

1、6、8、10—油毡；2、4、7、9—软木；3—楼板；5—钢筋

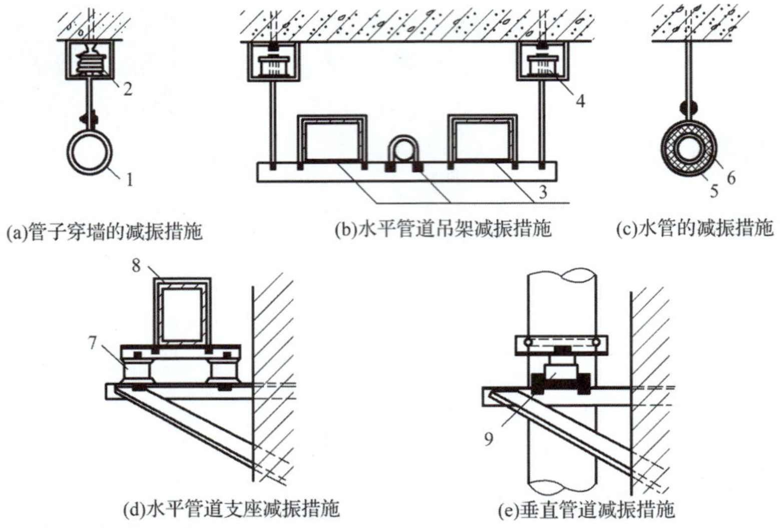

图 2-75 管道上几种减振措施

1、3、5、8—管道;2、4、7、9—减振器;6—减振垫

(4)管道防护施工要点

①对于埋设于地下的管道必须有防腐层,可按设计要求进行施工。

②管道在安装过程中应严加防范油漆、沥青等污染物沾污管材、管件表面。

③在土建进行水池、水箱施工时,所有穿壁管应按设计要求预埋耐腐蚀金属套管,监理工程师必须做好严格检查,确认后,才能允许进行下道工序。

④管道防腐:给水管道防腐均按设计要求和国家验收规范进行施工,所有型钢支架及施工中管道镀锌层破损处和外露丝扣要补刷防锈漆。管道及支吊件在涂刷底漆前,必须清除表面灰尘、污垢、锈斑、焊接痕迹、毛刺、油、水等杂质;涂料种类、颜色及涂敷层数和标记应符合设计文件规定,涂层应均匀,颜色一致,附着牢固,无剥落、皱纹、气泡、针孔等缺陷。管道安装后不易涂漆的部位应预先涂漆。

⑤明装和暗装给水管道保温材质及厚度均应严格按设计要求。管道与支架安装、压力试验和防腐涂料完成后才能进行保温。绝热制品当作保温层时,拼缝宽度不应大于 5 mm;当作为保冷层时,不应大于 2 mm。管道保温应粘贴紧密,表面平整,圆弧均匀,无环形断裂,保温层与支架处接缝应严密。安装杠杆式进水浮球阀端部的管段应采用耐腐蚀金属管及管件。

五、管道的安装

1. 采暖管道的安装

(1)室内采暖管道的安装程序

支架的制作及固定—测绘管段加工草图,下料预制—阀件检验试压—系统设备(如膨胀水箱)制作—散热器组对、试压—系统总管、干管、立管安装—散热器及散热器支管的安装—系统附件、设备安装—系统的试压和吹扫—刷油、保温—交工验收。

(2)室内采暖管道安装的基本技术要求

①系统安装中所用材料及设备型号、规格均应符合设计要求。

②管道穿越基础、墙、楼板时,应配合土建预留孔洞。当孔洞尺寸无明确规定时,常规

尺寸见表 2-20，其中还给出了管外壁与墙面最小净距。

表 2-20　　　　**预留孔洞尺寸**　　　　mm

管道名称及规格		明管留孔尺寸(长×宽)	暗管墙槽尺寸(长×宽)	管外壁与墙面最小净距
供热立管	$D\leqslant 25$	100×100	130×130	25～30
	$D=32\sim 50$	150×150	150×130	35～50
	$D=70\sim 100$	200×200	200×200	55
	$D=125\sim 150$	300×300	—	60
两根立管	$D\leqslant 32$	150×10	200×130	—
散热器支管	$D\leqslant 25$	100×100	60×60	15～25
	$D=32\sim 40$	150×130	150×100	30～40
供热主干管	$D\leqslant 80$	300×250	—	—
	$D=100\sim 125$	350×300		

③管道和设备安装前必须清除内部杂物，安装中断或完毕后，敞口处应封闭，以免杂物堵塞管道。

④安装过程中，如遇多种管道交叉，应根据管道规格、性质和用途确定避让方式，见表 2-21。

表 2-21　　　　**管道的避让原则**

避让管	不让管	理　由
小管	大管	大管绕弯困难，且造价高
压力流管	重力流管	重力流管改变坡度和流向，对流动影响较大
冷水管	热水管	热水管绕弯要排气、放水等
给水管	排水管	排水管管径大，且水中杂质多
低压管	高压管	高压管造价高，且强度要求也高
气体管	水管	水流动的动力消耗大
阀件少的管	阀件多的管	考虑安装、操作、维护等因素
金属管	非金属管	非金属管不易弯曲、切割和连接
一般管道	通风管	通风管体积大，绕弯困难

⑤管道安装时的坡度，当设计无明确规定时，可按下列要求执行：

a.热水管道及蒸汽、水同向流动的蒸汽和凝结水管道，坡度一般为 0.003，但不得小于 0.002。

b.蒸汽、水逆向流动的蒸汽管道，坡度不得小于 0.005。

⑥管道穿墙和楼板时，应设置铁皮套管或钢套管。安装在内墙壁的套管，其两端应与饰面相平。管道穿过外墙或基础时，套管直径比管道直径大 2 号为宜。

安装在楼板内的套管，其顶部高出地面 20 mm，底部与楼板底面相平。管道穿过容易积水的房间楼板时，加设钢套管，其顶部应高出地面不小于 50 mm。

⑦立管管卡的安装，当层高不超过 5 m 时，每层安装 1 个，距地面 1.5～1.8 m；当层高超过 5 m 时，每层不少于 2 个，应均匀安装。

2. 给排水、燃气管道的安装

(1)室内给水管道的安装

①室内给水管道的安装程序：室内给水管道(包括生活给水管、生活热水管和消防水管)的安装，一般按引入管(总管)—水平干管—立管—横管—支管的顺序进行。

②室内给水管道安装的基本技术要求：

a. 管道穿越建筑物基础、墙、楼板的孔洞和暗装时管道的墙槽应配合土建预留。

b. 钢管穿楼板应做钢套管，套管直径比管径大 2 号，套管顶端高出地面 20 mm，套管底部与楼板底面相平，套管与管道间应用石棉绳或沥青油麻填封。

c. 生活热水管和消防水管应根据需要及设计要求进行保温处理，以防热量损失和结露。

d. 镀锌钢管在套丝操作后，被损坏的镀锌层表面(主要是螺纹连接的外露部分)应及时涂上红丹防锈漆，以避免锈蚀。

e. 当给水管道与其他管道同沟或共架敷设时，应敷设在排水管、冷冻管的上方，热水管或蒸汽管的下方。给水管道不宜与输送易燃易爆或有害气体的管道同沟敷设。

(2)室内排水管道的安装

①室内排水管道的安装程序：排水管—底层埋地排水横管—底层器具排水支管—隐蔽排水管灌水试验及验收—排水立管—各楼层排水横管—器具排水支管—卫生器具。

②室内排水管道安装的基本技术要求：

a. 排水管的埋深应大于当地的冰冻线。室内埋地排水横管由地面至管顶最小埋深，当设计无规定时，应按表 2-22 的规定执行。

表 2-22　　室内埋地排水横管由地面至管顶最小埋深　　m

管　材	地面种类	
	土地面、碎石地面、砖地面	水泥地面、混凝土地面、菱苦土地面
铸铁管、钢管	0.7	0.4
钢筋混凝土管	0.7	0.5
带釉陶土管、石棉水泥管	1.0	0.6

b. 生活污水排水横管的坡度，当设计无明确要求时，应按表 2-23 的规定执行。

表 2-23　　生活污水排水横管的坡度

管径/mm	通用坡度	最小坡度
50	0.035	0.025
75	0.025	0.015
100	0.020	0.012
125	0.015	0.010
150	0.010	0.007
200	0.008	0.005

c. 金属排水管道上的支架、吊架及卡箍均应固定在承重结构上。横管的固定件间距不得大于 2 m；立管层高小于或等于 4 m 时，每层安装 1 个固定件。立管底部的弯管应设支墩。塑料排水管道支架、吊架最大间距见表 2-24。

表 2-24　　塑料排水管道支架、吊架最大间距

管径/mm	50	75	110	125	160
立管/m	1.2	1.5	2	2	2
横管/m	0.5	0.75	1.1	1.3	1.6

d. 排水管道的各合流处应采用斜三通（四通）或顺水三通（四通），凡安装允许的 90° 转弯处均应用 2 个 45° 弯头。

e. 排水管道不得穿过烟道、风道、沉降缝、伸缩缝和起居室。

f. 暗装埋地的排水管道，在隐蔽之前必须做灌水试验，其灌水高度为底层（楼层）上方检查承口面高度。

g. 在立管上应每隔两层设置一个检查口，且在最底层及有卫生器具的最高层必须设置。暗装立管在检查口处应设安装检修门。在连接 2 个或 2 个以上大便器、3 个或 3 个以上其他卫生器具的污水横管上应设清扫口。

h. 排水管道穿越基础、楼板、墙体时，应预留孔洞。预留孔洞位置尺寸按施工图要求。

i. 所有埋地及暗装管道，在安装前应做好防腐处理，一般做法是刷沥青漆两遍。明装管道先刷一道防锈漆，再刷两道面漆。

（3）室内消防给水管道的安装

室内消火栓应布置在建筑物内各层明显、易于取用和经常有人员出入的地方，如楼梯间、走廊、大厅、车间的出入口，消防电梯的前室等处。室内消火栓的布置应保证有 2 支水枪的充实水柱同时到达室内任何部位。对于建筑高度小于或等于 24 m 且容积小于或等于 5 000 m^3 的库房，1 支水枪的充实水柱应到达室内任何部位。

室内消火栓给水管网与自动喷水灭火器设备的管网宜分开设置，如有困难，应在报警阀前分开设置。

自动喷洒消防系统应在建筑物主体结构完成后，内装修前安装。安装程序一般是：先安装管道，后安装信号管、报警装置和喷头。管道安装要牢固，不得把支架、吊架固定在不承重和不耐火的结构上。

（4）室内燃气管道的安装

室内燃气管道系统由引入管、立管、水平干管、支管、燃气计量表、用具连接管和燃气用具等组成。管道安装顺序是：引入管—立管—水平干管—支管—燃气计量表—用具连接管—燃气用具。

室内燃气管道安装的基本技术要求：

①引入管与庭院低压分配管道连接，在分支管处应设阀门（一般选球阀或闸阀）。引入管最好直接引入用气房间。当引入管穿越房屋基础、承重墙或管沟时，应预留孔洞，加套

管，其间隙用油麻、沥青或环氧树脂填塞。燃气管道穿越建筑物孔洞尺寸见表2-25。

表2-25 燃气管道穿越建筑物孔洞尺寸 mm

燃气管道公称直径DN	孔洞直径	燃气管道公称直径DN	孔洞直径
15	45	60	90
20～25	50	65	115
32	60	80	140
40	75	100	165

埋地引入管应有0.005的坡度，坡向室外管网。引入管应埋设在冰冻线以下0.1～0.2 m深处。

②引入管连接多根立管时，应设水平干管，应有不小于0.002的坡度，坡向引入管。

③立管通过各层楼板处应设套管。套管应高出地面至少50 mm，下部与楼板底面平齐。套管与立管间的缝隙用油麻堵塞，沥青封口。当立管管径大于50 mm时，一般每隔一层装设一个活接头。

④支管应有坡度，以燃气计量表为界分别坡向立管和燃气用具。支管穿墙时也应加套管保护。

⑤燃气管道一般为明装敷设。当建筑物或工艺有特殊要求时可暗装，但必须考虑安装检修的方便。

⑥燃气计量表与燃气用具之间的连接、调压箱与水封之间的连接均采用橡胶管。

⑦管道安装完毕，均需进行吹扫和试压工作，吹扫多用压缩空气进行。

⑧燃气管道支架、管卡的间距应符合表2-26的规定。

表2-26 燃气管道支架、管卡的间距

燃气管道管径DN/mm	水平管道/m	垂直管道/m
25	2	3
32～50	3	4

六、管道的系统试验

1. 一般规定

(1)管道安装完毕后，应按设计规定对管道系统进行强度、严密性等试验，以检查管道系统及各连接部位的工程质量。试验项目一般可按规定进行。

(2)一般热力管道和压缩空气管道用水作为介质进行强度及严密性试验；煤气管道和天然气管道用气体作为介质进行强度及严密性试验；氧气管道、乙炔管道和输油管道先用水作为介质进行强度试验，再用气体作为介质进行严密性试验；各种化工工艺性管道，工作压力不低于0.07 MPa时一般采用水压试验，工作压力低于0.07 MPa时一般采用气压试验。

(3)管道系统试验前应具备下列条件：

①管道系统施工完毕并符合设计要求和管道安装施工的有关规定。

②支架、吊架安装完毕，配置正确，牢固可靠。

③焊接和热处理的工作结束，并经验收合格，焊缝及其他应检查的部位未经涂漆和保温。

④所有的焊接法兰及其他接头处均能保证便于检查。

⑤清除管线上所有临时用的夹具、堵板、盲板及旋塞等。

⑥埋地管道的坐标、标高、坡度及管基垫层等经复检合格。试验用的临时加固措施经检查确认安全可靠。

⑦试验用压力表已经校验，精度不低于 1.5 级，表的满刻度值为最大被测压力的 1.5～2.0 倍，压力表不少于 2 块。气压试验用的温度计，其分度值不能超过 1 ℃。

⑧具有完善的并经批准的试验方案。

(4)高压管道系统试验前应对下列资料进行审查：

①制造厂的管子、管道的附件和合格证明书。

②管子校验性检查或试验记录。

③管道加工记录。

④阀门试验记录。

⑤焊接检验及热处理记录。

⑥设计修改材料代用文件。

(5)管道系统试验前，应用压缩空气清除管内垃圾及脏物，必要时用水冲洗，水流速度为 1.0～1.5 m/s，直到排出的水干净为止(冲洗时可用铜锤敲打管道)。

(6)管道系统试验前，应将不能参与试验的系统、设备、仪表及管道附件等进行隔离。安全阀、爆破板应拆卸。加置盲板的部位应有明显的标记和记录。

(7)管道系统试验前，应对运行中的管道设置隔离盲板。对水或蒸汽管道加阀门隔离时，阀门两侧的温差不应超过 100 ℃。

(8)有冷脆倾向的管道，应根据管材的冷脆温度确定试验介质的最低温度，以防止脆裂。

(9)管道系统试验过程中如发生泄漏，不得带压修理，缺陷消除后应重新试验。

(10)管道系统试验合格后，试验介质应在室外合适地点排放。

(11)管道系统试验完毕，应及时拆除所有临时盲板，核对填写管道系统试验记录。

2. 水压试验

(1)水压试验用清洁的水作为介质，氧气管道应采用无油质的水。奥氏体不锈钢管进行水压试验时，水中氯离子含量不得超过 0.002 5%，否则应采取相应除氯措施。当管道试验包括奥氏体不锈钢设备时，不论管道材质是否为奥氏体不锈钢，其水质要求也应符合这一规定。

(2)当系统注水时，应打开管道各处的排气阀，将空气排尽。待水灌满后，关闭排气阀与进水阀，用手摇泵或电动泵加压，压力逐渐增高，加压到一定数值时，应停下来对管道进行检查，如未发现问题时再继续加压，一般分 2～3 次升到试验压力。当压力达到试验压力时停止加压。一般动力管道在试验压力下保持 10 min；化工工艺管道在试验压力下保持

20 min。在保持试验压力的时间内，如管道未发现泄漏现象，压力表指针不下降，且目测管道无变形，即可认为强度试验合格。

然后，把压力降到工作压力进行严密性试验。在工作压力下对钢管道进行全面检查，并用 1.5 kg 以下的圆小锤在距焊缝 15～20 mm 处沿焊缝方向轻轻敲击；有色金属及其合金管使用 0.8 kg 以下的木槌敲击。到检查完毕时，如压力表指针不下降，管道的焊缝及法兰连接处未发现渗漏现象，即可认为严密性试验合格。

对于蒸汽及热水采暖系统，在保持试验压力的时间内，压力下降不超过 0.02 MPa，即可认为合格。

(3)水压试验的压力见表 2-27。

表 2-27　　水压试验的压力　　MPa

<table>
<tr><th colspan="3">管道级别</th><th>设计压力 P</th><th colspan="2">强度试验压力</th><th>严密性试验压力</th></tr>
<tr><td colspan="3">真空</td><td>—</td><td colspan="2">0.2</td><td>0.1</td></tr>
<tr><td rowspan="4">中、低压</td><td colspan="2">地上管道</td><td>—</td><td colspan="2">1.25P</td><td>P</td></tr>
<tr><td rowspan="3">埋地管道</td><td>钢管</td><td>—</td><td>1.25P 且不小于 0.4</td><td rowspan="3">不大于系统内阀门的单体试验压力</td><td></td></tr>
<tr><td rowspan="2">铸铁管</td><td>≤0.5</td><td>2P</td><td>P</td></tr>
<tr><td>>0.5</td><td>P+1.5</td><td></td></tr>
</table>

(4)当气温低于 0 ℃ 时，可采取特殊防冻措施，用 50 ℃ 左右的水在 5～10 min 内充满管线进行试验。试验结束，应立即将管内存水放完。

氧气管道和乙炔管道必须用无油的压缩空气或氮气吹干，并应特别注意不使水残留在管道最低点。

(5)对位差较大的管道系统，应考虑试验介质的静压影响。液体管道以最高点的压力为准，但最低点的压力不得超过管道附件及阀门的承受能力。

(6)埋地压力管道(钢管、铸铁管)在回填土后，还应进行最终水压试验。试验前，管内需充水浸泡 24 h，试验压力为设计压力，其渗水量应符合要求。渗水严重的接口必须修理。

(7)当公称直径小于或等于 400 mm 的埋地铸铁管道做最终水压试验时，如能排尽管内空气，在 10 min 内降压不大于 0.05 MPa 即可认为合格，可不做渗水量试验。

(8)进行水压试验的管道如在管端没有法兰，可采用装配式管堵。

3. 气压试验

(1)气压试验用介质一般为空气，也可用氮气及其他稀有气体。

(2)进行气压试验前，应对管道及管道附件的耐压强度进行验算，验算时采用的安全系数不得小于 2.5。

(3)强度试验压力为设计压力的 1.5 倍，真空管道为 0.2 MPa。试验时，压力应逐级缓慢上升，首先升到试验压力的 50% 进行查验，如无泄漏及异常现象，继续按试验压力的 10% 逐级升压直至试验压力。每级试验压力应稳压 3 min，达到试验压力后应稳压 5 min，以无泄漏、目测无变形为合格。

如发现有漏气的地方，应在该处做上标记，泄压后进行修理。消除缺陷后，再升压至试验压力。在试验压力下保持 30 min，如压力不下降，即认为强度试验合格。

(4)强度试验合格后，降至设计压力(真空管道不小于 0.1 MPa)进行严密性试验。先保持 3～12 h，使管道内气体的温度与周围大气的温度相等，然后用涂刷中性肥皂水的方法检查有无泄漏，24 h 后测定漏气量。如每小时平均漏气率不超过规定数值即合格。

在选择取压点和测温时，应保证使在所测的压力值、温度值能够反映整个管道的压力与温度。最准确的做法是装设两个或三个压力表及温度计，取其平均值，这样计算出的漏气率则更准确。

(5)有铸铁附件的管道系统，如用气压代替液压进行强度试验，其全部铸铁附件应预先经过液压强度试验且合格。

(6)需做气压试验的铸铁管道，必须在水压强度试验合格后进行。气压试验压力：地上管道不大于 0.15 MPa；埋地管道不大于 0.4 MPa。试验时不得敲击管道。

(7)当使用卤素、氮气、氨气或其他方法进行管道系统严密性试验时，应按专门技术规定进行。

七、管道系统吹扫与清洗

1. 一般规定

(1)管道系统强度试验合格后，或气密性试验前，应分段进行吹扫与清洗。

(2)吹洗方法应根据对管道的使用要求、管道内输送介质的种类以及管道内表面的脏污程度确定。吹洗的顺序一般应按主管、支管、疏排管依次进行。

(3)吹洗前，应将系统内的仪表予以保护，并将孔板、喷嘴、滤网、节流阀及止回阀芯等部件拆除，妥善保管，待吹洗后复位。

(4)不允许吹洗的设备及管道应与吹洗系统隔离。

(5)对未能吹洗或吹洗后可能留存脏污、杂物的管道，应用其他方法补做清理。

(6)吹洗时，管道内的脏物不得进入设备，从设备吹出的脏物一般不得进入管道。

(7)管道吹扫时应有足够的流量，吹扫压力不得超过设计压力，流速不低于工作流速，一般不小于 20 m/s。

(8)吹洗时，除有色金属外，应用锤敲打管道，对焊缝、死角和管底等部位应重点敲打，但不得损伤管道。

(9)吹洗前，考虑管道支架、吊架的牢固程度，必要时应予加固。

(10)管道吹洗合格后，应做记录，除规定的检查及恢复工作外，不得进行影响管内清洁的其他作业。

2. 水冲洗

(1)工作介质为液体的管道，一般应进行水冲洗，如不能用水清洗或不能满足清洁要求时，可用空气进行清扫，但应采取相应措施。

(2)水冲洗的排放管道应接入可靠的排水井或沟中，并保证排泄物畅通安全，排放管道的截面应不小于被冲洗管截面的 60%。

(3)冲洗用水可通过管道工作介质来选择，根据材质选用软化水、工业用水、澄清水或蒸汽冷凝液。如用海水冲洗时，则需用清洁水再清洗。奥氏体不锈钢管道不得使用海水或氯离子含量超过 25 mg/L 的水进行冲洗。

(4)水冲洗应以管道内可能达到的最大流量或不小于 1.5 m/s 的流速进行。

(5)水冲洗应连续进行。当设计无规定时，则出口的水色和透明度与入口处目测一致时为合格。

(6)管道冲洗后应将水排空，需要时可用压缩空气吹干或采取其他保护措施。

3. 空气吹扫

(1)工作介质为气体的管道一般用空气吹扫，如用其他气体吹扫时，应采取安全措施。

(2)忌油管道的吹扫气体不得含油。

(3)空气吹扫时，在排气口用白布或有白漆靶板检查，如 5 min 内检查其上无铁锈、尘土、水分及其他脏物即合格。

4. 蒸汽吹扫

(1)蒸汽管道应用蒸汽吹扫。非蒸汽管道如用空气吹扫不能满足要求时，也可用蒸汽吹扫，但应考虑其结构应能承受高温和热膨胀因素的影响。

(2)蒸汽吹扫前应缓慢升温以预热管道，且恒温 1 h 后进行吹扫，然后自然降温至环境温度，再升温、暖管、恒温，进行第二次吹扫。如此反复进行，一般不少于 3 次。

(3)蒸汽吹扫的排气管应被导向室外区域，并设置醒目的标识。管口应朝上倾斜，保证安全排放。

排气管应具有牢固的支架，以承受其排空的反作用力。排气管直径不宜小于被吹扫管的直径，长度应尽量短些。

(4)绝热管道的蒸汽吹扫工作一般宜在绝热施工前进行，必要时可采取局部的人体防烫措施。

(5)蒸汽吹扫的检查方法如下：

①中、高压蒸汽管道的吹扫效果应以检查装于排气管的铝靶板为准。靶板面应光洁，宽度为排气管内径的 3%～5%，长度等于排气管内径。连续两次更换靶板检查，如靶板上肉眼可见的冲击斑痕不多于 10 点，每点直径不大于 1 mm 即可认为合格。

②一般蒸汽或其他管道可用刨光木板置于排气口处检查，板上应无铁锈、脏物。

5. 油清洗

(1)润滑、密封及控制油管道系统，应在设备及管道吹洗或酸洗合格后、系统试运转前进行油清洗。

(2)油清洗以油循环的方式进行，循环过程宜在 40～70 ℃反复升温 2～3 次。

(3)当设计或制造厂无要求时，管道油清洗后用滤网检查，合格标准按规定执行。

(4)油清洗时应用优质油，清洗合格的管道应采取有效的保护措施。试运转前应换以具有合格证的正式油。

6. 脱脂

(1)忌油管道系统必须按设计要求进行脱脂处理。脱脂前，可根据工作介质、管材、管径、脏污情况制定管道的脱脂措施。

(2)有明显的油迹或严重锈蚀的管道，应先用蒸汽吹扫、喷砂或其他方法清除油迹、铁锈，然后进行脱脂。

(3)管道可采用有机溶剂(二氯乙烷、三氯乙烯等)、浓硝酸或碱液进行脱脂。

(4)脱脂用的有机溶剂应根据规定使用。

(5)脱脂后应将溶剂排尽。当设计无规定时，检验脱脂质量的方法及合格的标准规定如下：

①直接法：

a. 用清洁干燥的白滤纸擦拭管道及附件内壁，纸上无油脂痕迹。

b. 用紫外线照射，脱脂表面应无紫色或蓝色荧光。

②间接法：

a. 蒸汽吹扫脱脂时，盛少量蒸汽冷凝液于器皿中，并放入粒径小于 1 mm 的纯樟脑，纯樟脑不停旋转为合格。

b. 有机溶剂及硝酸脱脂时，取脱脂后的溶液或硝酸分析，其含油及有机物应不超过0.03%。

(6)脱脂合格的管道应及时封口，保证工序施工不再被污染。

7. 酸洗与钝化

(1)蒸汽及循环水等管道的化学清洗应按专门的规定进行。

(2)管道内壁有特殊清洁要求的油管道，应按要求采用槽浸法或系统循环法进行酸洗。

(3)酸洗后的管道目测检查，内壁呈金属光泽为合格。

(4)酸洗或钝化合格后的管道，必要时仍应采取有效的保护措施。

(5)酸洗后的废水、废液排放前应进行处理，以防止污染环境。

第三节 室内给排水、采暖施工图识图

室内给排水、采暖施工图是基本建设概预算和组织施工的主要依据文件。正确识读建筑给排水、采暖施工图，能全面了解设计者的意图，掌握施工的重点、难点，这是保证工程的施工质量、工期、进度的关键。本节通过实例介绍了室内给排水、采暖施工图图纸表达的主要内容、识读方法，施工流程、施工过程中应注意的事项以及室内给排水工程现行的施工与验收规范，并对室内给排水、采暖的施工做了较全面的介绍。

一、室内给排水、采暖施工图的基本内容

室内给排水、采暖施工图是指房屋内部的卫生设备或生产用水装置的施工图，它主要反映了这些用水器具的安装位置及其管道布置情况，同时也是基本建设概预算中施工图预算和组织施工的主要依据。室内给排水采暖施工图一般由平面图(平面布置图)、系统图(轴测图)、施工详图、设计说明及主要设备材料表组成。其内容包括：

(1)各用水设备的类型及平面位置。

(2)各干管、立管、支管的平面位置，立管编号和管道的敷设方式。

(3)管道附件，如阀门、消火栓、清扫口、散热器的位置。

(4)各种管道的引入管和污水排出管的平面位置、编号及其与室外给、排水管网的联系。

1. 一般规定

(1)线型

室内给排水、采暖施工图主要通过线型、符号，并辅以一定的文字说明来描绘工程的具

体内容。线型应根据图样的比例和类别，按《建筑给水排水制图标准》(GB/T 50106—2010)的规定选用。

(2)比例

室内给排水、采暖平面图一般采用与建筑平面图相同的比例，常用 1∶100，必要时也可采用 1∶50 或 1∶200 等。系统图的比例一般与建筑平面图相同，特殊情况可不按比例，如局部表达有困难时可不按比例绘制。管道纵断面，可根据需要在纵向与横向采用不同的比例。

(3)图例

室内给排水、采暖施工图中的器具、附件往往用图例表示，而不按比例绘制。管道及附件图例见表 2-28；管道连接图例见表 2-29；阀门图例见表 2-30。

表 2-28　　管道及附件图例

序号	名称	图例	序号	名称	图例
1	管道		13	可挠曲橡胶接头	
		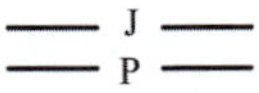	14	管道固定支架	
			15	管道滑动支架	
2	管道交叉	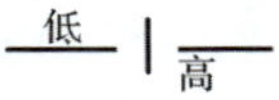	16	保温管	
3	正三通连接		17	多孔管	
4	正四通连接		18	拆除管	
5	流向		19	地沟管	
6	坡向		20	防护套管	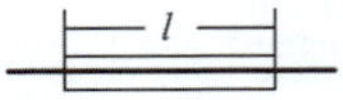
7	套管伸缩器		21	存水弯	
8	波纹伸缩器		22	检查口	
9	弧形伸缩器		23	清扫口	
10	方形伸缩器		24	通气帽	
11	防水套管	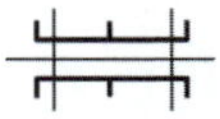	25	地漏	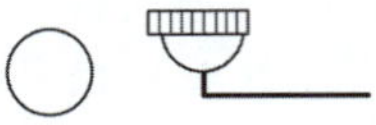
12	软管				

表 2-29　　　　管道连接图例

序号	名　称	图　例	序号	名　称	图　例
1	法兰连接	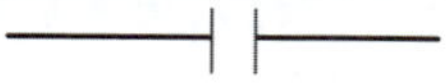	5	管堵	
2	承插连接	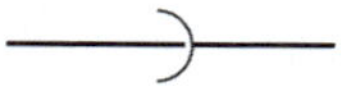	6	法兰堵盖	
3	螺纹连接		7	偏心异径管	
4	活接头	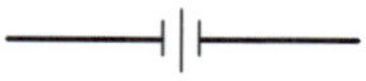	8	同心异径管	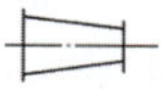

表 2-30　　　　阀门图例

序号	名　称	图　例	序号	名　称	图　例
1	阀门		15	闸阀	
2	角阀	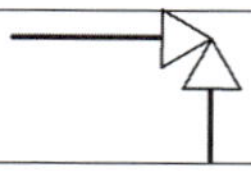	16	三通阀	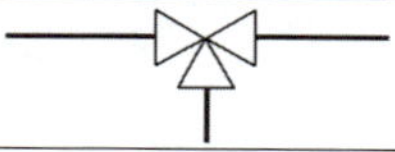
3	球阀		17	隔膜阀	
4	四通阀	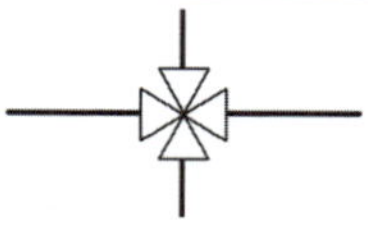	18	气开隔膜阀	
5	截止阀	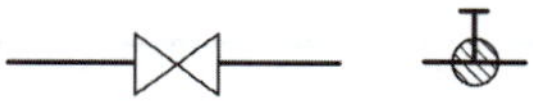	19	气闭隔膜阀	
6	电动阀		20	温度调节阀	
7	液动阀	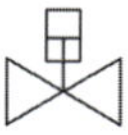	21	压力调节阀	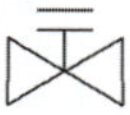
8	气动阀		22	电磁阀	
9	液压阀	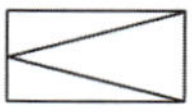	23	止回阀	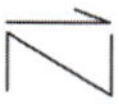
10	旋塞阀	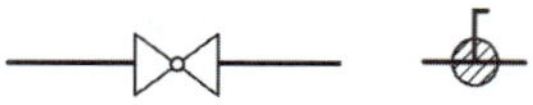	24	消声止回阀	
11	底阀	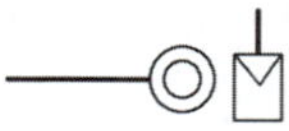	25	蝶阀	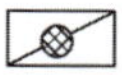
12	浮球阀		26	自动排气阀	
13	延时自闭阀		27	单口消火栓	
14	普通水龙头	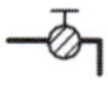	28	双口消火栓	

(4)标高

①标高应以“m”为单位，宜注写到小数点后第三位。

②沟道、管道应标注起讫点、转角点、连接点、变坡点、交叉点的标高；沟道宜标注沟内底标高；压力管道宜标注管中心标高；室内外重力流管道宜标注管内底标高；必要时，室内架空重力流管道可标注中心标高，但图中应加以说明。

③组成安装的同一层同标高的设备，可只标注右端一组。

④室内管道、设备等应标注相对标高；室外管道标注绝对标高，当无绝对标高资料时，可标注相对标高，但应与总图一致。

平面图、系统图中管道标高应按如图 2-76 所示的方式标注。

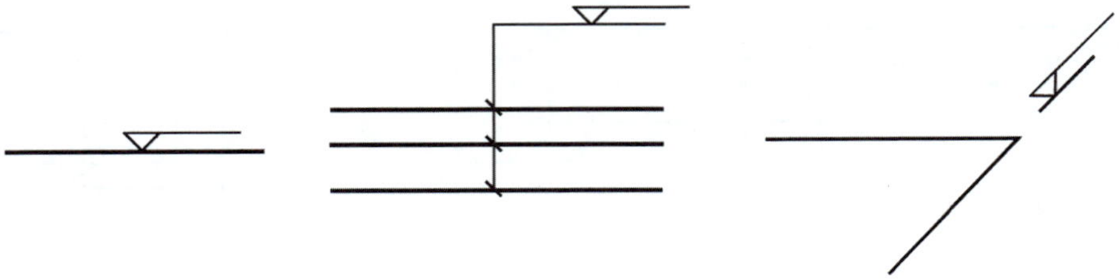

图 2-76　平面图、系统图中管道标高标注

剖面图中，管道标高应按图 2-77 所示的方式标注。

平面图中，沟底标高应按图 2-78 所示的方式标注。

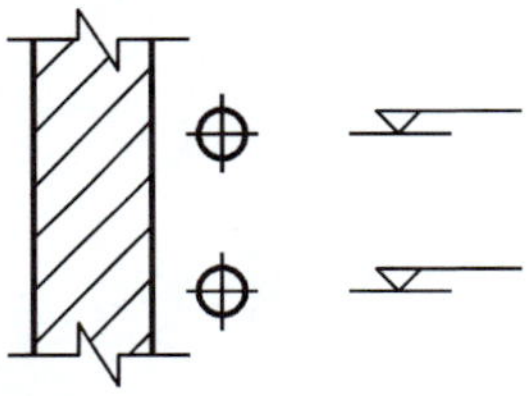

图 2-77　剖面图中管道标高标注

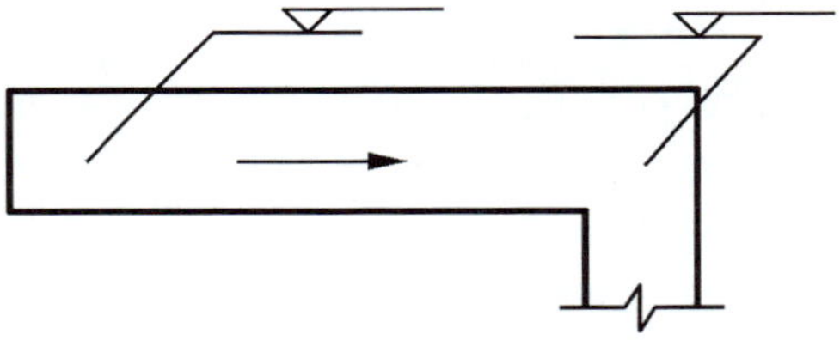

图 2-78　平面图中沟底标高标注

(5)管径

①管径尺寸应以“mm”为单位。

②水煤气输送钢管(镀锌或非镀锌)、铸铁管等，管径应以公称直径 DN 表示，如 DN40；钢筋混凝土(或混凝土)管、陶土管、耐酸陶瓷管、缸瓦管等，管径应以内径 d 表示，如 d250；无缝钢管、焊接钢管(直缝或螺旋缝)、铜管、不锈钢管等，管径应以外径 $D\times$壁厚表示，如 $D108\times4$。

③管径尺寸应注在变径处；水平管道的管径尺寸应注在管道的上方；斜管道的管径尺寸应注在管道的斜上方；竖直管道的管径尺寸应注在管道的左侧；当管径尺寸无法按上述位置标注时，可另找适当位置标注，但应当用引出线标示出该尺寸与管段的关系，如图 2-79 所示。

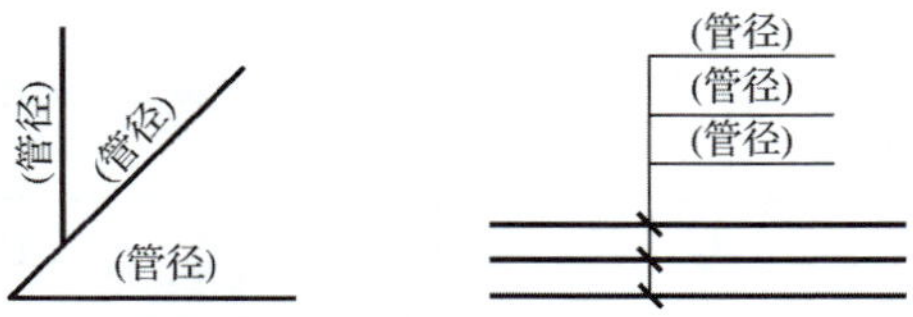

图 2-79　管径标注法

④同一种管径的管道较多时，可不在图上标注管径尺寸，但应在附注中说明。

(6)编号

①进、出口编号：当建筑物的给排水进、出口数量多于 1 个时，宜用阿拉伯数字编号。如图 2-80 所示为给排水进、出口编号表示法。

②立管编号：建筑物内穿过 1 层及多于 1 层楼层的立管，其数量多于 1 个时，宜用阿拉伯数字编号。如图 2-81 所示为给排水立管编号表示法。

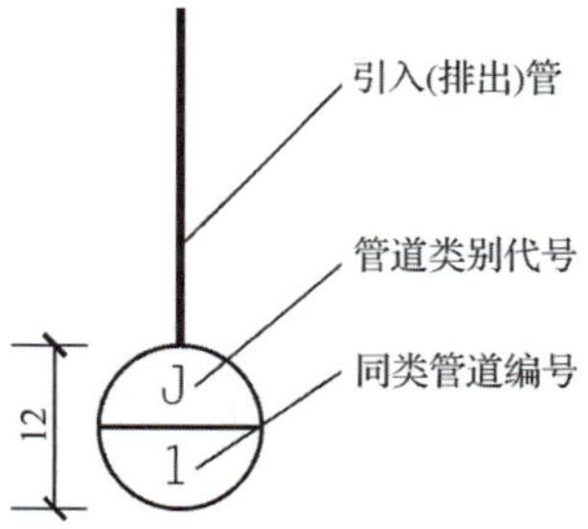

图 2-80　给排水进、出口编号表示法

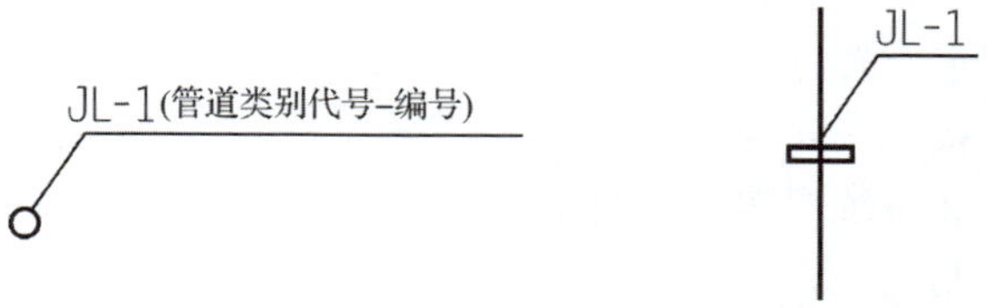

图 2-81　给排水立管编号表示法

(7)管道转向、连接、交叉、中断、引来的表示

管道的转向、连接应按图 2-82 所示方法表示。管道交叉时，前面的管线为实线，被遮挡的管线应断开，如图 2-83 所示。管道在本图中断，转到其他图上，或者由其他图上引来时，应按图 2-84 所示方法表示。图中重叠、密集处，以及某些设备和管道布置形式相同的立管、横支管等，可以断开引出单独绘制，断开处一般用小写的拉丁字母注明。

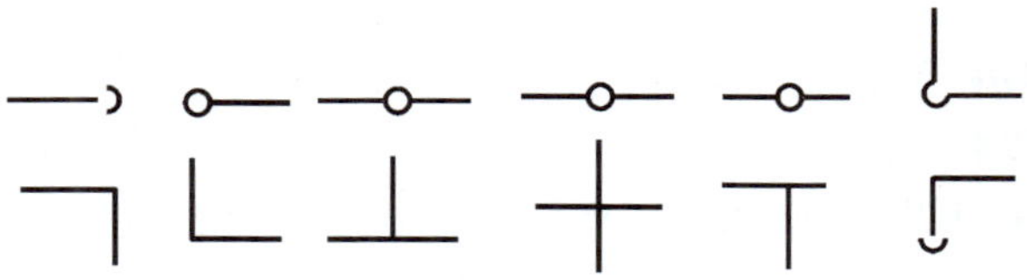

图 2-82　管道转向、连接表示法

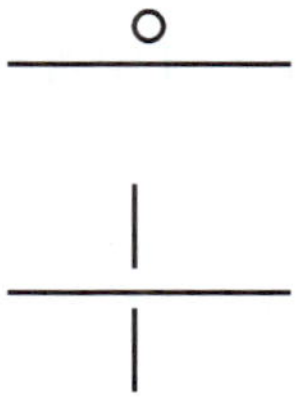

图 2-83　管道交叉表示法

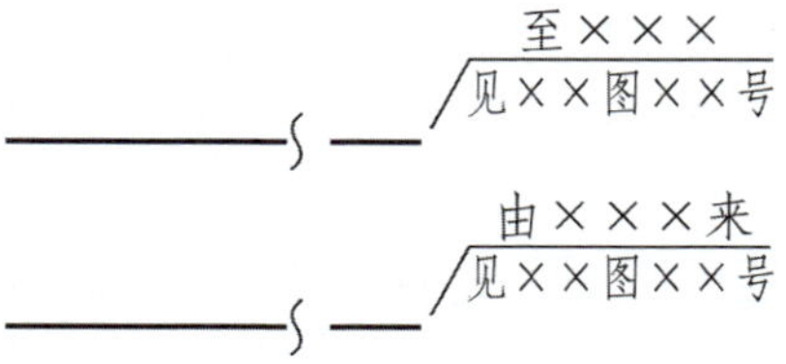

图 2-84　管道中断、引来表示法

2. 室内给排水、采暖施工图的组成

室内给排水、采暖施工图一般包括平面图(平面布置图)、系统图(轴测图)、施工详图、设计说明及主要设备材料表等，必要时还需绘制剖面图。

(1)平面图

平面图主要表示建筑物各层的给排水、采暖管道及设备的平面位置。平面图中各类管道、用水器具及设备、消火栓、喷洒头、雨水斗、阀门、附件、立管位置等按正投影法绘制。对于某些民用与公共建筑，各层管道、设备的布置相同时，可以只绘制首层平面图和标准层平面图。室内给排水、采暖平面图主要包括以下内容：

①建筑物轮廓、标注轴线及层间的主要尺寸。为了节省图面，通常只画出与给排水、采

暖系统相关部分的建筑平面。

②用水设备、卫生器具的类型和位置。

③建筑物各层给排水干管、立管、支管的位置，首层平面图需绘制引入管、排水管的位置，穿外墙标高和防水套管形式。标注主要管道的定位尺寸及管径等，按规定对引入管、排水管和立管进行编号，消火栓可按需要分层按顺序编号。对于安装于下层空间而为本层使用的管道，应绘制在本层平面内。

④水表、阀门、水龙头、清扫口、地漏等管道附件的类型和位置。

(2)系统图

①系统图宜按 45° 正面斜轴测法绘制。Oz 轴为竖直方向，Ox 轴、Oy 轴方向的选择以及管道布置方向要求与平面图一致，并按比例绘制，局部管道按比例不易表示清楚时，此处可不按比例绘制。

②系统图按室内给水、消火栓给水、喷淋给水、室内排水、热水供应、采暖等系统不同分别绘制。

③系统图表明系统各楼层的空间关系。

④楼地面线、管道上的阀门和附件应标示清楚，管径、立管编号与平面图一致。

⑤管道上应注明管径、标高或标注距楼地面的距离，接入或接出管道上的设备、器具宜编号或用文字表示。对于多层或高层建筑存在标准层等情况，有若干层或若干根横支管(也可用于立管)的管道、设备布置完全相同时，系统图中只画出相同类型中的一根支管(或立管)，其余省略，并应用文字、字母或符号将其一一对应表示。

(3)详图

当某些设备的构造、安装以及管道间的连接在平面图和系统图上表示不清楚，并且无法用文字说明时，可以将其局部放大比例画成详图，如水表节点图等。详图可以用平面图、剖面图的形式表示，也可以绘制轴测图，如卫生间放大图应绘制管道轴测图。

在实际工程中，很多标准设备的构造和一般常规的安装方法已统一制成标准图册，如《给水排水标准图集》等国家及行业编制的各种标准图集，可供设计、施工选用，不再另出施工图，只需在图纸目录中给出相应的图名、图号。对于无标准设计图可供选用的设备、器具安装图及非标准设备制造图，宜绘制详图。

(4)设计说明

文字说明应通俗易懂、简明清晰，有关工程项目的总体问题应在总说明中体现，局部问题应注写在本张图纸内。设计总说明通常包括下列内容：

①工程概况。

②设计内容、范围、依据。

③系统的形式及敷设方式。

④选用的管材及接口方法。

⑤用水设备和卫生器具的类型及安装方式。

⑥消防设计说明。

⑦管道和设备的防腐、保温方法。

⑧施工验收应达到的质量要求，施工安装注意的事项等。

⑨其他要说明的问题等。

(5)设备材料表

为了能使施工准备的材料和设备符合图纸要求，对重要工程中的材料和设备需逐项列出，制作一个明细表，以便施工备料。简单工程可以不列。

设备材料表应包括编号、名称、型号规格、单位、数量、质量及附注等项目。

施工图中涉及的管材、阀门、仪表、设备等均须列入表中，不影响工程进度和质量的零星材料，允许施工单位自行决定时，可不列入表中。

施工图中选定的设备对生产厂家有明确要求时，应将生产厂家的名称写在设备、材料表的附注里。

图纸目录、设计说明、设备材料表等，如单独成图时，其编号应排在其他图纸之前，编排顺序应为图纸目录、设计说明、设备材料表等。

二、室内给排水、采暖施工图的识读方法

(1)熟悉图纸目录，了解设计说明，明确设计要求

设计说明有的写在平面图或系统图上，有的写在整套施工图的首页上。

(2)将平面图和系统图对照识读

给水系统可从引入管起沿水流方向，经干管、立管、横管、支管到用水设备，将平面图和系统图一一对应识读。弄清管道的走向、分支位置，各管段的管径、标高，管道上的阀门、水表、升压设备及配水龙头的位置和类型。

施工图的识读与标注

排水系统可从卫生器具开始，沿水流方向，经支管、横管、立管、干管到排水管依次识读。弄清管道的走向，管道汇合位置，各管段的管径、坡度、坡向、检查口、清扫口、地漏的位置，通风帽形式等。

(3)结合平面图、系统图及设计说明看详图

详图包括节点图、大样图、标准图，主要的管道节点、水表、消火栓、水加热器、卫生器具、套管、开水炉、排水设备、管道支架、散热器的安装图及卫生间大样图等，图中须注明详细尺寸，供安装时直接使用。

三、室内采暖施工图的识读

1. 平面图

室内采暖平面图主要表示设备及主要管道的平面位置，一般包括以下内容：

(1)建筑物轮廓，其中注明轴线、房间主要尺寸、指北针，必要时应注明房间名称。

(2)热力入口位置，应标注相应尺寸、管径、编号。

(3)干管、立管、支管位置。标注立管编号和主要管道的管径。

(4)散热器的类型、位置和数量。各种类型的散热器规格和数量标注方法如下：

①柱形、长翼形散热器只标注数量(片数)。

②圆翼形散热器应标注根数、排数，如 3×2。

③光排管散热器应标注管径、长度、排数，如 $D108\times2\ 000\times4$。

④闭式散热器标注长度、排数，如 1.0×2。

对于多层建筑，各层散热器布置基本相同时，也可采用标准层画法。在标准层平面图上，散热器要注明层数和各层的数量。

平面图中散热器与供水(供汽)、回水(凝结水)管道的连接按图 2-85 所示绘制。

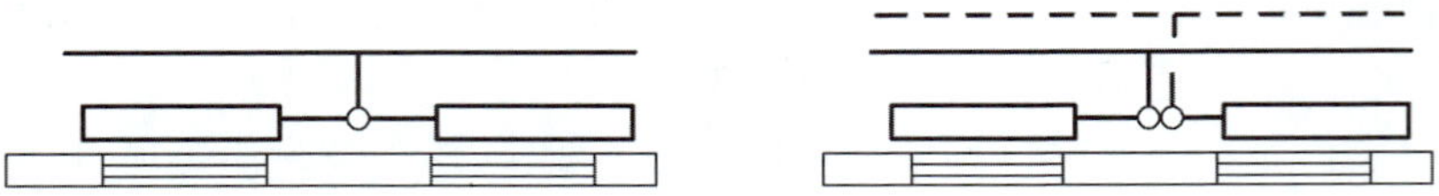

(a) 单管连接　　(b) 双管连接

图 2-85　平面图中散热器与管道连接

⑤膨胀水箱、集气罐、阀门、补偿器、固定支架的位置及需要注明的规格等。

2. 系统图

采暖工程系统图应按轴测投影法绘制，并宜用正等轴测或正面斜测投影法。

系统图需要完整地表明采暖系统所有供回水(或蒸汽、凝结水)干管、立管、支管以及设备、附件的空间关系。按规定进行编号，并标注管径、标高、坡度以及散热器数量，标注各种设备及附件的型号、规格等。柱形、圆翼形散热器的规格、数量应注在散热器内，如图 2-86 所示；光排管、闭式散热器的规格及数量应注在散热器上方，如图 2-87 所示。

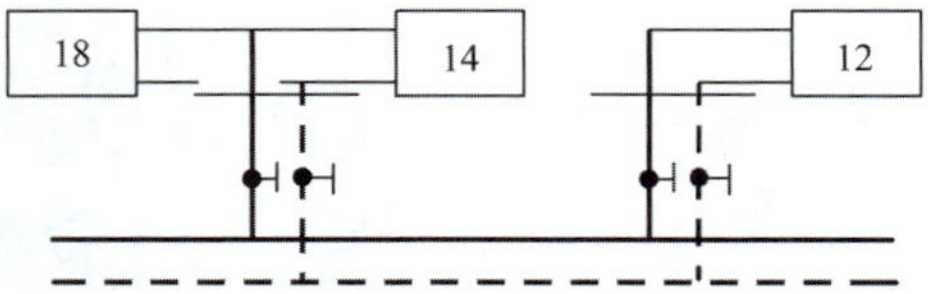

图 2-86　柱形、圆翼形散热器系统图表示

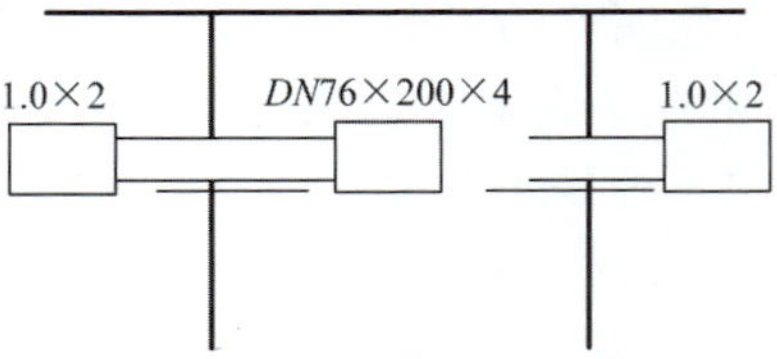

图 2-87　光排管、闭式散热器系统图表示

3. 详图

在平面图和系统图上不能表示清楚的某些节点设备构造、安装方法、尺寸等，需要局部放大比例单独绘制，如热力入口、管沟断面等。

4. 设计说明

室内采暖系统的设计说明一般包括以下内容：

(1)系统的热负荷、作用压力。

(2)热媒的种类及参数。

(3)系统的形式及管道的布置方式。

(4)选用的管材及其连接方式。

(5)管道及设备的防腐、保温做法。

(6)无设备材料表时，需说明散热器及其他设备附件的类型、规格和数量等。

(7)施工及验收要求。

(8)其他需要文字解释的内容。

四、施工图识读举例

现对某教学楼给排水施工图进行识读(详见附图 1～13)。

附图1~13

第四节　给排水、采暖工程施工图预算编制依据

一、编制施工图预算的步骤

1. 收集基础资料

基础资料包括：批准的设计总概算书、审批的施工图纸、相关的通用设计图和标准图、图纸会审记录、设计变更通知；施工组织设计及有关的技术组织措施；国家和地区主管部门颁发的现行预算定额、单位估价表、费用定额及市场材料价格；预算工作手册和工程施工合同等资料。

2. 熟悉施工图

(1)整理施工图纸

应把目录上所排列的总说明、平面图、系统图和详图等按顺序进行整理，将目录放在首页，装订成册，避免使用过程中因混乱而造成失误。

(2)审核施工图纸

审核施工图纸的目的就是检查其是否齐全。根据图纸目录，对全套图纸进行核对，发现缺失应及时补全，同时收集相关的标准图集。

(3)熟悉图纸

熟悉施工图是正确计算工程量的关键。施工图纸、设计说明书和标准图集表明了管道的走向、设备的位置、管道和设备的连接形式、管道和设备的型号、规格、数量以及技术要求，以此列出分项工程项目；经过对施工图纸进行整理、审核后，就可以进行阅读。其目的是了解该安装工程中，各图纸之间、图纸与说明之间有无矛盾和错误；各设计标高、尺寸是否清楚正确，以及施工中应注意的问题；各分项工程的构造、尺寸和规定的材料品种、规格以及它们相互关系是否明确；相应项目的内容与定额规定的内容是否一致。阅读同时应做好记录，为精确计算工程量、正确套用定额项目创造条件。

(4)交底会审

预算人员在熟悉和审核图纸的基础上，参加图纸交底会审会议，妥善解决好图纸交底和会审中发现的问题。

3. 熟悉施工方案施工现场情况

编制施工图预算前，应熟悉并注意施工组织设计中影响工程造价的有关内容。如各分部分项工程的施工方法、施工机械等，以便能准确计算工程量、正确套用相应的定额项目，使施工图预算能够反映客观实际的现场情况。

4. 熟悉预算定额

预算定额或单位估价表是编制施工图预算的主要依据。在编制预算之前，熟悉和了解预算定额或单位估价表的内容、形式和使用方法，结合施工图纸，是迅速、准确地确定工程项目、计算工程量的根本保证。

5. 确定工程量计算项目

在熟悉图纸的基础上，根据预算定额各分部分项工程的子目顺序，列出所有分项子目

的名称，以便进行工程量计算。同时，根据预算定额或单位估价表，将设计中有关定额上没有的项目单独列出，以便编制补充定额或采用实物造价法进行计算。

6. 工程量计算

工程量计算时要准确填写工程名称，一定要写出各分项工程的全称。

7. 汇总工程量套定额基价

分项工程量计算完毕后，经仔细复核无误，应根据预算定额或单位估价表的内容、计量单位的要求，按分部分项工程的顺序逐项汇总、整理，即规范名称和统一单位。工程量整理的方法如下：

按分部工程整理工程量。在每个分部工程中，各分项工程要尽量按预算定额上该分部的定额子目的编排顺序整理工程量。

凡是材料的品种规格、项目的工作内容和施工方法相同的分项工程，应合并为一个定额子目。

将汇总后的工程量抄入工程预算表内，并把计算项目的相应定额编号、计量单位、预算定额基价以及其中的人工费填入工程预算表内。汇总计算合计值的方法如下：

将序号、定额编号、分部分项工程名称、单位、工程数量、定额基价以及其中的定额人工费按工程量整理顺序填入上述表格，每填入一项应将原工程量计算表上的相应项目勾选“√”。

套用预算定额时，定额主材费来源于造价信息中的材料预算价格（或市场价格）乘以相应定额项目中的主材消耗量。

表中单位应为定额上的单位，要注意将计算出的工程量数据调整到与定额单位一致。

8. 计算各项费用

按费用定额中规定的方法和程序，依次计算措施费、施工管理费、规费、利润和税金等。

汇总求出工程预算造价，并填入预算费用汇总表中；

计算技术经济指标，即单方造价。

9. 编制说明装订成册

装订顺序如下：

封面-编制说明-工程造价计费程序表-价差调整计算表-工程预算表-设备汇总表-工料分析汇总表-工程量汇总表-工程量计算表，按以上顺序编排并装订成册后，编制人员签字盖章，请有关单位审阅、签字并加盖单位公章后备案。

定额、材料手册等有关工具书是预算工作不可缺少的资料。例如：有些材料的体积和质量、长度与质量的换算，可以从这些资料中查出。以下我们介绍《青海省通用安装工程计价定额》第十册《给排水、采暖、燃气安装工程》。

二、《青海省通用安装工程计价定额》第十册《给排水、采暖、燃气安装工程》介绍（以下简称本册定额）

1. 本册定额适用于工业与民用建筑的生活用给排水、采暖、室内空调水、燃气管道系统中的管道、附件、配件、器具及附属设备等安装工程。

2. 本册定额不包括以下内容：

(1)工业管道、生产生活共用的管道，锅炉房、泵房、站类管道以及建筑物内加压泵间、空调制冷机房、消防泵房的管道，管道焊缝热处理、无损检测。医疗气体管道执行第八册

《工业管道安装工程》相应项目。

(2)本册定额未包括的采暖、给排水设备安装执行第一册《机械设备安装工程》、第三册《静置设备与工艺金属结构制作安装工程》等相应项目。

(3)水暖设备、器具等电气检查、接线工作，执行第四册《电气设备安装工程》相应项目。

(4)刷油、防腐蚀、绝热工程执行第十二册《刷油、防腐蚀、绝热工程》相应项目。

(5)本册凡涉及管沟、工作坑及井类的土方开挖、回填、运输、垫层、基础、砌筑、地沟盖板预制安装、路面开挖及修复、管道混凝土支墩的项目，以及混凝土管道、水泥管道安装执行相关定额项目。

3.下列费用可按系数分别计取：

(1)脚手架搭拆费按定额人工费的5%计算，其费用中人工费占35%。室外埋地管道工程，不计取该费用。

(2)操作高度增加费：本册定额操作物高度是按距楼面或地面3.6 m考虑的，当操作物高度超过3.6 m时，超过部分工程量其定额人工乘以表2-31的系数。

表2-31　　操作高度增加费系数

操作物高度/m	≤10	≤30	≤50
系数	1.10	1.20	1.50

(3)建筑物超高(深)增加费：在建筑物层数大于6层或建筑物高度大于20 m以上、地下深度10 m以上的工业与民用建筑上进行安装时，按表2-32计算建筑物超高(深)增加的费用，其费用中人工费占65%。

表2-32　　建筑物超高(深)增加费系数

建筑物高(深)度/m	≤40	≤60	≤80	≤100	≤120	≤140	≤160	≤180	≤200
建筑层数(层)	≤12	≤18	≤24	≤30	≤36	≤42	≤48	≤54	≤60
按人工费的百分数/%	2	5	9	14	20	26	32	38	44

(4)在洞库、暗室、已封闭的管道间(井)、地沟、吊顶内安装的项目，人工、机械乘以系数1.20。

(5)采暖工程系统调整费按采暖系统工程人工费的10%计算，其中人工费占35%。

(6)空调水系统调整费按空调水系统工程(含冷凝水管)人工费的10%计算，其费用中人工费占35%。

4.本册与市政管网工程的界线划分

(1)给水、采暖管道以与市政管道碰头点或以计量表、阀门(井)为界。

(2)室外排水管道以与市政管道碰头井为界。

(3)燃气管道，以与市政管道碰头点为界。

5.本册各定额项目中，均包括安装物的外观检查。

三、定额说明相关解释

1.各专业管道适用范围

(1)给排水管道

给排水管道适用于室内外生活用给排水系统中的镀锌钢管、钢管、不锈钢管、铜管、铸铁管、塑料管、复合管等不同材质的管道安装及室外管道碰头等项目。其中，给水管道适用于生活饮用水、热水、中水及压力排水等管道的安装。

(2)采暖管道

采暖管道适用于以热水、蒸汽为热媒的室内外采暖系统中镀锌钢管、钢管、塑料管、预制保温管安装以及与原有热源管道碰头。

采暖铝塑稳态复合管道安装按相应塑料管道安装项目人工乘以系数1.1，其他不变。

(3)空调水管道

空调水管道适用于室内空调工程冷热水(冷却水)、凝结水系统中镀锌钢管、碳钢管、塑料管安装。

室内空调机房与空调冷却塔之间的冷却水管道执行空调冷热水管道。镀锌钢管(螺纹连接)安装项目也适用于空调水系统中采用螺纹连接的焊接钢管、塑料复合管安装项目。

空调凝结水管道安装项目是按集中空调系统编制的，也适用于户用单体空调设备的凝结水管道系统的安装。

(4)燃气管道

燃气管道适用于室内外生活燃气系统中的镀锌钢管、钢管、铸铁管、塑料管、铜管、不锈钢管、复合管等管道安装、室外管道碰头、氮气置换及警示带、示踪线、地面警示标志桩安装等项目。

管道安装适用于中压(0.4 MPa)及以下。铸铁管道若输送压力大于0.2 MPa时，人工乘以系数1.3。城镇燃气管道设计压力(表压)分级见表2-33。

表2-33　　城镇燃气管道设计压力(表压)分级表

名称		压力/MPa
高压燃气管道	A	$2.5<P\leqslant4.0$
	B	$1.6<P\leqslant2.5$
次高压燃气管道	A	$0.8<P\leqslant1.6$
	B	$0.4<P\leqslant0.8$
中压燃气管道	A	$0.2<P\leqslant0.4$
	B	$0.01\leqslant P\leqslant0.2$
低压燃气管道		$P<0.01$

2. 管件

(1)各类管道安装项目中，均包括相应管件安装。各种管件数量系综合取定，执行定额时，成品管件数量可依据设计文件及施工方案或参照本册附录“管道管件数量取定表”计算，定额中其他消耗量均不做调整。

(2)管件含量测算取定时，不含与螺纹阀门配套的活接、对丝，其用量含在螺纹阀门安装项目中。

(3)给排水、采暖、空调水系统钢管焊接安装项目中均综合考虑了成品管件和现场煨制弯管、摔制大小头、挖眼三通；燃气系统中钢管焊接安装项目，按施工规范要求全部为成品管件。

3. 管道安装中其他注意事项

(1)塑料管安装适用于UPVC、PVC、PP-C、PP-R、PE、PB管等塑料管安装。

(2)钢管沟槽连接适用于镀锌钢管、焊接钢管及无缝钢管等沟槽连接的管道安装。不锈钢管、铜管、复合管的沟槽连接,也可参照执行。

(3)管道安装定额中包括水压试验及水冲洗内容。饮用水管道的消毒冲洗应按本册第十一章相应项目另行计算。排(雨)水管道包括灌水(闭水)及通球试验工作内容。

(4)室内柔性铸铁排水管(机械接口)按带法兰承口的承插式管材考虑。

(5)塑料管热熔连接公称直径 DN125 及以上管径按热熔对接连接考虑。

(6)室内直埋塑料给水管道是指敷设于室内地坪下或墙内的塑料给水管段,包括充压隐蔽、水压试验、水冲洗以及地面划线标示等工作内容。

(7)采暖室内直埋塑料管道是指敷设于室内地坪下或墙内的由采暖分集水器连接散热器及管井内立管的塑料采暖管段。直埋塑料管分别设置了热熔管件连接和无接口敷设两项定额项目,不适用于地板辐射采暖系统管道。地板辐射采暖系统管道应按本册第七章相应项目执行。

(8)塑套钢预制直埋保温管安装项目中已包括管件安装,但不包括接口保温,发生时应另行套用接口保温安装项目。

(9)已验收合格未及时投入使用的管道,使用前需做强度试验、严密性试验、空气吹扫的,执行第八册《工业管道工程》相应项目。

(10)燃气检漏管安装执行相应材质的管道安装项目。

(11)成品防腐管道需做电火花检测的,可另行计算。

(12)室内外采暖管道在过路口或跨绕梁、柱等障碍时,如发生类似于方形补偿器的管道安装形式,执行方形补偿器制作安装项目。

(13)安装带保温层的管道时,可执行相应材质及连接形式的管道安装项目,其人工乘以系数 1.10;管道接头保温执行第十二册《刷油、防腐蚀、绝热工程》,其人工、机械乘以系数 2.0。

(14)室外管道碰头项目中,不包含氮气置换、连接后的单独试压以及带气施工措施费,应根据施工方案另行计算。

4. 管道附件

管道附件包括各类阀门、计量表、螺纹阀门、法兰阀门、塑料阀门、沟槽阀门、法兰、减压器、疏水器、除污器、水表、热量表、倒流防止器、水锤消除器、补偿器、软接头(软管)、塑料排水管消声器、浮标液面计、浮标水位标尺等。

(1)阀门安装均综合考虑了标准规范要求安装的强度及严密性试验工作内容。

(2)安全阀安装后进行压力调整的,其人工乘以系数 2.0。螺纹三通阀安装按螺纹阀门安装项目乘以系数 1.3。

(3)电磁阀、温控阀安装项目均包括了配合调试工作内容,不再重复计算。

(4)对夹式蝶阀安装已含双头螺栓用量,在套用与其连接的法兰安装项目时,应将法兰安装项目中的螺栓用量扣除。浮球阀安装已包括了连杆及浮球的安装。

(5)与螺纹阀门配套的连接件,如设计与定额中材质不同时,可按设计进行调整。

(6)法兰阀门、法兰式附件安装项目均不包括法兰安装,应另行套用相应法兰安装项目。

(7)每副法兰和法兰式附件安装项目中,均包括一个垫片和一副法兰螺栓的材料用量。

各种法兰连接用垫片均按石棉橡胶板考虑，如工程要求采用其他材质可按实调整。

(8)减压器、疏水器安装均按组成安装考虑，分别依据国家建筑标准设计图集 01SS105《常用小型仪表及特种阀门选用安装》和 05R407《蒸汽凝结水回收及疏水器装置的选用与安装》编制。疏水器组成安装未包括止回阀安装，若安装止回阀执行阀门安装相应项目。单独安装减压器、疏水器时执行阀门安装相应项目。

(9)除污器组成安装依据国家建筑标准设计图集 03R402《除污器》编制，适用于立式、卧式和旋流式除污器组成安装。单个过滤器安装执行阀门安装相应项目，人工乘以系数 1.2。

(10)螺纹水表安装不包括水表前的阀门安装。水表安装定额是按与钢管连接编制的，若与塑料管连接时其人工乘以系数 0.6，机械消耗量可按实调整。

(11)水表组成安装是依据国家建筑标准设计图集 05S502《室外给水管道附属构筑物》编制的。法兰水表(带旁通管)组成安装中三通、弯头均按成品管件考虑。

(12)热量表组成安装是依据国家建筑标准设计图集 10K509 10R504《暖通动力施工安装图集(一)(水系统)》编制的。如实际组成与此不同时，可按法兰、阀门等附件安装相应项目计算或调整。

(13)倒流防止器组成安装是根据国家建筑标准设计图集 12S108-1《倒流防止器选用及安装》编制的，按连接方式不同分为带水表与不带水表安装。

(14)器具组成安装项目已包括标准设计图集中的旁通管安装，旁通连接管所占长度不再另计管道工程量。

(15)器具组成安装均分别依据现行相关标准图集编制，其中连接管、管件均按钢制管道、管件及附件考虑，如实际采用其他材质组成安装，则按相应项目分别计算。

器具附件组成如实际与定额不同时，可按法兰、阀门等附件安装相应项目分别计算或调整。

(16)补偿器项目包括方形补偿器制作安装和焊接式、法兰式成品补偿器安装，成品补偿器包括球形、填料式、波纹式补偿器。补偿器安装项目中包括就位前进行预拉(压)工作。

(17)法兰式软接头安装适用于法兰式橡胶及金属挠性接头安装。

(18)浮标液面计、水位标尺分别依据《采暖通风国家标准图集》N102-3 和《全国通用给水排水标准图集》S318 编制，如设计与标准图集不符时，主要材料可做调整，其他不变。

5. 卫生器具

(1)各类卫生器具系参照国家建筑标准设计图集《给水排水标准图集：排水设备及卫生器具安装(2010 年合订本)》中有关标准图编制的。

(2)各类卫生器具安装项目除另有标注外，均适用于各种材质。

(3)各类卫生器具安装项目包括卫生器具本体、配套附件、成品支托架安装。各类卫生器具配套附件是指给水附件(水嘴、金属软管、阀门、冲洗管、喷头等)和排水附件(下水口、排水栓、存水弯、与地面或墙面排水口间的排水连接管等)。

(4)各类卫生器具所用附件已列出消耗量，如随设备或器具配套供应时，其消耗量不得重复计算。各类卫生器具支托架如现场制作时，执行本册第十一章相应定额项目。

(5)浴盆冷热水带喷头若采用埋入式安装时，混合水管及管件消耗量应另行计算。按摩浴盆包括配套小型循环设备(过滤罐、水泵、按摩泵、气泵等)安装，其循环管路材料、配件等均按成套供货考虑。浴盆底部所需要填充的干砂材料消耗量另行计算。

(6)液压脚踏卫生器具安装执行相应定额，人工乘以系数 1.3，液压脚踏装置材料消耗量另行计算。如水嘴、喷头等配件随液压阀及控制器成套供应时，应扣除定额中的相应材料，不得重复计取。

卫生器具所用液压脚踏装置包括配套的控制器、液压脚踏开关及其液压连接软管等配套附件。

(7)大、小便器冲洗(弯)管均按成品管件考虑。大便器安装已包括柔性连接头或胶皮碗。

(8)大、小便槽自动冲洗水箱安装中，已包括水箱和冲洗管的成品支托架、管卡安装，水箱支托架及管卡的制作及刷漆，应按相应定额项目另行计算。

(9)各类卫生器具的混凝土或砖基础、周边砌砖、瓷砖粘贴，蹲式大便器蹲台砌筑、台式洗脸盆的台面，浴厕配件等安装，应执行《房屋建筑与装饰工程计价定额》相应项目。

6. 供暖器具

(1)散热器安装项目系参考国家建筑标准设计图集 10K509 10R504《暖通动力施工安装图集(一)(水系统)》编制。除另有说明外，各型散热器均包括散热器成品支托架(钩、卡)安装和安装前的水压试验以及系统水压试验。

(2)各型散热器不分明装、暗装，均按材质、类型执行同一定额子目。

(3)各型散热器的成品支托架(钩、卡)安装，采用膨胀螺栓固定编制的，如工程要求与定额不同时，可按照第十一章相应项目进行调整。

(4)铸铁散热器按柱型(柱翼型)编制，区分带足，不带足两种安装方式。成组铸铁散热器、光排管散热器如发生现场除锈刷漆时，执行本定额第十二册《刷油、防腐蚀、绝热工程》相应项目。

(5)钢制板式散热器安装不论是否带对流片，均按安装形式和规格执行同一项目。钢制卫浴散热器执行钢制单板板式散热器安装项目。钢制扁管散热器分别执行单板、双板钢制板式散热器安装定额项目，其人工乘以系数 1.2。

(6)钢制翅片管散热器安装项目包括安装随散热器供应的成品对流罩，如工程不要求安装随散热器供应的成品对流罩时，每组扣减 0.03 工日。

(7)钢制板式散热器、金属复合散热器、艺术造型散热器的固定组件，按随散热器配套供应编制，如散热器未配套供应，应增加相应材料的消耗量。

(8)光排管散热器安装不分 A 型、B 型执行同一定额子目。光排管散热器制作项目包括联管、支撑管所用人工与材料。

(9)地板辐射供暖供冷塑料管道敷设项目包括了固定管道的塑料卡钉(管卡)安装、局部套管敷设及地面浇筑的配合用工。如工程要求固定管道的方式与定额不同时，固定管道的材料可按设计要求进行调整，其他不变。

(10)地板辐射采暖的隔热板项目中的塑料薄膜，是指在接触土壤或室外空气的楼板与绝热层之间所铺设的塑料薄膜防潮层。如隔热板带有保护层(铝箔)，应扣除塑料薄膜材料消耗量。

地板辐射采暖塑料管道在跨越建筑物的伸缩缝、沉降缝时所铺设的塑料板条，应按照边界保温带安装项目计算，塑料板条材料消耗量可按设计要求的厚度、宽度进行调整。

(11)成组热媒集配装置包括成品分集水器和配套供应的固定支架及与分支管连接的部件。固定支架如不随分集水器配套供应,需现场制作时,按照本册第十一章相应项目另行计算。

(12)集气罐制作、安装按罐体公称直径,以“个”为计量单位。

7.燃气器具及附件

(1)各种燃气炉(器)具安装项目,均包括本体及随炉(器)具配套附件的安装。

(2)膜式燃气表安装项目适用于螺纹连接的民用或公用膜式燃气表,IC卡膜式燃气表安装按膜式燃气表安装项目,其人工乘以系数1.1。

膜式燃气表安装项目中列有两个表接头,如随燃气表配套表接头时,应扣除所列表接头。膜式燃气表安装项目中不包括表托架制作安装,发生时根据工程要求另行计算。

(3)燃气流量计适用于法兰连接的腰轮(罗茨)燃气流量计、涡轮燃气流量计。

(4)法兰式燃气流量计、流量计控制器、调压器、燃气管道调长器安装项目均包括与法兰连接一侧所用的螺栓、垫片。

(5)燃气管道调长器安装项目适用于法兰式波纹补偿器和套筒式补偿器的安装。

(6)燃气调压箱安装按壁挂式和落地式分别列项。调压箱安装不包括与进、出口管道连接及支架制作安装、保护台和底座的砌筑,发生时执行其他相应项目。

(7)燃气管道引入口保护罩安装按分为体型保护罩和整体型保护罩分别列项。砖砌引入口保护台及引入管的保温、防腐应执行其他相关定额项目。

(8)户内家用可燃气体检测报警器与电磁阀成套安装的,执行本册第五章管道附件中螺纹电磁阀项目,人工乘以系数1.3。

8.采暖、给排水设备

(1)采暖、生活给排水设备包括各种给水设备、热能源装置、消毒设备、热水器、开水炉、水箱等。

(2)设备安装定额中包括设备本体以及与其配套的管道、附件、部件的安装和单机试运转或水压试验、通水调试等内容。设备安装项目中包括与本体配套的压力表、温度计等附件的安装,如实际未随设备供应附件时,其材料另行计入。

(3)给水设备、地源热泵机组均按整体组成安装编制。

(4)动力机械设备单机试运转所用的水、电耗用量应另行计算;静置设备水压试验、通水调试所用消耗量已列入相应项目中。

(5)水箱安装适用于玻璃钢、不锈钢、钢板等各种材质,不分圆形、方形,均按箱体容积执行相应项目。水箱安装按成品水箱编制,如现场制作、安装水箱,水箱主材不得重复计算。水箱消毒冲洗及注水试验用水按设计图示容积或施工方案另行计算。组装水箱的连接材料是按随水箱配套供应考虑的。

(6)太阳能集热器是按集中成批安装编制的,如发生4 m^2以下工程量时,人工、机械乘以系数1.1。

9.医疗气体设备及附件

(1)医疗气体设备及附件包括制氧机、液氧罐、二级稳压箱、气体汇流排、集污罐、刷手池、医用真空罐、气水分离器、干燥机、储气罐、空气过滤器、集水器、医疗设备带及气体终端等。

(2)设备安装包括随本体配备的管道及附件安装。与本体配备的第一片法兰或第一个连接口以外的工程量,发生时应另行计算;设备安装项目中支架、地脚螺栓按随设备配备考虑,如需现场加工,另行计算。

(3)气体汇流排安装项目,适用于氧气、二氧化碳、氮气、一氧化二氮、氩气、压缩空气等汇流排安装。

(4)设备单机无负荷试运转及水压试验所用的水、电耗用量应另行计算。

(5)刷手池安装项目,按刷手池自带全部配件及密封材料编制,本定额中只包括刷手池安装、连接上下水管。

(6)干燥机安装项目,适用于吸附式和冷冻式干燥机安装。

(7)空气过滤器安装项目,适用于压缩空气预过滤器、精过滤器、超精过滤器等安装。

(8)安装项目均不包括试压、脱脂、阀门研磨及无损探伤检验、设备氮气置换等工作内容,如设计要求应另行计算。

(9)设备地脚螺栓预埋、基础灌浆应执行第一册《机械设备安装工程》相应项目。

10. 支架及附件

(1)管道支架制作安装项目,适用于室内外管道的管架制作与安装。如单件质量大于100 kg时,应执行设备支架制作安装相应项目。

(2)管道支架采用木垫式、弹簧式管架时,均执行管道支架安装项目,支架中的弹簧减震器、滚珠、木垫等成品件质量应计入安装工程量,其材料数量按实计入。

(3)成品管卡安装项目,适用于与各类管道配套的立、支管成品管卡的安装。

(4)刚性防水套管和柔性防水套管安装项目中,包括了配合预留孔洞及浇筑混凝土工作内容。一般套管制作安装项目,均未包括预留孔洞工作,发生时按预留孔洞项目另行计算。

(5)套管制作安装项目已包含堵洞工作内容。

(6)套管内填料按油麻编制,如与设计不符时,可按工程要求调整换算填料。

(7)保温管道穿墙、板采用套管时,按保温层外径规格执行套管相应项目。

(8)管道保护管是指在管道系统中,为避免外力(荷载)直接作用在介质管道外壁上,造成介质管道受损而影响正常使用,在介质管道外部设置的保护性管段。

(9)水压试验项目仅适用于因工程需要而发生且非正常情况的管道水压试验。管道安装定额中已经包括了规范要求的水压试验,不得重复计算。

(10)因工程需要再次发生管道冲洗时,执行消毒冲洗定额项目,同时扣减定额中漂白粉消耗量,其他消耗量乘以系数0.6。水箱、水池消毒冲洗适用于设计、规范要求或工程需要进行消毒、冲洗的项目。

(11)成品表箱安装适用于水表、热量表、燃气表箱的安装。

(12)机械钻孔项目是按混凝土墙体及混凝土楼板考虑的,厚度系综合取定。如实际墙体厚度超过300 mm。楼板厚度超过220 mm时,按相应项目乘以系数1.2。砖墙及砌体墙钻孔按机械钻孔项目乘以系数0.4。

四、计算规则的相关应用说明

1. 给排水管道

(1)各类管道安装按室内外、材质、连接形式、规格分别列项。定额中铜管、塑料管、复合管(除钢塑复合管外)按公称外径表示,其他管道均按公称直径表示。

(2)各类管道安装工程量,均按设计管道中心线长度,以“10 m”为计量单位,不扣除阀门、管件、附件(包括器具组成)及井类所占长度。

(3)室内给排水管道与卫生器具连接的分界线:

①给水管道工程量计算至卫生器具(含附件)前与管道系统连接的第一个连接件(角阀、三通、弯头、管箍等)止。

②排水管道工程量自卫生器具出口处的地面或墙面的设计尺寸算起;与地漏连接的排水管道自地面设计尺寸算起,不扣除地漏所占长度;蹲式大便器按一步台阶考虑。

2. 采暖管道

(1)各类管道安装按室内外、材质、连接形式、规格分别列项以“10 m”为计量单位。定额中塑料管按公称外径表示,其他管道均按公称直径表示。

(2)方形补偿器所占长度计入管道安装工程量。方形补偿器制作安装应执行本册第五章相应项目。

(3)与分集水器进出口连接的管道工程量,应计算至分集水器中心线位置。

(4)直埋保温管保温层补口分管径,以“个”为计量单位。

(5)与原有采暖热源钢管碰头,分为带介质、不带介质两种情况,按新接支管公称管径列项,以“处”为计量单位。每处含有供、回水两条管道碰头连接。

3. 空调水管道

(1)各类管道安装按材质、连接形式、规格分别列项。定额中塑料管按公称外径表示,其他管道均按公称直径表示。

(2)各类管道安装工程量,均按设计管道中心线长度以“10 m”为计量单位,不扣除阀门、管件、附件所占长度。

(3)方形补偿器所占长度计入管道安装工程量。方形补偿器制作安装应执行第五章相应项目。

4. 燃气管道

(1)各类管道安装按室内外、材质、连接形式、规格分别列项。定额中铜管、塑料管、复合管(除钢塑复合管外)按公称外径表示,其他管道均按公称直径表示。

(2)各类管道安装工程量,均按设计管道中心线长度,以“10 m”为计量单位。不扣除阀门、管件、附件及井类所占长度。

(3)与已有管道碰头项目除钢管带介质碰头、塑料管带介质碰头按支管管径外,其他项目均按主管管径,以“处”为计量单位。

(4)氮气置换按管径,以“100 m”为计量单位。

(5)警示带、示踪线安装,以“100 m”为计量单位。

(6)地面警示标志桩安装,以“10 个”为计量单位。

5. 管道附件

(1)各种阀门、补偿器、软接头、螺纹水表、水锤消除器安装,均按照不同连接方式、公称直径,以“个”为计量单位。

(2)减压器、疏水器、水表、倒流防止器、热量表组成安装,按照不同组成结构、连接方式、公称直径,以“组”为计量单位。减压器安装按高压侧的直径计算。

(3)卡紧式软管按照不同管径,以“根”为计量单位。

(4)法兰均区分不同公称直径,以“副”为计量单位。

(5)浮标液面计、浮漂水位标尺区分不同的型号,以“组”为计量单位。

6. 卫生器具

(1)各种卫生器具均按设计图示数量计算,以“10 组”或“10 套”为计量单位。

(2)大便槽、小便槽自动冲洗水箱安装分容积按设计图示数量,以“10 套”为计量单位。大、小便槽自动冲洗水箱制作不分规格,以“100 kg”为计量单位。

(3)小便槽冲洗管制作与安装按设计图示长度以“10 m”为计量单位,不扣除阀门的长度。

(4)桑拿浴房依据使用人数,以“座”为计量单位。

(5)隔油器区分安装方式和进水管径,以“套”为计量单位。

7. 供暖器具

(1)成组铸铁散热器安装按每组片数,以“组”为计量单位。

(2)钢制柱式散热器安装按每组片数,以“组”为计量单位。

(3)艺术造型散热器按与墙面的正投影(高×长)计算面积,以“组”为计量单位。不规则形状以正投影轮廓的最大高度乘以最大长度计算面积。

(4)光排管散热器制作分 A 型、B 型,区分排管公称直径,按图示散热器长度计算排管长度,以“10 m”为计量单位,其中联管、支撑管不计入排管工程量;光排管散热器安装不分 A 型、B 型,区分排管公称直径,按光排管散热器长度,以“组”为计量单位。

(5)热空气幕安装按设备质量,以“台”为计量单位。

(6)预制沟槽保温板、毛细管席、保护层(铝箔)、隔热板、钢丝网按设计图示尺寸计算实际铺设面积,以“10 m”为计量单位。边界保温带按设计图示长度,以“10 m”为计量单位。

(7)散热器支管的计算方法

①立管每层连接一组散热器

a. 当 $n\leqslant 14$ 片时,散热器支管采用同侧连接

$$L=\left(\frac{a}{2}-\frac{d}{2}-e-\frac{nf}{2}\right)\times 2c$$

式中 L——散热器支管的长度,m;

a、b——设置散热器房间的轴开间,m;

d——墙厚,m;

e——墙面与两根立管的中心距离,m;

n——连接散热器的片数;

f——单片散热器的厚度,m;

c——相同片数的层数。

b. 当 $n>14$ 片时，散热器支管采用异侧连接

$$L=\left(\frac{a}{2}-\frac{d}{2}-e-\frac{nf}{2}+\frac{a}{2}-\frac{d}{2}-e+\frac{nf}{2}+0.2\ \mathrm{m}\right)c=(a-d-2e+0.2\ \mathrm{m})c$$

式中　0.2 m——表示异侧连接时回水支管下连接的 U 形管的长度。

②立管每层连接两组散热器

a. 当 n_1、$n_2\leqslant 14$ 片时，两组散热器支管均采用同侧连接

$$L=\left(\frac{a+b}{2}-\frac{n_1 f}{2}-\frac{n_2 f}{2}\right)\times 2c$$

式中　n_1、n_2——分别表示两组散热器的片数。

b. 当 n_1、$n_2>14$ 片时，两组散热器支管均采用异侧连接

$$L=\left(\frac{a+b}{2}-\frac{n_1 f}{2}-\frac{n_2 f}{2}+\frac{a+b}{2}+\frac{n_1 f}{2}+\frac{n_2 f}{2}+0.2\ \mathrm{m}+0.2\ \mathrm{m}\right)c=(a+b+0.4\ \mathrm{m})c$$

c. 当 $n_1\leqslant 14$、$n_2>14$ 片时，片数为 n_1 的散热器支管采用同侧连接；片数为 n_2 的散热器支管采用异侧连接

$$L=\left(\frac{a+b}{2}-\frac{n_1 f}{2}-\frac{n_2 f}{2}+\frac{a+b}{2}-\frac{n_1 f}{2}+\frac{n_2 f}{2}+0.2\ \mathrm{m}\right)c=(a+b-n_1 f+0.2\ \mathrm{m})c$$

d. 当 $n_2\leqslant 14$、$n_1>14$ 片时，片数为 n_2 的散热器支管采用同侧连接；片数为 n_1 的散热器支管采用异侧连接

$$L=\left(\frac{a+b}{2}-\frac{n_1 f}{2}-\frac{n_2 f}{2}+\frac{a+b}{2}+\frac{n_1 f}{2}-\frac{n_2 f}{2}+0.2\ \mathrm{m}\right)c=(a+b-n_2 f+0.2\ \mathrm{m})c$$

8. 燃气器具及附件

(1)燃气开水炉、采暖炉、沸水器、消毒器、热水器以“台”为计量单位。

(2)膜式燃气表安装按不同规格型号，以“块”为计量单位；燃气流量计安装分为不同管径，以“台”为计量单位；流量计控制器分为不同管径，以“个”为计量单位。

(3)燃气灶具分为民用灶具和公用灶具，以“台”为计量单位。

(4)气嘴安装以“个”为计量单位。

(5)调压器、调压箱(柜)分为不同进口管径，以“台”为计量单位。

(6)燃气管道调长器分为不同管径，以“个”为计量单位。

(7)燃气凝水缸分为压力、材质、管径，以“套”为计量单位。

(8)引入口保护罩安装以“个”为计量单位。

9. 采暖、给排水设备

(1)各种设备安装项目除另有说明外，按设计图示规格、型号、质量，均以“台”为计量单位。

(2)给水设备按同一底座质量计算，不分泵组出口管道公称直径，按设备质量列项，以“套”为计量单位。

(3)太阳能集热装置区分平板、玻璃真空管形式，以“m^2”为计量单位。

(4)地源热泵机组按设备质量列项，以“组”为计量单位。

(5)木箱自洁器、电热水器分挂式、立式安装，以“台”为计量单位。

(6)水箱安装项目按水箱设计容量，以“台”为计量单位；钢板水箱制作分圆形、矩形，按水箱设计容量，以箱体金属质量“100 kg”为计量单位。

10. 医疗气体设备及附件

(1)各种医疗设备及附件均按设计图示数量计算。

(2)制氧机按氧产量、储氧罐按储液氧量,以“台”为计量单位。

(3)气体汇流排按左右两侧钢瓶数量,以“套”或“组”为计量单位。

(4)刷手池按水嘴数量,以“组”为计量单位。

(5)集污罐、医用真空罐、气水分离器、储气罐均按罐体直径,以“台”为计量单位。

(6)集水器、二级稳压箱、干燥机以“台”为计量单位。

(7)气体终端、空气过滤器以“个”为计量单位。

(8)医疗设备带以“m”为计量单位。

11. 支架及附件

(1)管道、设备支架制作安装按设计图示单件质量,以“100 kg”为计量单位。

(2)成品管卡、阻火圈安装、成品防火套管安装,按工作介质管道直径以“个”为计量单位。

(3)管道保护管制作与安装,分为钢制和塑料两种材质,按设计图示管道中心线长度以“10 m”为计量单位。

(4)预留孔洞、堵洞项目,按工作介质管道直径以“10 个”为计量单位。

(5)管道水压试验、消毒冲洗按设计图示管道长度以“100 m”为计量单位。

(6)一般穿墙套管及柔性、刚性套管,按工作介质管道的公称直径执行定额子目。

支架及附件安装

(7)成品表箱安装按箱体半周长以“个”为计量单位。

(8)机械钻孔项目,分为混凝土楼板钻孔及混凝土墙体钻孔,按钻孔直径以“个”为计量单位。

(9)剔堵槽(沟)项目,分为砖结构及混凝土结构,按截面尺寸以“10 m”为计量单位。

(10)水箱、水池消毒冲洗、按其容量以“m^3”为计量单位。

12. 除锈、刷油、防腐蚀工程量的计算

(1)计算公式

①设备筒体、管道表面积计算公式为

$$S=\pi DL\times 10^{-3}$$

式中　π——圆周率;

D——设备或管道直径(外径),mm;

L——设备筒体高或管道延长长度,m。

管道防腐保温工程量计算

注: a. 计算设备筒体、管道表面积时已包括各种管件、阀门、人孔、管口凹凸部分,不再另外计算。

b. 管道、设备与矩形管道、H 型钢制钢结构、铸铁管暖气片(以散热面积为准)的除锈工程以“10 m^2”为计量单位。

c. 腹板大于 300 mm 的型钢,执行 H 型钢相应子目。

d. 一般钢结构、管廊钢结构的除锈工程以“100 kg”为计量单位。

e. 灰面、玻璃布、白布面、麻布、石棉布面、气柜、玛蹄脂面刷油工程以“10 m^2”为计量单位。

②绝热工程计算公式

设备筒体或管道绝热、防潮和保护层计算公式为

$$V=\pi(D+1.03\delta)\times1.03\delta L\times10^{-6}$$

$$S=\pi(D+2.1\delta)L\times10^{-3}$$

工程数量的复核

式中 D——直径，mm；

1.03，2.1——调整系数；

δ——保温层厚度，mm；

L——设备筒体或管道延长长度，m。

③伴热管道绝热工程量计算公式

a. 单管伴热或双管伴热（管径相同，夹角小于 90°时）

$$D'=D_1+D_2+(10\sim20\ \text{mm})$$

式中 D'——伴热管道直径综合值，mm；

D_1——主管道直径，mm；

D_2——伴热管道直径，mm；

10～20 mm ——主管道与伴热管道之间的间隙。

导管施工的背后
——彰显劳动者精神

b. 双管伴热（管径相同，夹角大于 90°时）

$$D'=D_1+1.5D_2+(10\sim20\ \text{mm})$$

c. 双管伴热（管径不同，夹角小于 90°时）

$$D'=D_1+D_{伴大}+(10\sim20\ \text{mm})$$

五、定额应用时应注意的其他问题

1. 管道安装定额中已包含了管道水压试验和水冲洗内容，不得重复计算。

2. 管道安装定额中将各类管接头均列为未计价材料。

3. 管道、设备支架制作安装，按质量分级（管道支架 5 kg、10 kg、30 kg、50 kg、100 kg；设备支架 50 kg、100 kg、100 kg 以上），制作、安装分列定额子目。成品管卡按管道公称直径列项，以“个”为计量单位。

4. 本册定额是我省给排水、采暖、燃气工程工程量清单计价的依据，也是按传统工料单价法计算给排水及采暖、燃气工程造价的依据。

5. 给排水、采暖、燃气工程定额计价工程量按本册定额规定的工程量计算规则计算，给排水、采暖、燃气工程分部分项工程量清单工程量按《通用安装工程工程量计算规范》(GB 50856—2013)的附录规定的规则计算。

6. 当设计管道规格与定额子目规格不符时，使用接近规格的项目，处于中间时按大者使用，超过本册定额最大规格时做补充定额。

7. 各地区使用本册定额计算人工、机械消耗量时乘以规定的调整系数。

第三章

消防工程预算

章节概述

随着社会经济的发展，我国城镇化水平不断提升，这为消防行业的发展创造了重要契机。在此背景下，对消防工程设计、施工、造价、运行维护方面的人才需求大大增加，对从业人员的知识积累、技术技能提升也提出了更高的要求。消防工程预算是消防工程项目初步设计和施工图设计预算的统称。消防工程预算不仅是考核设计方案的经济性和合理性的重要指标，也是制订消防工程建设项目建设计划、合同签订、办理工程贷款、实施工程项目成本费用控制、拨付工程款、进行竣工结算和考核工程造价的主要依据。消防工程预算的编制程序和方法对于学习安装工程计量与计价的学生非常重要。

教学目标

• 知识目标

通过本章的学习，熟悉消防工程基础知识，消防系统分类及其功能，基本施工与验收相关知识；熟悉消防工程工程定额的基础知识，熟悉消防工程造价费用的组成，掌握消防工程预算编制程序和编制方法；熟悉消防工程造价费用的组成。

• 能力目标

掌握消防工程定额及其使用；熟悉消防工程竣工结算知识；掌握消防工程定额计价的编制程序和编制方法。

德育要点

我国建筑体量较大，需要时刻坚持“人民至上、生命至上”的消防工作理念，在消防工程预算过程中精益求精，保护人民生命安全和财产安全。

第一节　消防系统分类及其功能

一、火灾自动报警及消防联动控制系统的组成及功能

（一）火灾自动报警系统的基本模式

1. 区域报警系统

区域报警系统由火灾探测器、手动火灾报警按钮、声光警报器及火灾报警控制器等构成。该系统适用于仅需要报警，不需要联动自动消防设备的小型建筑等单独使用。

2. 集中报警系统

集中报警系统由火灾探测器、手动火灾报警按钮、声光警报器、消防应急广播、消防专用电话、消防控制室图形显示装置、火灾报警控制器及消防联动控制器等组成。该系统适用于不仅需要报警，同时需要联动自动消防设备，且只设置一台具有集中控制功能的场合。例如火灾报警控制器和消防联动控制器的高层宾馆、商务楼、综合楼等建筑使用，需设置一个消防控制室。

3. 控制中心报警系统

控制中心报警系统由设置在消防控制室的集中报警控制器、消防控制设备等组成。该系统适用于大型建筑群、超高层建筑，可对建筑中的消防设备实现联动控制和手动控制，通常设置两个及以上的消防控制室。

消防系统结构原理如图 3-1 所示。

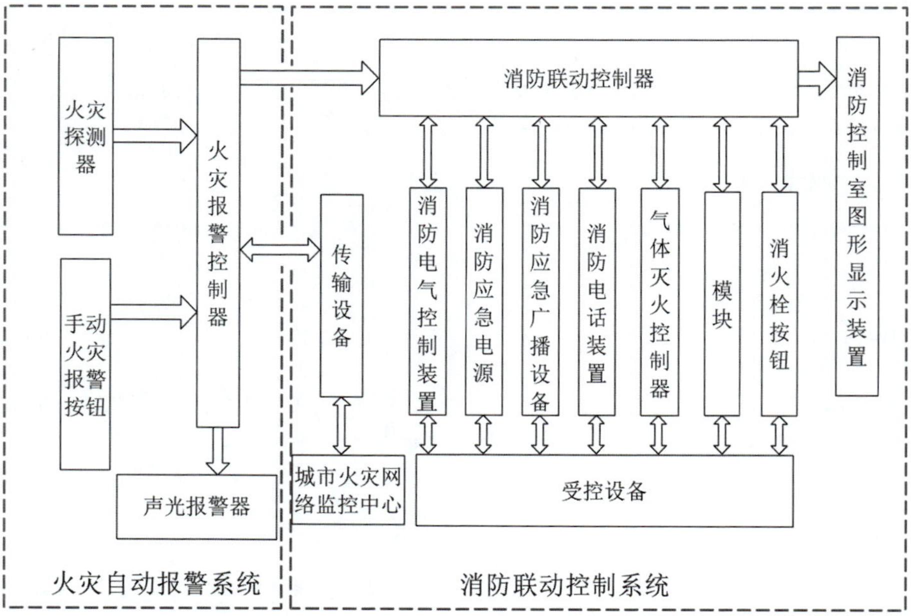

图 3-1　消防系统结构原理

(二)火灾自动报警及消防联动控制系统的组成及功能

火灾自动报警及消防联动控制系统的组成部件如图 3-2 所示。

(a)感烟探测器　(b)感温探测器　(c)输入模块　(d)手动报警按钮　(e)声光报警器

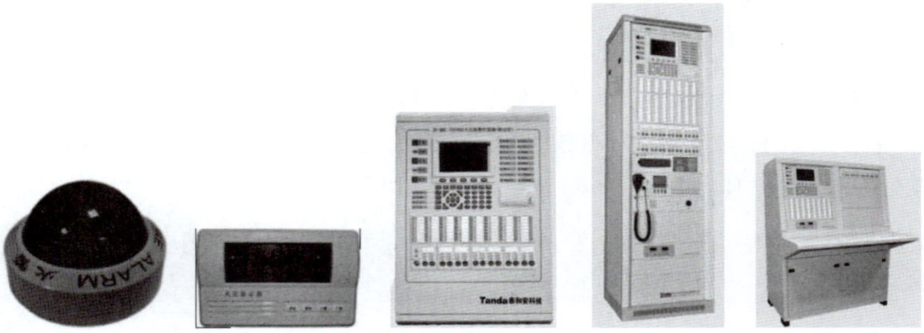

(f)火灾光报警器　(g)火灾显示盘　(h)挂壁式控制器　(i)柜式控制器　(j)台式控制器

图 3-2　火灾自动报警及消防联动控制系统组成部件

1. 火灾探测部分

(1)火灾探测器

①感烟探测器:感烟探测器利用火灾发生时产生的大量烟雾,通过烟雾敏感元件检测并发出报警信号。常用的有离子感烟式和光电感烟式,又可分为点型和线型。

②感温探测器:感温探测器利用火灾时气温的急骤升高,通过温度敏感元件使探测器动作发出报警信号。按动作原理分有差温式和定温式,按结构分有点型和线型等。

(2)输入模块

输入模块将所配接的触点型探测装置(水流指示器、湿式报警阀等)的开关量信号转换成总线报警控制器能识别的数码信号,提供一个地址码。

(3)手动报警按钮

手动报警按钮是人工确认火灾后,手动输入报警信号的装置。操作方式有手动按碎、手动击打和手动按下等。

(4)火灾报警器

火灾报警器以声、光信号发出火灾报警,同时显示及记录火灾发生的部位和时间,并向联动控制器发出联动信号。常用有声光报警器和火灾光报警器等。

(5)火灾显示盘(重复显示屏)

火灾显示盘布置在每个楼层或消防分区内,用于显示本区域内各探测点的报警和故障情况。在火灾发生时,它指示人员疏散方向、火灾所处位置、范围等。

2. 联动控制部分

联动控制部分由一系列控制系统组成,系统功能包括报警、灭火、防排烟、广播和消防通信等。

(1)联动控制器

联动控制器有多线制控制方式和总线制控制方式,与火灾报警器配合,用于控制各类消防外控设备,实现自动或手动控制。其结构形式有挂壁式、柜式和台式等。

(2)控制模块

控制模块是总线制联动控制的执行器件,它直接与联动控制器的控制总线或火灾报警控制器的总线连接。发生火警时,由模块内的触点动作来启动或关闭外控设备,外控设备的状态信号通过控制模块反馈给主机。

例如,当火灾发生后,控制模块发出声和光报警信号,启动正压送风和机械排烟系统,使人员安全疏散。

二、灭火系统的类别及功能

(一)消火栓灭火系统

消火栓灭火系统可分为室外消火栓灭火系统和室内消火栓灭火系统。

1. 室外消火栓灭火系统

室外消火栓灭火系统由室外消火栓、消防泵接合器、供水管网和消防水池组成,用于消防车供水或直接接消防水带及水枪进行灭火。室外消火栓实物及组成如图 3-3 所示。

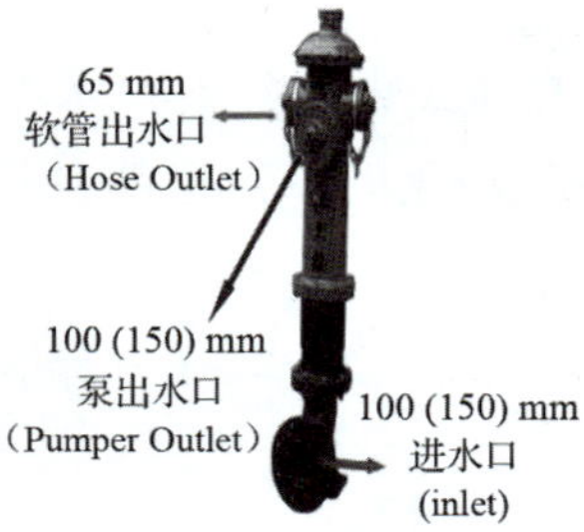

图 3-3　室外消火栓实物及组成

2. 室内消火栓灭火系统

室内消火栓灭火系统主要由消火栓、水带、水枪三个部件组成,如图 3-4 所示。该系统可直接接出消防水带及水枪进行灭火。为了在发生火灾时能迅速启动消防泵进行灭火,需要设有直接启动消防泵的按钮。

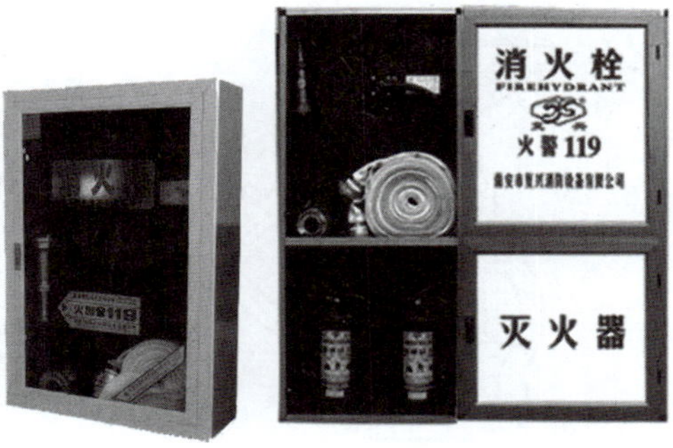

消防泵动画演示

图 3-4　室内消火栓灭火系统

3. 消火栓灭火系统组成

(1)水枪(图 3-5)

水枪是灭火的重要工具,一般用铜、铝合金或塑料制成。它可以产生灭火需要的充实水柱。室内一般采用直流式水枪,喷嘴口径有13 mm、16 mm、19 mm 三种。喷嘴口径13 mm 的水枪配备 50 mm 的水带;喷嘴口径 16 mm 的水枪配备 50 mm 或 65 mm 的水带;喷嘴口径 19 mm 的水枪配备 65 mm 的水带。采用何种规格的水枪,要根据消防水量要求的充实水柱长度确定。

图 3-5　水枪

(2)水带(图 3-6)

水带也称为水龙带。水带材料有麻织和化纤两种。化纤水带有衬胶和不衬胶之分,化纤衬胶水带水流阻力较小,但抗折叠性能不如麻织。水带口径有 50 mm 和 65 mm 两种,其长度不宜超过 25 m。水带长度一般有 15 m、20 m、25 m、30 m 四种。水带的使用长度应根据水力计算确定。

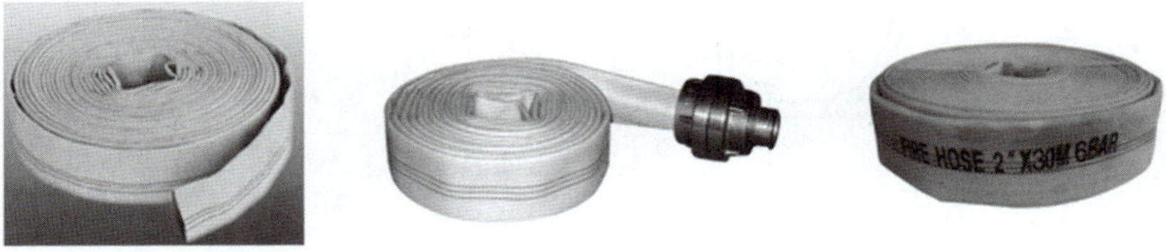

图 3-6　水带

(3)消火栓(图 3-7)

消火栓均为内扣式接口的球形阀式龙头,有单出口和双出口之分。双出口消火栓直径为65 mm,单出口消火栓直径有 50 mm 和 65 mm 两种。当每支水枪的最小流量小于 5 L/s 时,选用直径为 50 mm 的消火栓;最小流量大于或等于 5 L/s 时,则选用直径为 65 mm 的消火栓。

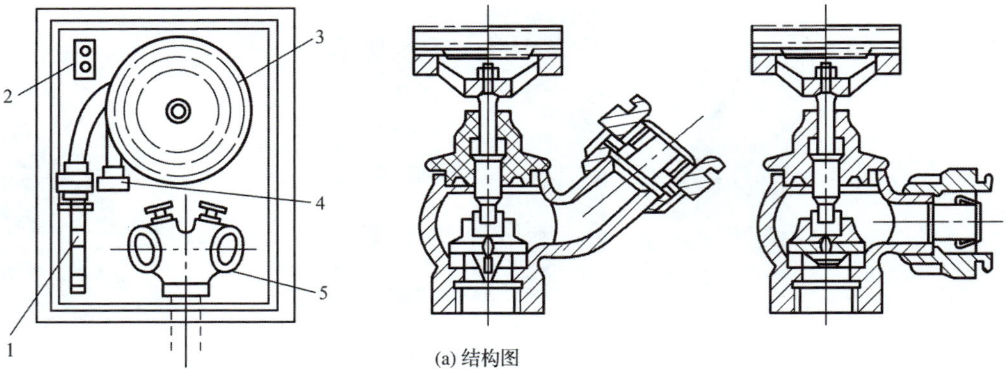

(a) 结构图

(b) 单出口消火栓

(c) 双出口消火栓

图 3-7　消火栓

1—水枪；2—按钮；3—水带；4—水带接口；5—双出口消火栓

室内消火栓的水带、水枪一般安装在装有玻璃门的消火栓箱内，一般消火栓箱内还装有灭火器。消火栓箱可用铝合金或钢板制作而成，门上装有玻璃并有明显的标志，如图3-8所示。

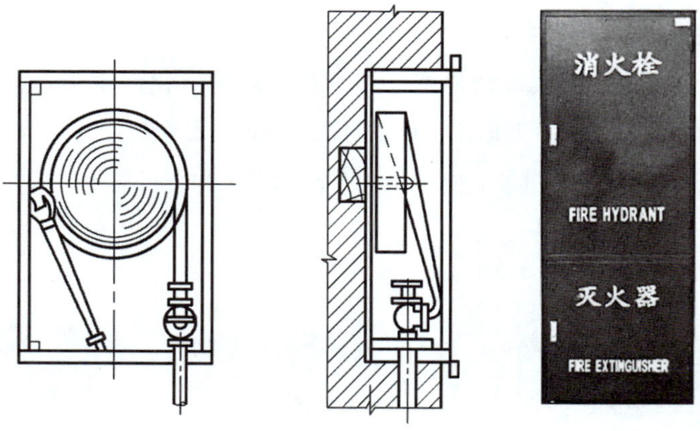

图 3-8　室内消火栓箱结构及实物

室内消火栓应布置在建筑物内明显、易于取用和经常有人出入的地方，如楼梯间、走廊、大厅、车间的出入口、消防电梯的前室等处。消火栓的安装高度为距地面 1.1 m，出水方向宜向下或与设置消火栓的墙呈 90°角。室内消火栓的布置应保证两股水柱能同时达到室内任何部位。但对于建筑高度小于或等于 24 m 且容积小于或等于 5 000 m^3 的库房，保证一股水柱能达到室内任何部位即可。

(4)消防水喉

消防水喉设备是由口径为25 mm的消火栓、内径为19 mm的胶带和口径不小于6 mm的消防卷盘组成的，这套设备主要用于非专业消防人员扑灭初级火灾。消防卷盘实物如图3-9所示。

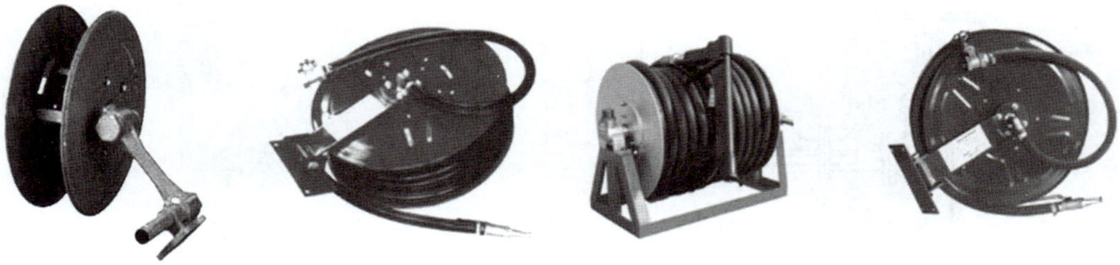

图3-9 消防卷盘实物

(5)水泵接合器

在建筑消防给水系统中均应设置水泵接合器。水泵接合器是连接消防车向室内消防给水系统加压供水的装置，一端由消防给水管网水平干管引出，另一端设置在消防车易于接近的地方。水泵接合器分为地上式、地下式和墙壁式和多用式(多种安装方式)，如图3-10所示。水泵接合器技术参数见表3-1。

表3-1 水泵接合器技术参数

产品名称	型号	公称压力/MPa	公称直径/mm	进水口	
				口径/mm	数量
地上式水泵接合器	SQS100-1.6	1.6	100	65	2
	SQS150-1.6	1.6	150	80	
地下式水泵接合器	SQX100-1.6	1.6	100	65	2
	SQX150-1.6	1.6	150	80	
墙壁式水泵接合器	SQB100-1.6	1.6	100	65	2
	SQB150-1.6	1.6	150	80	
多用式水泵接合器	SQD100-1.6	1.6	100	65	2
	SQD150-1.6	1.6	150	80	

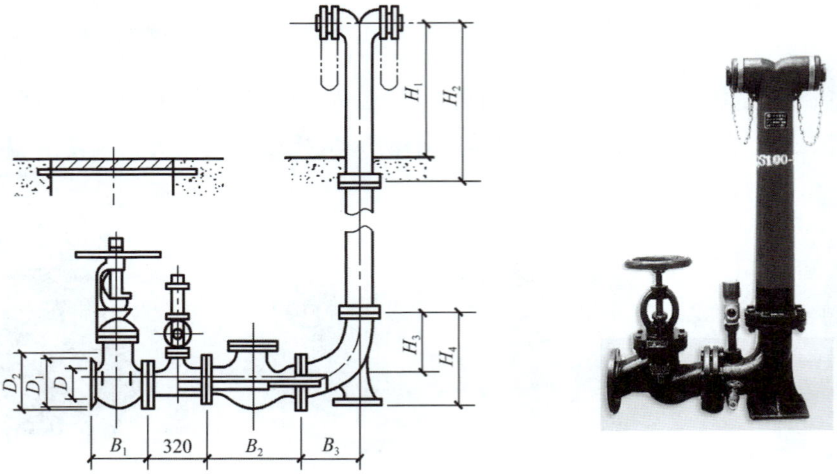

(a) 地上式

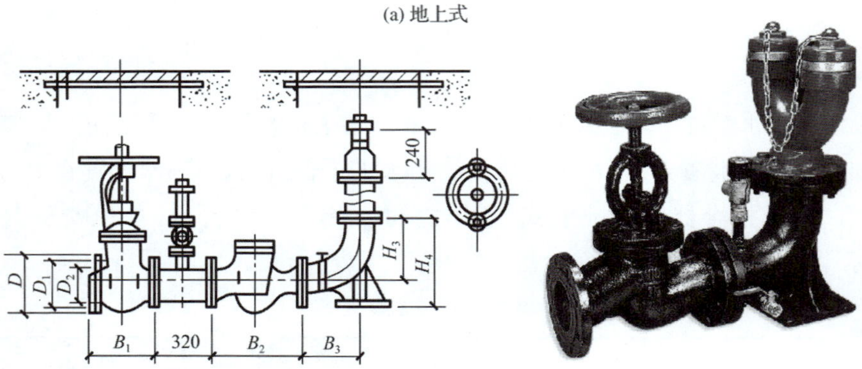

(b) 地下式

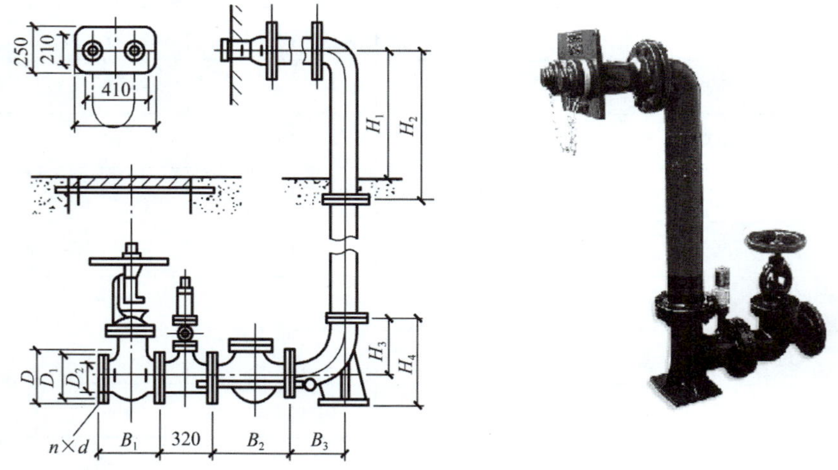

(c) 墙壁式

图 3-10　水泵接合器

4. 室内消火栓的布置

(1)一般要求

室内消火栓的选型应根据使用者、火灾危险性、火灾类型和不同灭火功能等因素综合确定。其设置应符合下列要求：

①应采用 DN65 的室内消火栓，可与消防软管卷盘或轻便水龙设置在同一箱体内。配置 DN65 有内衬里的消防水带，长度不宜超过 25 m；宜配置喷嘴当量直径 16 mm 或 19 mm 的消防水枪，但当消火栓设计流量为 2.5 L/s 时，宜配置喷嘴当量直径 11 mm 或 13 mm的消防水枪。

②在设置室内消火栓的建筑中，包括设备层在内的各层均应设置消火栓。

屋顶设有直升机停机坪的建筑，应在停机坪出入口处或非电气设备机房处设置消火栓，且距停机坪机位边缘的距离不小于 5 m。

③消防电梯前室应设置室内消火栓，并应将其计入消火栓使用数量。

④室内消火栓的布置应满足同一平面有 2 支消防水枪的 2 股充实水柱同时到达任何部位的要求，但建筑高度小于或等于 24 m 且体积小于或等于 5 000 m^3 的多层仓库、建筑高度小于或等于 54 m 且每单元设置一部疏散楼梯的住宅，以及《消防给水及消火栓系统技术规范》(GB 50974—2014)第 3.5.2 条中规定可采用 1 支消防水枪计算消防量的场所，可采用 1 支消防水枪的 1 股充实水柱到达室内任何部位。

⑤建筑室内消火栓的设置位置应满足火灾扑救要求，并应符合下列规定：

a. 室内消火栓应设置在楼梯间及其休息平台和前室、走道等明显易于取用以及便于火灾扑救的位置。

b. 住宅的室内消火栓宜设置在楼梯间及其休息平台。

c. 汽车库内消火栓的设置不应影响汽车的通行和车位的设置，并应确保消火栓正常开启。

d. 同一楼梯间及其附近不同层设置的消火栓，其平面位置宜相同。

e. 冷库的室内消火栓应设置在常温穿堂或楼梯间内。

⑥建筑室内消火栓栓口的安装高度应便于消防水龙带的连接和使用，其距地面高度宜为 1.1 m；其出水方向应便于消防水带的敷设，宜与设置消火栓的墙面呈 90°角或向下。

⑦设有室内消火栓的建筑应设置带有压力表的试验消火栓，对于多层和高层建筑应在其屋顶设置，严寒、寒冷等冬季结冰地区可设置在顶层出口处或水箱间内等便于操作和防冻的位置；对于单层建筑宜设置在水力薄弱处，且应靠近出入口。

⑧室内消火栓宜按直线距离计算其布置间距，对于消火栓按 2 支消防水枪的 2 股充实水柱布置的建筑物，消火栓的布置间距不应大于 30 m；对于消火栓按 1 支消防水枪的 1 股充实水柱布置的建筑物，消火栓的布置间距不应大于 50 m。

⑨建筑高度不大于 27 m 的住宅，当设置消火栓灭火系统时，可采用干式消防竖管。干式消防竖管宜设置在楼梯间休息平台，且仅应配置消火栓栓口，干式消防竖管应设置消防车供水接口，消防车供水接口应设置在首层便于消防车接近和安全的地点，竖管顶端应设置自动排气阀。

⑩住宅户内宜在生活给水管道上预留一个接 DN15 消防软管或轻便水龙的接口。跃层住宅和商业网点的室内消火栓应至少满足 1 股充实水柱能到达室内任何部位，并宜设置在户门附近。

(2)室内消火栓的栓口压力和消防水枪充实水柱

充实水柱是指由水枪喷嘴起至射流 90%的水柱水量穿过直径为 380 mm 圆孔处的一

段射流长度。

①消火栓栓口动压不应大于 0.5 MPa，当大于 0.7 MPa 时，必须设置减压装置。

②高层建筑、厂房、库房和室内净空高度超过 8 m 的民用建筑等场所，消火栓栓口动压不小于 0.35 MPa，且消防水枪充实水柱应达到 13 m；其他场所的消火栓栓口动压不小于 0.25 MPa，且消防水枪充实水柱应达到 10 m。

(3)消防软管卷盘和轻便水龙的设置要求

消防软管卷盘由小口径消火栓、输水缠绕软管、小口径水枪等组成。与室内消火栓相比，消防软管卷盘具有操作简便、机动灵活等优点。

①消防软管卷盘应配置内径不小于 19 mm 的消防软管，其长度宜为 30 m，轻便水龙应配置 DN25 有内衬里的消防水带，长度宜为 30m。消防软管卷盘和轻便水龙应配置当量喷嘴直径为 6 mm 的消防水枪。

②消防软管卷盘和轻便水龙的用水量可不计入消防用水总量。

③剧院、会堂闷顶内的消防软管卷盘应设在马道入口处，以方便工作人员使用。

5. 自动喷水灭火系统

自动喷水灭火系统由喷头、报警阀、水流报警装置(水流指示器或压力开关)、末端试水装置、配水管道、供水设施等组成。自动喷水灭火系统可分为闭式自动喷水灭火系统 、开式自动喷水灭火系统(雨淋系统)、水喷雾灭火系统和自动喷水-泡沫联用系统。

(1)闭式自动喷水灭火系统

① 湿式自动喷水灭火系统：湿式自动喷水灭火系统如图 3-11 所示，主要由喷头、水流指示器、管网、管道、湿式报警阀以及各种供水设施等组成。该系统核心是湿式报警阀。湿式自动喷水灭火系统管道内充满压力水，火灾时能立即喷水灭火。湿式系统适用于环境温度不低于 4℃，且不高于 70℃ 的建筑物，最大工作压力为 1.2 MPa。

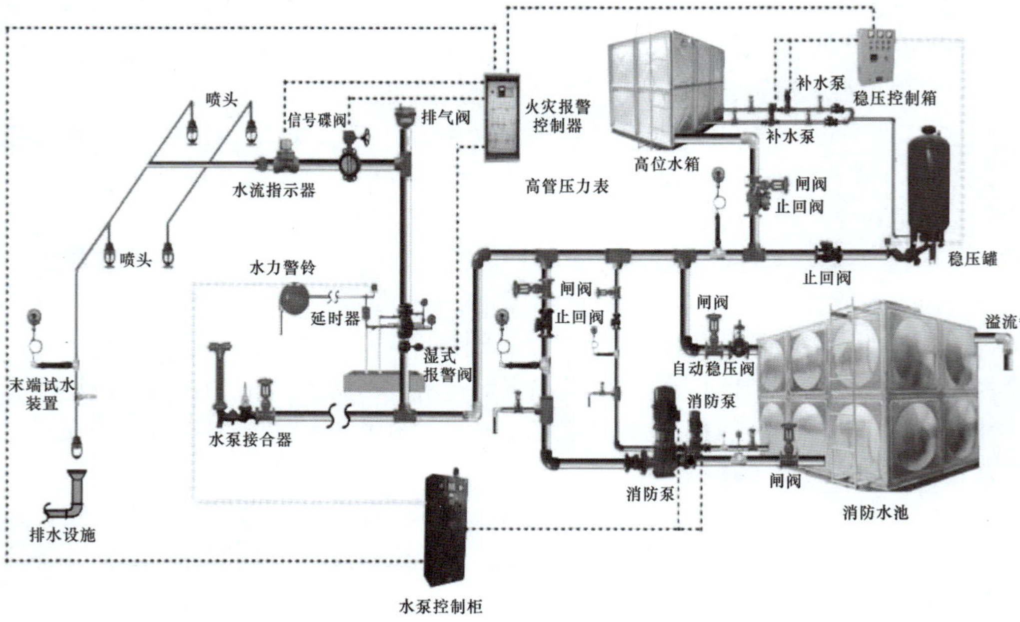

图 3-11 湿式自动喷水灭火系统

②干式自动喷水灭火系统:干式自动喷水灭火系统如图 3-12 所示,其组成与湿式自动喷水灭火系统的组成基本相同,但报警阀采用的是干式型。干式系统管网内平时不充水,充入有压气体(氮气),与报警阀前的供水压力保持平衡,使报警阀处于紧闭状态。当发生火灾时,干式系统的喷水灭火速度不如湿式系统快,系统充水时间不宜大于 1 min。干式系统为保持气压,需要配套设置补气设施,因此其系统造价比湿式系统高。干式喷头应向上安装(干式悬吊型喷头除外)。干式报警装置最大工作压力同样为 1.2 MPa。干式喷水管网的容积不宜超过 1 500 L ,当有排气装置时,不宜超过 3 000 L。

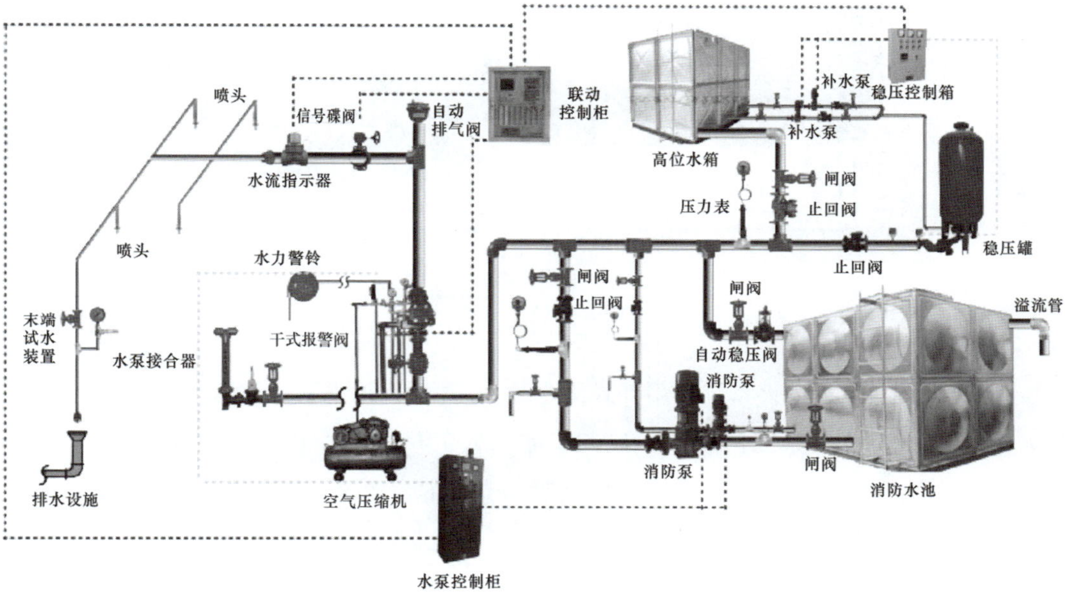

图 3-12 干式自动喷水灭火系统

③预作用自动喷水灭火系统:预作用自动喷水灭火系统如图 3-13 所示,其采用预作用报警阀组,由火灾自动报警系统启动。管网中平时不充水,而充入有压或无压的气体,发生火灾时,由感烟、感温或感光探测器报警,报警信号延迟 30 s 后,自动控制系统打开控制闸门排气,启动预作用阀门向喷水管网充水。当火灾温度继续升高,闭式喷头会喷水灭火。

预作用自动喷水灭火系统对比湿式系统和干式系统增加一套自动探测报警控制系统,系统结构更为复杂,投资也较大。该系统一般用于建筑装饰要求较高、不允许有水渍损失且灭火要求及时的建筑和场所。预作用自动喷水灭火系统管线的最长距离,根据系统充水时间不超过 3 min、流速不小于 2 m/s 的原则确定。在预作用阀门之后的管道内充有压气体时,压力不宜超过 0.03 MPa。

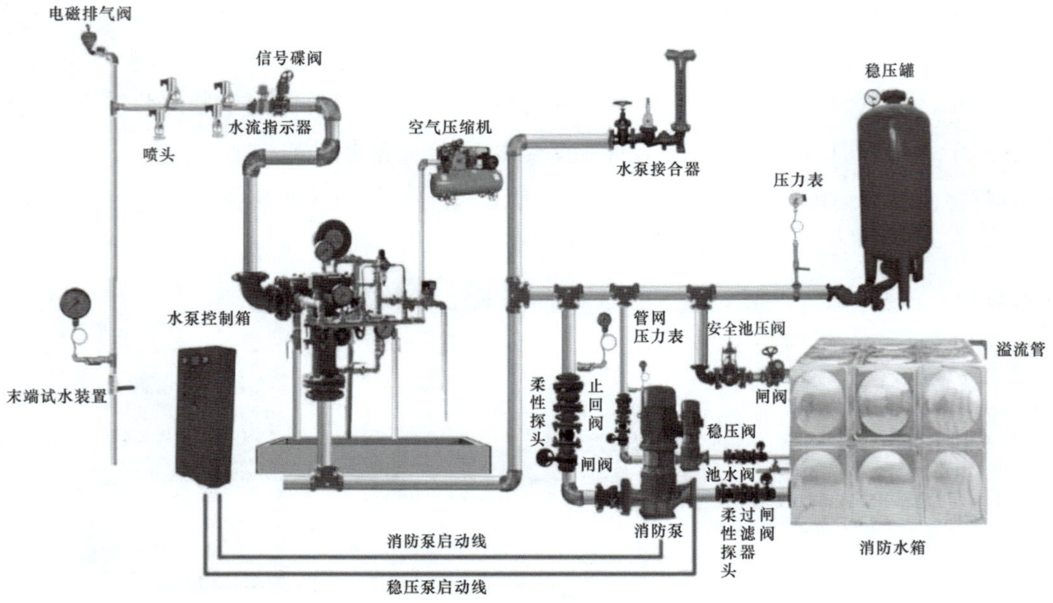

图 3-13　预作用自动喷水灭火系统

(2)开式自动喷水灭火系统(雨淋系统,图 3-14)

① 开式自动喷水灭火系统采用开式洒水喷头,主要由雨淋阀、管道和喷头等组成。发生火灾时,由火灾探测系统自动开启雨淋阀,也可人工开启雨淋阀,由雨淋阀控制其配水管道上所有的开式喷头同时喷水,可以在瞬间喷出大量的水覆盖火区,达到灭火目的。

② 开式自动喷水灭火系统具有出水量大、灭火控制面积大、灭火及时等优点,但水渍损失大于闭式系统。通常用于燃烧猛烈、蔓延迅速的严重危险级场所。

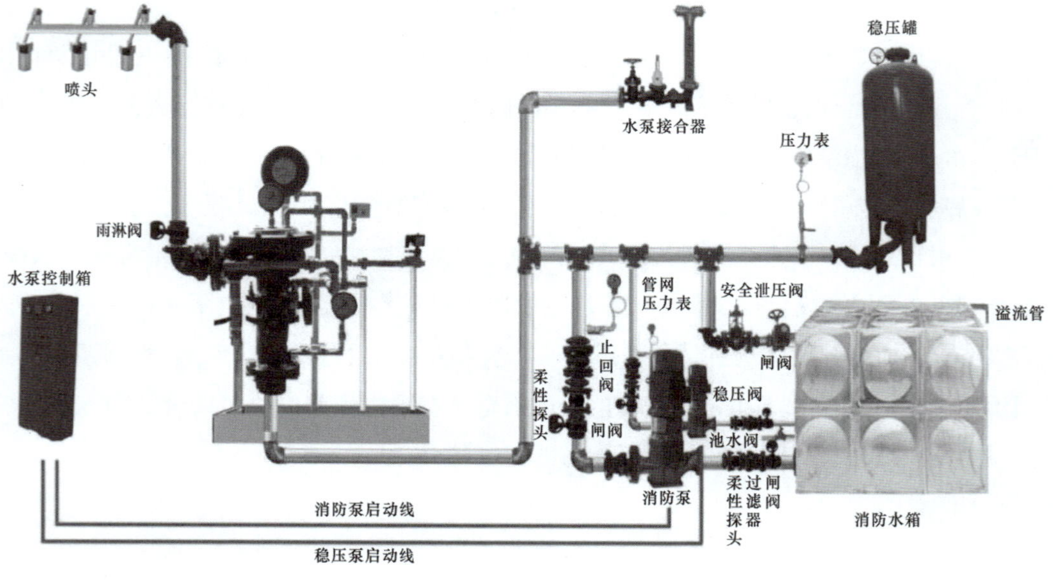

图 3-14　开式自动喷水灭火系统

(3)水喷雾灭火系统

①水喷雾灭火系统是利用水雾喷头在高压作用下，将水流分离成直径 0.2～2.0 mm 甚至更小的细小水雾滴，喷向保护对象，由于雾滴受热后很容易变成水蒸气，因此水喷雾系统的灭火机理主要是表面冷却、窒息、稀释、冲击、乳化和覆盖等作用。水喷雾灭火系统的应用目的除了灭火还有冷却防护，例如它常用于高层民用建筑内的可燃油浸电力变压器、充可燃油的高压电容器和多油开关室等房间。

②水喷雾灭火系统由水源、供水设备、管道、雨淋阀、过滤器、喷头和火灾自动探测控制设备等组成。该系统与雨淋系统的区别主要在于喷头的结构和性能上的不同。

(4)自动喷水-泡沫联用系统

自动喷水-泡沫联用系统配置供给泡沫混合液的设备，灭火时既可以喷水又可以喷泡沫。

自动喷水-泡沫联用系统主要由消防泵、供液装置、压力式比例混合器、雨淋阀、压力信号发生器、水流指示器、泡沫和水两用喷头、管道及附件等组成，广泛用于柴油机房、炼油厂、油罐区、加油站、海上采油平台等场所，也用于高危险的厂房或设备，如飞机库、危险品仓库等场所，能迅速扑灭油类等易燃液体火灾，灭火效率高。

(5)自动喷水灭火系统控制

自动喷水灭火系统的消防泵应同时具备自动控制、消防控制室(盘)远程控制和消防水泵房现场机械应急操作的启动方式。其中，自动控制启动方式应根据系统的不同类型而有所差异。

①湿式自动喷水灭火系统和干式自动喷水灭火系统的自动控制：湿式自动喷水灭火系统和干式自动喷水灭火系统应由消防泵出水干管上设置的压力开关、高位消防水箱出水管上的流量开关和报警阀组压力开关直接启动消防泵。其中，干式自动喷水灭火系统配水管道充水时间不宜大于 1 min。

②预作用自动喷水灭火系统的自动控制：预作用自动喷水灭火系统应由火灾自动报警系统、消防泵出水干管上设置的压力开关、高位消防水箱出水管上的流量开关和报警阀组压力开关直接启动消防泵。由火灾自动报警系统和充气管道上设置的压力开关开启预作用装置的预作用系统，其配水管道充水时间不大于 1 min；仅由火灾自动报警系统联动开启预作用装置的预作用系统，其配水管道充水时间不大于 2 min。

③雨淋系统和水喷雾灭火系统的自动控制：当采用火灾自动报警系统控制雨淋报警阀时，应由火灾自动报警系统、消防泵出水干管上设置的压力开关、高位消防水箱出水管上的流量开关和报警阀组压力开关直接启动消防泵；当采用充液(水)传动管控制雨淋报警阀时，应由消防泵出水干管上设置的压力开关、高位消防水箱出水管上的流量开关和报警阀组压力开关直接启动消防泵。雨淋系统配水管道充水时间不宜大于 2 min。

④预作用装置的自动控制：预作用装置的自动控制可采用仅由火灾自动报警系统直接控制，或由火灾自动报警系统和充气管道上设置的压力开关控制的方式。处于准工作状态时严禁误喷的场所，宜采用仅由火灾自动报警系统直接控制的预作用系统；处于准工作状态时严禁管道充水的场所和用于替代干式自动喷水灭火系统的场所，宜由火灾自动报警系统和充气管道上设置的压力开关控制预作用系统。快速排气阀入口前的电动阀应在启动消防泵的同时开启。

⑤雨淋阀的自动控制：雨淋阀的自动控制可采用电动、液(水)动或气动方式。当雨淋阀采用充液(水)传动管自动控制时，闭式喷头与雨淋阀之间的高程差应根据雨淋阀的性能确定。

6. 消防炮灭火系统

(1)消防炮灭火系统由消防炮、管路、阀门、消防泵、动力源和控制装置等组成。

(2)按照国家现行有关标准要求可设置自动喷水消防炮灭火系统，火灾类别为 A 类。但由于空间高度较高，采用自动喷水灭火系统难以有效探测、扑灭及控制火灾的大空间场所，宜设置智能消防水炮灭火系统。

(3)智能消防炮灭火系统可分为自动跟踪定位射流灭火系统和扫射式智能消防炮灭火系统。

7. 高压细水雾灭火系统

(1)高压细水雾灭火系统是指通过细水雾喷头在特定的工作压力范围内将水分散成细水雾，在发生火灾时向保护对象或空间喷放进行扑灭、抑制或控制火灾，灭火机理主要是通过吸收热量(冷却)、降低氧深度(窒息)、阻隔辐射热等方式达到控火和灭火目的，适用于扑救 A 类、B 类、C 类和电气类火灾。与一般水雾相比，细水雾的雾滴直径更小，水量也更少，雾粒直径 10～100 pm。因此，其灭火方式有别于水喷雾灭火系统，更接近于二氧化碳等气体灭火系统。

(2)高压细水雾灭火系统主要由供水装置、过滤装置、控制阀、细水雾喷头等组件和供水管道组成。

(3)能自动和人工启动并喷放细水雾进行灭火或控火的固定灭火系统，工作压力大于或等于 3.45 MPa。

(4)根据供水方式分为泵组系统和瓶组系统，宜选用泵组系统，闭式系统不应采用瓶组系统。

8. 自动喷水灭火系统的其他设施

喷头由喷水口、温感释放器和溅水盘组成。喷头分为闭式喷头和开式喷头。

(1)闭式喷头

闭式喷头是闭式自动喷水灭火系统的关键组件。闭式喷头的喷口由热敏元件组成的释放机构封闭，通过热敏释放机构的动作而实现喷水。该热敏元件在预定温度范围下动作，使热敏元件及其密封组件脱离喷头主体，并按规定的形状和水量在规定的保护面积内喷水灭火。它的性能直接关系到系统的启动和灭火、控火效果。

目前我国生产的有两种感温元件作为闭式喷头的闭锁装置，一是玻璃球，二是易熔合金。

①玻璃球喷头：玻璃球喷头的工作原理是在热作用下，玻璃球内的液体膨胀产生的压力，导致玻璃球爆裂脱落，从而开启喷头。玻璃球内的工作液体通常是酒精和乙醚，如图 3-15(a)所示。

②易熔合金喷头：易熔合金喷头的工作原理是在热作用下，易熔合金熔化脱落，从而开启喷头，如图 3-15(b)所示。

在不同环境温度场所内设置闭式喷头时，闭式喷头公称动作温度应比环境最高温度高 30 ℃左右。各种闭式喷头的公称动作温度和色标见表 3-2。

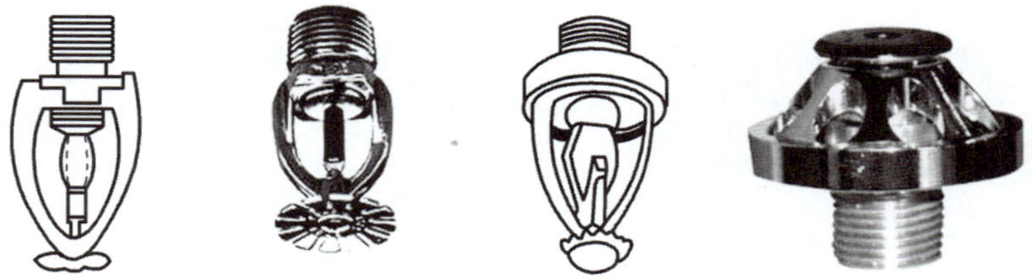

(a) 玻璃球喷头　　(b) 易熔合金喷头

图 3-15　闭式喷头

表 3-2　各种闭式喷头的公称动作温度和色标

类　别	公称动作温度/℃	色　标	接管直径 DN/mm	最高环境温度/℃
易熔合金喷头	55～77	本　色	15	42
	79～107	白　色	15	68
	121～149	蓝　色	15	112
	163～191	红　色	15	—
玻璃球喷头	57	橙　色	15	27
	68	红　色	15	38
	79	黄　色	15	49
	93	绿　色	15	63
	141	蓝　色	15	111
	182	紫红色	15	152

(2)开式喷头

如图 3-16 所示为各类开式喷头构造示意图。

(a) 上喷式　　(b) 下喷式　　(c) 边墙型

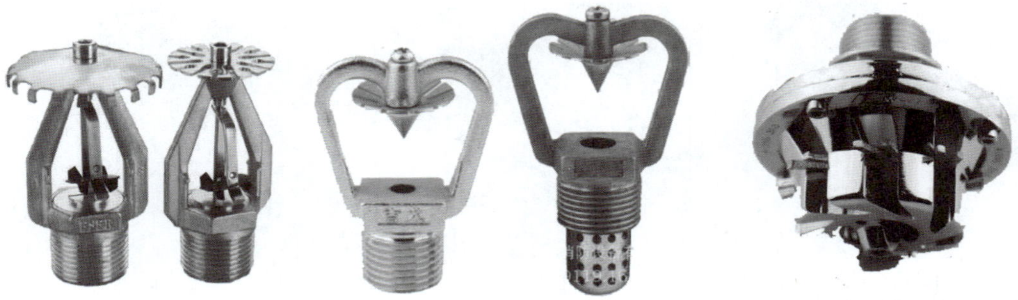

(d) 快速响应喷头　　(e) 中速喷雾式　　(f) 开式旋转型雨淋式喷头

图 3-16　开式喷头构造示意图

(3)控制信号阀

①报警阀:报警阀的作用是开启和关闭管网的水流,传递控制信号至控制系统并启动水力警铃直接报警。报警阀分湿式、干式和雨淋式三种类型,如图 3-17 所示。其中干式和湿式可组合成干湿式。

(a) 湿式　　(b) 干式　　(c) 雨淋式

图 3-17　报警阀

湿式报警阀用于湿式自动喷水灭火系统;干式报警阀用于干式自动喷水灭火系统。

干湿式报警阀是由湿式、干式报警阀依次连接而成,温暖季节用湿式装置,寒冷季节则用干式装置。

雨淋阀是用于预作用系统及水幕、水喷雾的开式自动喷水灭火系统中的关键设备。雨淋式报警阀分为隔膜式雨淋阀和温感雨淋阀,报警阀有 DN50、DN65、DN80、DN125、DN150、DN200 等规格。

②水力警铃:水力警铃主要用于湿式喷水灭火系统,宜装在报警阀附近。当报警阀打开消防水源后,具有一定压力的水流冲击叶轮打铃报警。

③水流指示器:水流指示器用于湿式喷水灭火系统中,如图 3-18 所示。当某个喷头开启喷水或管网发生水量泄漏时,管道中的水产生流动,引起水流指示器中桨片随水流而动作,接通延时电路 20～30 s 之后,继电器触电吸合发出区域水流电信号,送至消防室。通常将水流指示器安装于各楼层的配水干管或支管上。

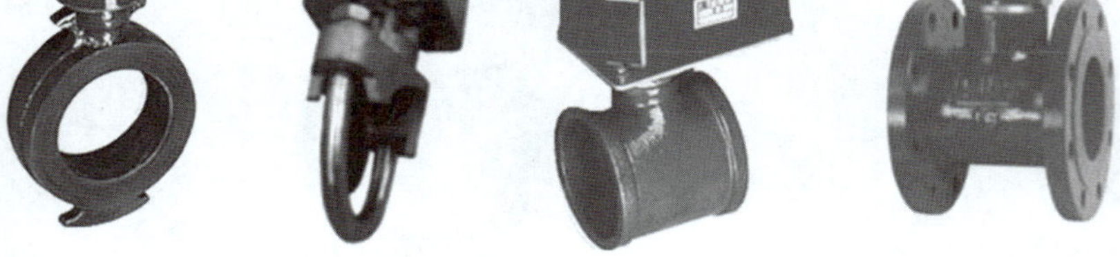

图 3-18　水流指示器

④压力开关:压力开关垂直安装于延时器和水力警铃之间的管道上。在水力警铃报警的同时,依靠警铃内水压的升高自动接通电触点,完成电动警铃报警,向消防控制室传送电信号或启动消防泵。

⑤延迟器:延迟器是一个罐式容器,安装于报警阀和水力警铃(或压力开关)之间,用来防止由于水压波动原因引起报警阀开启而导致的误报。报警阀开启后,水流须经 30 s 左右充满延迟器后方可冲打水力警铃。

（二）气体灭火系统

气体灭火系统是指由气体作为灭火剂的灭火系统。气体灭火系统主要包括管道安装、系统组件安装（喷头、选择阀、储存装置）以及二氧化碳称重检验装置等。

1. 七氟丙烷自动灭火系统

（1）七氟丙烷（HFC-227ea）自动灭火系统是一种高效能的灭火设备，其灭火剂七氟丙烷是一种无色、无味、低毒性、绝缘性好、无二次污染的气体。

（2）七氟丙烷自动灭火系统由储存瓶组、储存瓶组架、液流单向阀、集流管、选择阀、三通、异径三通、弯头、异径弯头、法兰、安全阀、压力信号发送器、管网、喷嘴、药剂、火灾探测器、气体灭火控制器、声光报警器、警铃、放气指示灯、紧急启动/停止按钮等组成。

（3）七氟丙烷灭火系统分为有管网和无管网（柜式）两种。

①有管网七氟丙烷灭火系统又分为内贮压系统和外贮压系统，两种主要区别为灭火药剂的传送距离不同，内贮压系统的传送距离一般不超过 60 m，外贮压系统的传送距离可达 220 m，如图 3-19 所示。

②无管网七氟丙烷灭火系统的气体灭火剂储存瓶包装成灭火柜，外形美观，通常放在需要保护的防护区内。在发生火灾时，不需要经过管路，直接在防护区内喷放灭火剂，该系统灭火效能高，速度大、毒性低、对设备无污损，灭火装置性能优良，其控制部分可与消防控制中心相衔接。

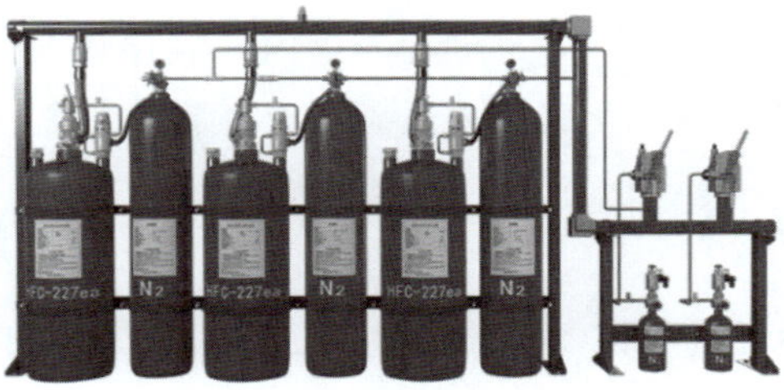

图 3-19　有管网七氟丙烷灭火系统

2. 二氧化碳灭火系统

二氧化碳灭火系统一般为有管网灭火系统，由储存灭火剂的储存容器和容器阀、操作机构、连接软管和止回阀、泄压装置、集流管、固定支架、管道和管道附件、喷嘴、储存启动气源的小钢瓶和电磁瓶头阀、气源管路以及探测、报警、控制器等组成，如图 3-20 所示。

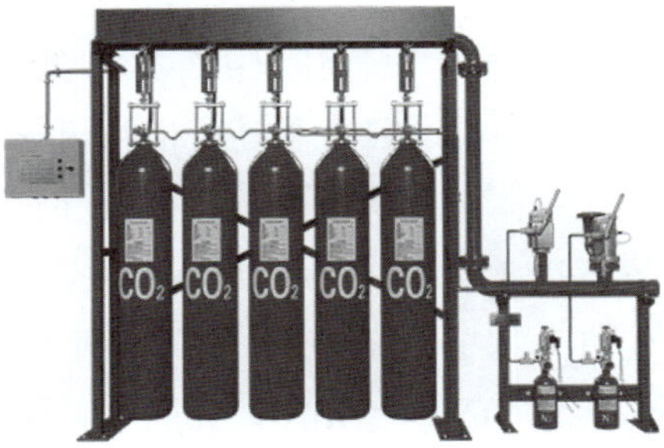

图 3-20　二氧化碳灭火系统

(1)二氧化碳灭火系统按应用方式可分为全淹没灭火系统和局部应用灭火系统。

① 全淹没灭火系统是指在规定的时间内,向防护区喷射一定浓度的二氧化碳,并使其均匀地充满整个防护区的灭火系统,用于扑救封闭空间内的火灾。

二氧化碳灭火系统

② 局部应用灭火系统是指向保护对象以设定喷射率直接喷射二氧化碳,并持续一定时间的灭火系统。

(2)按系统结构可分为有管网系统和无管网系统,有管网系统又可分为组合分配系统和单元独立系统。

① 组合分配系统是指用一套二氧化碳储存装置保护两个或两个以上防护区的灭火系统。组合分配系统总的灭火剂储存量按需要灭火剂最大的一个防护区或保护对象确定,当某个防护区发生火灾时,通过选择阀、容器阀等控制,定向释放灭火剂。

② 单元独立系统是用一套灭火储存装置保护一个防护区的灭火系统。一般来说,用单元独立系统保护的防护区在位置上是单独的,离其他防护区较远不便于组合,或是两个防护区相邻,但有同时失火的可能。

(3)按储存容器中的储存压力可分为高压系统和低压系统。

① 高压系统储存压力为5.17 MPa,高压储存容器中二氧化碳的温度与储存地点的环境温度有关,容器要能够承受在最高温度时产生的压力。

② 低压系统储存压力为2.07 MPa,储存容器内二氧化碳灭火剂温度利用绝缘和制冷手段被控制在−18 ℃。低压二氧化碳灭火系统还应有制冷装置、压力变送器等。

(三)泡沫灭火系统

1.泡沫灭火系统包括管道安装、阀门安装、法兰安装及泡沫发生器、混合储存装置安装等工程。

2.泡沫灭火系统适用于对甲、乙、丙类液体可能泄漏场所的初期保护,对初期火灾也能扑救,但不适合于深度超过25 mm厚的水溶性甲、乙、丙类液体。

3.根据泡沫灭火剂的发泡性能的不同分为低倍数泡沫灭火系统、中倍数泡沫灭火系统和高倍数泡沫灭火系统三类。

(1)低倍数泡沫灭火系统

泡沫发泡倍数在20倍以下称为低倍数泡沫灭火系统。低倍数泡沫灭火系统可以分为固定式泡沫灭火系统、半固定式泡沫灭火系统、移动式泡沫灭火系统和泡沫喷淋灭火系统。

①固定式泡沫灭火系统主要由固定的泡沫液消防泵、比例混合器、泡沫储罐、泡沫混合液的输送管道及泡沫产生装置等组成,并与给水系统连在一起。

②半固定式泡沫灭火系统有一部分设备为固定式,可及时启动,即固定的泡沫产生器部分连接管道;另一部分是不固定的,发生火灾时,进入现场与固定设备组成灭火系统灭火。

③移动式泡沫灭火系统一般由水源(室外消火栓、消防水池或天然水源)、泡沫消防车、

水带、泡沫枪或泡沫钩管和泡沫管架组成。

④泡沫喷淋灭火系统是将泡沫通过以喷淋或喷雾形式均匀喷洒在物体表面上，达到控制和扑灭火灾的目的，该系统一般由泡沫泵站、泡沫混合液管道、阀门、泡沫喷头及自动报警装置等组成。

(2)中倍数泡沫灭火系统

①泡沫发泡倍数在20～200称为中倍数泡沫灭火系统。中倍数泡沫灭火系统与低倍数泡沫灭火系统相比，具有发泡倍数高、灭火速度快、水头损失小的特点。

②局部应用式中倍数泡沫灭火系统一般由下列设备组成：固定的泡沫发生器、泡沫混合液泵或水泵及泡沫液泵、比例混合器、水池、泡沫液罐、管道过滤器、阀门、管道及其附件等。

③移动式中倍数泡沫灭火系统由水罐消防车或者手抬机动泵、比例混合器或泡沫消防车、手提式或车载泡沫发生器、泡沫液桶、水带及其附件等设备所组成。

(3)高倍数泡沫灭火系统

① 泡沫发泡倍数高于200的称为高倍数泡沫灭火系统。高倍数泡沫灭火系统可分为全淹没式灭火系统、局部应用式灭火系统和移动式灭火系统3种类型。

② 高倍数泡沫灭火系统由水泵、泡沫液泵、储水设备、泡沫液储罐、比例混合器、压力开关、管道过滤器、控制箱、泡沫发生器、阀门、导泡筒、管道及其附件等组成。该系统按控制方式可分为自动控制和手动控制两种。

(四)干粉灭火系统

1.干粉灭火系统是由干粉供应源通过输送管道连接到固定的喷嘴上，再通过喷嘴喷放干粉的灭火系统。该系统主要用于扑救易燃、可燃液体，可燃气体和电气设备的火灾。

2.干粉灭火系统主要由两部分组成，即干粉灭火设备部分和火灾自动探测控制部分。

(1)干粉灭火设备部分由干粉储罐、动力气体容器、容器阀、输气管、过滤器、减压阀、高压阀、输粉管、球形阀、压力表、喷嘴、喷枪、干粉炮等组成。

(2)火灾自动探测控制部分由火灾探测器、启动瓶、启动瓶控制机构、控制管路、报警器、控制盘等组成。

三、防排烟系统组成及功能

(一)防排烟系统构成

1.系统分类

防烟排烟系统按照其控烟机理，分为防烟系统和排烟系统。防烟系统是指采用机械加压送风或自然通风的方式，防止烟气进入楼梯间、前室、避难层(间)等空间的系统；排烟系统是指采用机械排烟或自然排烟的方式，将房间、走道等空间的烟气排至建筑物外的系统。防烟系统和排烟系统通常称为防烟设施和排烟设施。防烟设施分为机械加压送风的防烟设施和可开启外窗的自然防烟设施；排烟设施分为机械排烟设施和可开启外窗的自然排烟设施。如图 3-21 所示为自然排烟。

图 3-21　自然排烟

2. 系统组成

防排烟系统由风口、风阀、排烟窗和风机、风道以及相应的控制系统构成。

(1)防烟系统

①机械加压送风的防烟设施：

机械加压送风的防烟设施包括加压送风机、加压送风管道、加压送风口等。当防烟楼梯间加压送风而前室不送风时，楼梯间与前室的隔墙上还可能设有余压阀。

②可开启外窗的自然防烟设施：

可开启外窗的自然防烟设施作为防烟方式之一，通常指位于防烟楼梯间及其前室、消防电梯前室或合用前室外墙上洞口的普通外窗。虽然可开启外窗不属于专门的消防设施，但其开启面积以及开启的便利性都有相应的要求，因此其设置与维护管理仍不能忽视。

(2)排烟系统

①机械排烟设施

机械排烟设施包括排烟风机、排烟管道、排烟防火阀、排烟口、挡烟垂壁等。

a. 排烟风机

排烟风机一般可采用离心风机、轴流风机，也有隧道用射流风机或可逆转地铁隧道轴流风机，如图 3-22 所示。排烟风机与加压送风机的不同在于：排烟风机应保证在 280 ℃的环境条件下能连续工作不少于 30 min。

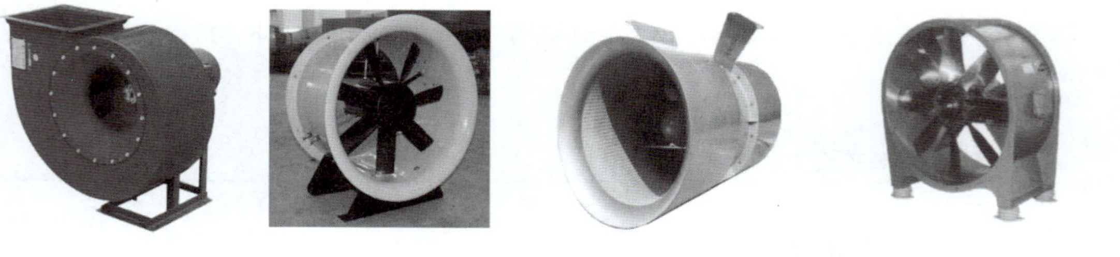

(a) 离心风机　(b) 轴流风机　(c) 隧道用射流风机　(d) 可逆转地铁隧道轴流风机

图 3-22　排烟风机分类

b. 排烟管道

排烟管道采用不燃材料制作，常用的为镀锌钢板，其厚度按高压系统要求确定，并应采取隔热防火措施，如与可燃物保持不小于 150 mm 的距离。

c. 防火阀

防火阀一般安装在通风、空气调节系统的风路管道上，它的主要作用是防止火灾烟气从风道扩散。风道穿越防火分隔构件处及变形缝处，或风道的垂直管向每层水平管分支的交接处时都应安装防火阀，其实物和构造如图 3-23 和图 3-24 所示。

图 3-23 防火阀实物

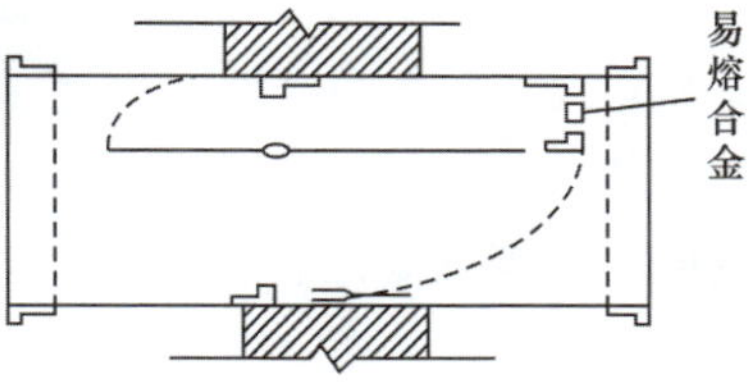

图 3-24 防火阀构造

● 排烟防火阀

排烟防火阀安装在机械排烟系统的管道上，平时呈开启状态，烟气温度达到 280℃时关闭，并在一定时间内能满足漏烟量和耐火完整性要求，火灾时起隔烟阻火作用。

排烟管道上需要设置排烟防火阀部位主要有：垂直风管与每层水平风管交接处的水平管段上；一个排烟系统负担多个防烟分区的排烟支管上；排烟风机入口处；排烟管道穿越防火分区处。其实物和构造如图 3-25 和图 3-26 所示。

图 3-25 排烟防火阀实物

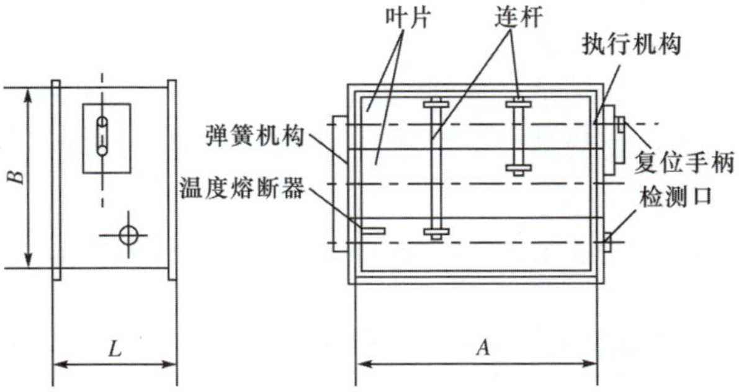

图 3-26 排烟防火阀构造

● 防火调节阀

防火调节阀是防火阀的一种，平时处于常开状态，阀门叶片可在 0～90°调节，气流温度达到 70℃时，温度熔断器触发，阀门关闭。阀门也可手动关闭，手动复位。阀门关闭后可发出电讯号至消防控制中心，其实物和构造如图 3-27 和图 3-28 所示。

图 3-27　防火调节阀实物

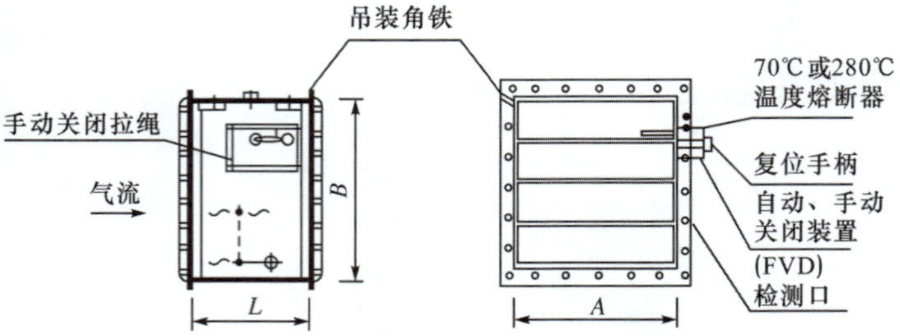

图 3-28　防火调节阀构造

d. 排烟口

排烟口的设置应符合下列要求：

排烟口应设在防烟分区所形成的储烟仓内，当用隔墙或挡烟垂壁划分防烟分区时，每个防烟分区应分别设置排烟口，排烟口的设置应经计算确定，且防烟分区内任一点与最近的排烟口的水平距离不应大于 30 m。

走道、室内空间净高不大于 3 m 的场所内，排烟口应设置在其空间净高的 1/2 以上位置，当设置在侧墙时，其边缘与吊顶的距离不应大于 0.5 m。

发生火灾时，火灾自动报警系统联动开启排烟区域的排烟口，排烟口处还应在现场设置手动开启装置。

排烟口的设置宜使烟流方向与人员疏散方向相反，排烟口与附近安全出口相邻边缘之间的水平距离不应小于 1.5 m。

每个排烟口的排烟量应控制在最大允许排烟量以内，排烟口的风速不宜大于 10 m/s。

当排烟口设在吊顶内，并通过吊顶上部空间进行排烟时，应符合下列规定：

封闭式吊顶的吊顶上设置的烟气流入口的颈部烟气速度不宜大于 1.5 m/s，且吊顶应采用不燃材料。

非封闭吊顶的吊顶开孔率不应小于吊顶净面积的 25%，且应均匀布置。

四、工业项目的消防系统功能

电力、石化、冶金、矿山等工业建设项目的消防系统，虽然与民用和公共建筑消防工程有许多共同之处，但也有其独特的功能和要求。

1. 根据工业建筑储存的物料性质、生产操作条件、火灾危险性以及建筑物体积等因素，设置不同的消防设施和灭火系统。

(1)火力发电厂中容量为 90 MV·A 及以上的油浸变压器应设置火灾自动报警系统、水喷雾灭火系统或其他灭火系统；燃气轮发电机组(包括燃气轮机、齿轮箱、发电机和控制间)，宜采用全淹没气体灭火系统，并应设置火灾自动报警系统。

(2)钢铁冶金企业单台容量大于等于 40 MV·A 的非总降压变电所的油浸电力变压器应设置火灾自动报警系统，以及水喷雾、细水雾和气体灭火系统；储存锌粉、碳化钙、低亚硫酸钠等遇水燃烧物品的仓库，不得设置室内外消防给水系统。

(3)对于石油储备库，地上固定顶储罐、内浮顶储罐和地上卧式储罐应设低倍数泡沫灭火系统或中倍数泡沫灭火系统，以及消防冷却水系统和火灾自动报警系统。

2.工业项目很多建有消防站，站内消防车的类型和数量与企业的火灾危险性相适应，以满足扑救控制初起火灾的需要。如火电厂单台发电机组容量为300 MW及以上的，应设置企业消防站，站内应至少配备两辆消防车，其中一辆为水罐或泡沫消防车，另一辆可为干粉或干粉泡沫联用车。

第二节 消防工程施工程序及技术要求

一、消防工程施工程序

1.火灾自动报警及联动控制系统施工程序：施工准备一管线敷设—线缆敷设—线缆连接—绝缘测试—设备安装—单机调试—系统调试—系统检测、验收。

2.水灭火系统施工程序

(1)消防泵(或稳压泵)施工程序：施工准备—基础验收复核—泵安装—吸水管路安装出水管路安装—单机调试。

(2)消火栓灭火系统施工程序：施工准备—干管安装—立管、支管安装—箱体稳固—附件安装强度和严密性试验—冲洗—系统调试。

(3)自动喷水灭火系统施工程序：施工准备—干管安装报警阀安装—立管安装—分层干、支管安装—喷洒头支管安装—管道试压—管道冲洗—减压装置安装—报警阀配件及其他组件安装—喷洒头安装—系统通水调试。

(4)消防炮灭火系统施工程序：施工准备—干管安装—立管安装—分层干、支管安装—管道试压—管道冲洗—消防炮安装—动力源和控制装置安装—系统调试。

(5)高压细水雾灭火系统施工程序：施工准备—支吊架制作、安装—管道安装—管道冲洗—管道试压—吹扫—喷头安装—控制阀组部件安装—系统调试。

3.干粉灭火系统施工程序：施工准备—设备和组件安装—管道安装—管道试压—吹扫—系统调试。

4.泡沫灭火系统施工程序：施工准备—设备和组件安装—管道安装—管道试压—吹扫—系统调试。

5.气体灭火系统施工程序：施工准备—设备和组件安装—管道安装—管道试压—吹扫—系统调试。

6.防排烟系统施工程序：施工准备—支吊架制作、安装—风管制作、安装—风管强度及严密性试验—风机及阀部件安装—防排烟风口安装—单机试运行—系统调试。

二、消防工程施工技术要求

(一)火灾自动报警及消防联动设备的施工技术要求

1. 消防系统的布线要求

(1)火灾自动报警线应穿入金属管内或金属线槽中,严禁与动力线、照明线、交流线、视频线或广播线等穿入同一线管内。

(2)消防广播线应单独穿管敷设,不能与其他弱电线共管。

2. 火灾探测器的安装要求

(1)火灾探测器至墙壁、梁边的水平距离不应小于0.5 m;探测器周围0.5 m内不应有遮挡物;探测器至空调送风口边的水平距离不应小于1.5 m;探测器至多孔送风口的水平距离不应小于0.5 m。

(2)在宽度小于3 m的内走道顶棚上设置探测器时,宜居中布置。感温探测器的安装间距不应超过1.0 m;感烟探测器的安装间距不应超过15 m。

(3)探测器宜水平安装,当必须倾斜安装时,倾斜角不应大于45°。探测器的确认灯应面向便于人员观察的主要入口方向。

(4)探测器的底座应固定牢靠,其导线连接必须可靠压接或焊接。探测器的"+"线应为红色线,"-"线应为蓝色线,其余的线应根据不同用途采用其他颜色区分。同一工程中相同用途的导线颜色应一致。

(5)缆式线型感温火灾探测器在电缆桥架、变压器等设备上安装时,宜采用接触式布置;在各种皮带输送装置上敷设时,宜敷设在装置的过热点附近。

(6)可燃气体探测器安装时,安装位置应根据探测气体密度确定。

(7)剩余电流式电气火灾监控探测器负载侧的中性线不应与其他回路共用,且不应重复接地。

3. 手动火灾报警按钮

手动火灾报警按钮应安装在明显和便于操作的部位。当安装在墙上时,其底边距地(楼)面高度宜为1.3~1.5 m。

4. 输入(或控制)模块安装

同一报警区域内的模块宜集中安装在金属箱内,不应安装在配电柜、箱或控制柜、箱内。模块(或金属箱)应独立支撑或固定,安装牢固,并应采取防潮、防腐蚀等措施。

5. 控制设备的安装要求

(1)火灾报警控制器、消防联动控制器等设备在墙上安装时,其底边距地(楼)面高度宜为1.3~1.5 m,其靠近门轴的侧面距墙不应小于0.5 m,正面操作距离不应小于1.2 m;落地安装时,其底边宜高出地(楼)面0.1~0.2 m。

(2)控制器的主电源应直接与消防电源连接,严禁使用电源插头。控制器与其外接备用电源之间应直接连接。

6. 消防广播和警报装置安装要求

(1)消防广播扬声器和警报装置宜在报警区域内均匀安装。

(2)警报装置应安装在楼梯口、消防电梯前室、建筑内部拐角等处的明显部位,距地面

1.8 m 以上。

(3)警报装置与消防应急疏散指示标志不宜在同一面墙上，安装在同一面墙上时，两者之间距离应大于 1 m 。

7. 火灾自动报警系统的调试要求

(1)火灾自动报警系统的调试应在建筑内部装修和系统施工结束后进行。调试前应按设计要求查验设备的规格、型号、数量、备品备件等。

(2)火灾自动报警系统调试，应先分别对探测器、区域报警控制器、集中报警控制器、火灾报警装置和消防控制设备等逐个进行单机检测，正常后方可进行系统调试。系统调试包括：火灾报警控制器及其现场部件调试；家用火灾安全系统调试；消防联动控制器及其现场部件调试；消防专用电话系统调试；可燃气体探测报警系统调试；各类火灾探测器的调试；电气火灾监控系统调试；消防设备电源监控系统调试；消防设备应急电源调试；消防控制室图形显示装置和传输设备调试；火灾警报、消防应急广播系统调试；防火卷帘系统调试；防火门监控系统调试；气体、干粉灭火系统调试；自动喷水灭火系统调试；消火栓灭火系统调试；防排烟系统调试；消防应急照明和疏散指示系统控制调试；电梯、非消防电源等相关系统联运控制调试；系统整体联运控制功能调试。

8. 火灾自动报警系统的检测验收

A 类项目不合格数量为 0，B 类项目不合格数量小于或等于 2，B 类项目不合格数量与 C 类项目不合格数量之和小于或等于检查项目数量 5%时，系统检测、验收结果应为合格，否则为不合格。

(二)水灭火系统施工技术要求

1. 消火栓灭火系统施工要求

(1)室内消火栓灭火系统

①管径小于 100 mm 的镀锌钢管宜采用螺纹连接，套丝扣时破坏的镀锌层表面及外露螺纹部分应做防腐处理；管径大于或等于 100 mm 的镀锌钢管应采用法兰或沟槽式专用管件连接，镀锌钢管与法兰的焊接处应二次镀锌。

②消火栓的栓口朝外，栓口中心距地面应为 1.1 m，且并不应安装在门轴侧。

③室内消火栓安装完成后，应取屋顶层(或水箱间内)试验消火栓和首层取两处消火栓做试射试验，达到设计要求为合格。

(2)室外消火栓灭火系统

①墙壁水泵接合器的安装应符合设计要求。设计无要求时，其安装高度距地面宜为 0.7 m；与墙面上的门、窗、孔、洞的净距离不应小于 2.0 m，且不应安装在玻璃幕墙下方。

②室外水泵接合器应设置永久性标志铭牌，并应标明供水系统、供水范围和额定压力。

③消火栓灭火系统的调试应包括：水源调试和测试；消防泵调试；稳压泵或稳压设施调试；减压阀调试；消火栓调试；自动控制探测器调试；干式消火栓灭火系统的报警阀等快速启闭装置调试，并应包含报警阀的附件电动或电磁阀等阀门的调试；设施调试；联锁控制试验。

2. 自动喷水灭火系统安装要求

(1)自动喷水灭火系统的管道横向安装宜设 2%～5%的坡度，且应坡向排水管；当局部区域难以利用排水管将水排净时，应采取相应的排水措施。

(2)消防泵

消防泵的出口管上应安装止回阀、控制阀和压力表，或安装控制阀、多功能水泵控制阀和压力表；系统的总出水管上还应安装压力表和泄压阀。

(3)消防气压给水设备

气压罐的容积、气压、水位及工作压力应满足设计要求；给水设备安装位置、进出水管方向应符合设计要求；出水管上应设止回阀，安装时其四周应设检修通道。

(4)喷头

①闭式喷头应在安装前进行密封性能试验，且喷头安装应在系统试压、冲洗合格后进行。

②安装时不得对喷头进行拆装、改动，并严禁给喷头附加任何装饰性涂层。

③喷头安装应使用专用扳手，严禁利用喷头的框架施拧。

④喷头的框架、溅水盘产生变形或释放原件损伤时，应更换规格、型号相同的喷头。

(5)报警阀

①报警阀的安装应在供水管网试压、冲洗合格后进行。

②安装时先安装水源控制阀、报警阀，然后进行报警阀辅助管道的连接。

③水源控制阀、报警阀与配水干管的连接应使水流方向一致。

(6)自动喷水灭火系统的调试应包括：水源测试；消防泵调试；稳压泵调试；报警阀调试；排水设施调试；联动试验。

3. 消防炮灭火系统

安装要求施工完毕后，应做喷射功能调试。

4. 高压细水雾灭火系统安装要求

(1)储水瓶组、储气瓶组安装、固定和支撑应稳固，压力表应朝向操作面，安装高度和方向应一致。

(2)当系统采用柱塞泵时，泵组安装后应充装润滑油并检查油位。

(3)阀组安装位置应便于观测和操作。阀组上的启闭标志应便于识别，控制阀上应设置标明所控制防护区域的永久性标志牌。

(4)喷头安装应在管道试压、吹扫合格后进行。喷头与管道的连接宜采用端面密封或O形圈密封，不应采用聚四氟乙烯、麻丝、黏结剂等密封材料。

(三)气体灭火系统施工技术要求

1. 灭火剂储存装置

灭火剂储存装置上压力计、液位计、称重显示装置的安装位置应便于观察和操作。灭火剂储存装置安装后，泄压装置的泄压方向不应朝向操作面。低压二氧化碳灭火系统的安全阀应通过专用的泄压管接到室外。

2. 选择阀

选择阀的安装高度超过1.7 m时应采取便于操作的措施，如增设操作平台或使用较长操作杆等。选择阀的流向指示箭头应指向介质流动方向。

3. 灭火剂输送管道

灭火剂输送管道安装完成后，应进行强度试验和气压严密性试验，并达到合格标准。

4. 喷嘴

安装在吊顶下的不带装饰罩的喷嘴，其连接管道管端螺纹不应露出吊顶；安装在吊顶下的带装饰罩的喷嘴，其装饰罩应紧贴吊顶。

5. 调试

气体灭火系统的调试项目应包括模拟启动试验、模拟喷气试验和模拟切换操作试验。

（四）泡沫灭火系统施工技术要求

1. 泡沫液储罐

泡沫液储罐的安装位置和高度应符合设计要求，当设计无规定时，泡沫液储罐周围应留有满足检修需要的通道，其宽度不宜小于 0.7 m 。

2. 泡沫比例混合器(装置)

(1)平衡式比例混合器安装时，应竖直安装在压力水的水平管道上，并应在水和泡沫液进口的水平管道上分别安装压力表，压力表与平衡式比例混合装置进口处的距离不宜大于 0.3 m。分体平衡式比例混合装置的平衡压力流量控制阀应竖直安装。

(2)管线式比例混合器应安装在压力水的水平管道上或串接在消防水带上，并应靠近储罐或防护区，其吸液口与泡沫液储罐或泡沫液桶最低液位的高度不得大于 1.0 m。

3. 管道安装

(1)水平管道安装时，坡度、坡向应符合设计要求，且坡度不应小于设计值，当管道出现 U 形管时，应有放空措施。

(2)管道安装后，应进行水压试验，试验压力为设计压力的 1.5 倍 ；试验前应将泡沫产生装置、泡沫比例混合器隔离。

4. 泡沫消火栓

(1)地上式泡沫消火栓应垂直安装，其大口径出液口应朝向消防车道。

(2)地下式泡沫消火栓应安装在消火栓井内泡沫混合液管道上，并应设置永久性明显标志，其顶部与井盖底面的距离不得大于 0.4 m ，且不小于井盖半径。

(3)室内泡沫消火栓的栓口方向宜向下或与泡沫消火栓的墙面呈 90°。

5. 调试

泡沫灭火系统的调试包括：动力源和备用动力的切换试验；水源的测试；消防泵和稳压设备的试验；泡沫比例混合装置的调试；泡沫产生装置的调试；报警阀的调试；泡沫消火栓的冷喷试验；泡沫灭火系统的喷水和喷泡沫试验等。

（五）干粉灭火系统施工技术要求

1. 在电缆隧道中，灭火装置应安装在顶部，喷口朝下或通过带有角度调整功能的支架，使喷口朝向一侧的电缆桥架。

2. 在货架式储物仓库中，灭火装置应安装在每层货架顶部，喷口朝下或通过带有角度调整功能的支架安装在仓库的顶部，使喷口朝向货架各层。

3. 在机电设备间，将灭火装置安装在机电设备间的顶部，喷口朝下或通过带有角度调整功能的支架,使喷口朝向机电设备的各个表面。

4.干粉灭火装置的联动控制组件应进行模拟启动试验,包括自动模拟启动和手动模拟启动试验。

(六)防排烟系统施工技术要求

1.防排烟风管采用镀锌钢板时,最小板材厚度应符合设计要求,当板材厚度设计无要求时,可按照《建筑防烟排烟系统技术标准》GB 51251—2017 的要求选定。

2.有耐火极限要求的风管的本体、框架与固定材料、密封垫料必须为不燃材料,其耐火极限时间应符合设计要求。

3.排烟风管法兰垫片应为不燃材料,垫片厚度不应小于 3 mm。

4.防排烟系统的柔性短管、密封垫料的制作材料必须为不燃材料。

5.防排烟风道、事故通风风道应采用抗震支吊架。

6.排烟防火阀的安装方向、位置应正确。排烟防火阀应顺气流方向关闭。防火分区隔墙两侧的防火阀,距墙表面不应大于 200 mm。排烟防火阀应设独立的支、吊架。

7.排烟阀(口)及手控装置(包括预埋套管)的位置应符合设计要求;设计无要求时,排烟口距可燃物或可燃构件的距离不应小于 1.5 m ,手控装置应固定安装在明显可见、距楼地面 1.3～1.5 m 之间便于操作的位置,预埋套管不得有瘪陷。

8.防排烟风机应设在混凝土或钢架基础上,且不应设置减振装置;若排烟系统与通风空调系统共用且需要设置减振装置时,不应使用橡胶减振装置。

9.防排烟风机与风管的连接宜采用法兰连接,当风机仅用于防、排烟时,不宜采用柔性连接;若防、排烟与排风或补风系统兼用时,风机与风管应采用不燃材料的柔性短管连接。

10.风管系统安装完成后,应进行严密性检验;防排烟风管的允许漏风量应按中压系统风管确定。

11.防排烟系统调试应包括设备单机调试和系统联动调试,主要调试内容包括:排烟防火阀的调试,常闭送风口、排烟阀或排烟口的调试,活动挡烟垂壁的调试,自动排烟窗的调试,送风机、排烟风机的调试,机械加压系统风速及余压的调试,机械排烟系统风速和风量的调试,以及机械加压送风系统、机械排烟系统、自动排烟窗和活动挡烟垂壁的联动调试等。

第三节　消防安装工程定额

一、《青海省通用安装工程计价定额》(2020版)第九册《消防安装工程》定额介绍

(一)说明

本定额涵盖内容包括水灭火系统、气体灭火系统、泡沫灭火系统、火灾自动报警系统、智能应急照明及疏散系统和消防系统调试,适用于工业与民用建筑项目中的消防工程。

（二）执行其他册相应定额的内容

1. 阀门、气压罐安装，消防水箱、套管、支架制作安装（注明者除外），执行第十册《给排水、采暖、燃气安装工程》相应项目；消火栓系统室外埋地管道执行第十册《给排水、采暖、燃气安装工程》中室外给水管道安装相应项目。

2. 各种消防泵、稳压泵安装，执行第一册《机械设备安装工程》相应项目。

3. 不锈钢管、铜管及泵间管道安装，执行第八册《工业管道安装工程》相应项目。

4. 刷油、防腐蚀、绝热工程，执行第十二册《刷油、防腐蚀、绝热工程》相应项目。

5. 电缆敷设、桥架安装、配管配线、接线盒、电动机检查接线、防雷接地装置等安装，均执行第四册《电气设备安装工程》相应项目。

6. 各种仪表的安装及带电讯号的阀门、水流指示器、压力开关、驱动装置及泄漏报警开关的接线、校线等执行第六册《自动化控制仪表安装工程》相应项目。

7. 剔槽打洞及恢复执行第四册《电气设备安装工程》相应项目。

8. 本标准凡涉及管沟、基坑及井类的土方开挖、回填、运输、垫层、基础、砌筑、地沟盖板预制安装、路面开挖及修复、管道混凝土支墩的项目，执行相应定额规定。

（三）关于各项费用的规定

1. 脚手架搭拆费按人工费的 5%计算，其费用中人工费占 35%。

2. 操作高度增加费：本册定额操作高度均按 5 m 以下编制；安装高度超过 5 m 时，超过部分工程量按定额人工费乘以表 3-3 的系数。

表 3-3　　操作高度增加费

操作物高度	10 m 以内	30 m 以内	50 m 以内
系数	1.10	1.20	1.50

3. 建筑物超高增加费指高度在 6 层或 20 m 以上的工业与民用建筑物上进行安装时增加的费用，按表 3-4 计算，其费用中人工费占 65%。

表 3-4　　建筑物超高增加费

建筑物檐高/m	≤40	≤60	≤80	≤100	≤120	≤140	≤160	≤180	≤200
建筑层数	≤12	≤18	≤24	≤30	≤36	≤42	≤48	≤54	≤60
按人工费的/%	2	5	9	14	20	26	32	38	44

（四）界限划分

1. 消防系统室内外管道以建筑物外墙皮 1.5 m 为界，入口处设阀门者以阀门为界；室外埋地管道执行第十册《给排水、采暖、燃气安装工程》中室外给水管道安装相应项目。

2. 厂区范围内的装置、站、罐区的架空消防管道执行本册定额相应子目。

3. 与市政给水管道的界限：以与市政给水管道碰头点（井）为界。

二、工程案例

完成本教材第二章第三节所给施工图预算，消火栓灭火系统工程量的计算，任务可分解成三个模块，第一模块：消火栓灭火系统；第二模块：消防水箱；第三模块：水泵房。

第四章
电气设备安装工程预算

章节概述 >>>

电气设备安装工程预算是一个复杂的过程，它涉及多方面的知识和技能。在开始预算之前，需要仔细阅读和理解电气图纸的设计说明，包括建筑面积、建筑高度等信息，这些信息有助于确定工程的类别和可能涉及的超高费用级别。同时，图例表将帮助确定箱体、灯具、开关、插座等的型号和安装高度，以及电源点到各个分配点，这是理解整个电气系统运作的基础。需要了解和应用相关的计算规则和定额，包括材料损耗率、高层建筑增加费、超高增加费、脚手架搭拆费等各项费用的计算方法。为了提高计算的准确性和效率，可以使用专业的软件工具来辅助计算。这些软件可以帮助减少人为错误，加快计算速度，并提高整体预算的质量。

教学目标 >>>

- 知识目标

了解建筑电气设备安装工程投资构成；了解建筑电气设备安装工程及相关费用的构成与确定方法，理解建筑电气设备安装工程定额及单价确定的原理和有关计算方法。

- 能力目标

掌握建筑电气设备安装工程造价文件的编制；熟练掌握建筑电气设备安装工程量的计算及概算等实际计算；掌握电气设备安装工程定额及其使用；熟悉电气设备安装工程竣工结算知识；掌握电气设备安装工程定额计价的编制程序和编制方法。

德育要点 >>>

培养学生设计思维、批判思考的能力，树立实事求是、勇于创新的科学态度，让学生充分了解最新的行业发展动态，塑造良好的职业道德，引导学生塑造良好的职业道德素质；结合实际工程项目参与互动与思考，引导学生树立认真踏实、一丝不苟、精益求精的工匠精神。

第一节　电气设备工程概述

一、电　源

(一)电能的产生

电能被广泛应用在动力、照明、化学、纺织、通信、广播等各个领域,是科学技术发展、经济飞跃的主要动力。在我们的生活中,电能扮演着举足轻重的角色。我们所使用的电能,主要是把其他形式的能量转化为电能,包括水能(水力发电)、热能(火力发电)、原子能(核电)、风能(风力发电)、化学能(电池)及光能(光电池、太阳能电池等)等。

干电池、蓄电池能够将电能转化为化学能储存起来,并在需要使用时再将化学能转化为电能,如图 4-1、图 4-2 所示。发电机则是将其他形式的能量转化为电能的设备,常见的水力发电、火力发电、风力发电和核电等发电方式,都是通过发电机来实现的。

图 4-1　干电池

图 4-2　蓄电池

电能也可转换成其他所需的能量形式,如热能、光能、动能等。电能可以有线或无线的形式,做远距离的传输。

电能的单位是“度”,它的学名叫作千瓦时,符号是 kW · h。在物理学中,更常用的能量单位(国际单位)是焦耳,简称焦,符号是 J。千瓦时与焦耳的单位换算为

$$1\ \mathrm{kW\cdot h}=3.6\times10^{-6}\ \mathrm{J}$$

电能公式

$$W=UIt=Pt$$

根据欧姆定律($I=U/R$)可以进一步推出

$$W=I^2Rt=U^2t/R$$

(二)电源的分类

1. 直流电

直流电是电源的电压和电流方向不随时间而变化的电流。它通常又分为脉动直流电和稳恒电流。脉动直流电中有交流成分,例如在彩色电视机的电源电路中,大约 300 V 的电压就是脉动直流电成分,可通过电容去除。稳恒电流则是比较理想的直流电,其大小和方向都不变。

2. 交流电

(1)单相交流电

单相交流电是电源的电压及电流的大小和方向都随时间变化的电流，建筑中常用的是正弦交流电，它的交流电电压及电流的大小和方向是随时间按正弦规律做周期性变化的。

正弦交流电通过下面的三要素来描述：

①最大值(U_m)：最大值又称为幅值，是瞬时值的最大值。

②角频率(ω)或频率(f)：角频率表示正弦量相位角的变化速度，即单位时间内相位角的变化量，单位是弧度/秒(rad/s)。角频率与频率的换算公式为

$$\omega=2\pi f$$

交流电的频率是指交流电每秒钟变化的次数，单位是赫兹(Hz)，用符号 f 表示。它反映了交流电随时间变化的快慢。

交流电变化一次所需要的时间称为周期，用符号 T 表示。周期的单位是秒(s)。显然，周期和频率互为倒数关系。日常生活中的交流电的频率一般为 50 Hz，周期为 0.02 s。

③初相位(α)：初相位表示 $t=0$ 时正弦量的相位角，决定正弦量在 $t=0$ 时的瞬时值(初始值)。

在交流电变化的一个周期内，交流电流在电阻 R 上产生的热量相当于某数值的直流电流在该电阻上所产生的热量，此直流电流的数值即为该交流电流的有效值。例如在同一个电阻上，分别通以交流电 $i(t)$ 和直流电 I，通电时间相同，如果它们产生的总热量相等，则说这两个电流是等效的。交流电的有效值通常用 U 或 I 来表示。U 表示等效电压，I 表示等效电流。有时也把有效值称为“平均值”。

对于正弦交流电，有 $i=I_m\sin\omega t$，正弦交流电的有效值等于峰值的 0.707 倍 $\left(I=\frac{1}{\sqrt{2}}I_m=0.707I_m\right)$。如图 4-3 所示。通常，交流电表都是按有效值来刻度的。一般不做特别说明时，交流电的大小均是指有效值。例如市电 220 V，就是指其有效值为 220 V。

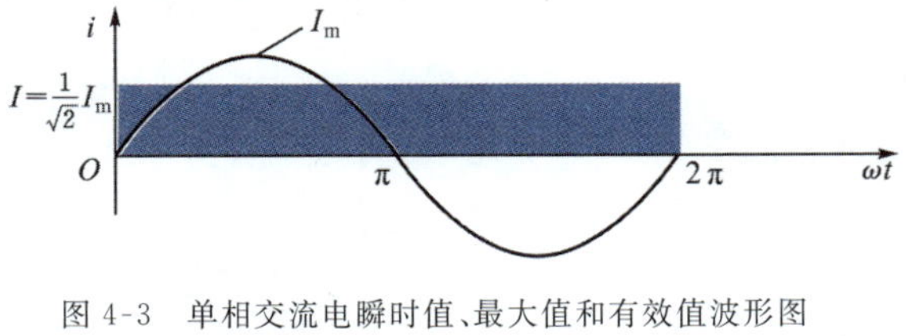

图 4-3 单相交流电瞬时值、最大值和有效值波形图

(2)三相交流电

三相交流电是由三个频率相同、最大值相等、相位互差 120°的单相交流电组成的。如图 4-4 所示。为保证发电机的稳定运行，发电机至少需要三个绕组，理论上发电的相数可以更高，但三相最经济，因此世界各国普遍使用三相发电、供电。目前，我国生产、配送的都是三相交流电。

三相交流电比单相交流电有很多优越性，在用电方面，三相电动机比单相电动机结构简单，价格便宜，性能好；在送电方面，采用三相制，在相同条件下比单相输电节约输电线用铜量。实际上单相电源就是取三相电源的一相，因此，三相交流电得到了广泛的应用。

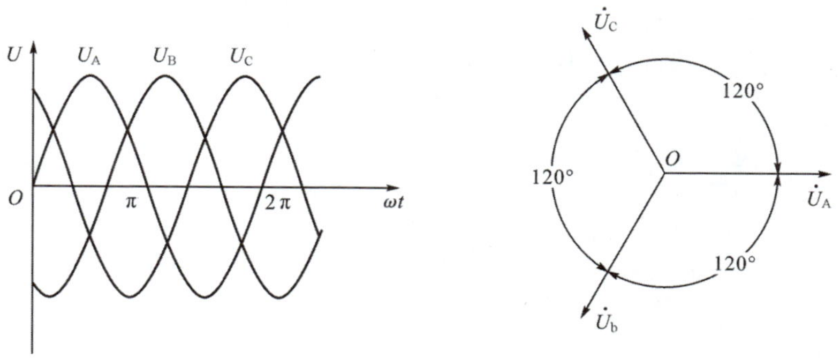

图 4-4　三相交流电的波形图和向量图

（三）三相交流电电源端的星形接线方式和三角形接线方式

三相电源的星形接法是将各相电源或负载的一端都接在一点上，而它们的另一端作为引出线，分别为三相电的三条相线。对于星形接法，可以将中性点（也称为中点）引出作为中性线（也称为中线），形成三相四线制。也可不引出，形成三相三线制。当然，无论是否有中性线，都可以添加地线，分别形成三相五线制或三相四线制。

星形接法的三相电，当三相负载平衡时，即使连接中性线，其上也没有电流流过。三相负载不平衡时，中性线上有电流流过。

工业上用的三相交流电，有的直接来自三相交流发电机，但大多数还是来自三相变压器，对于负载来说，它们都是三相交流电源，在低电压供电时，多采用三相四线制。如图4-5 所示。

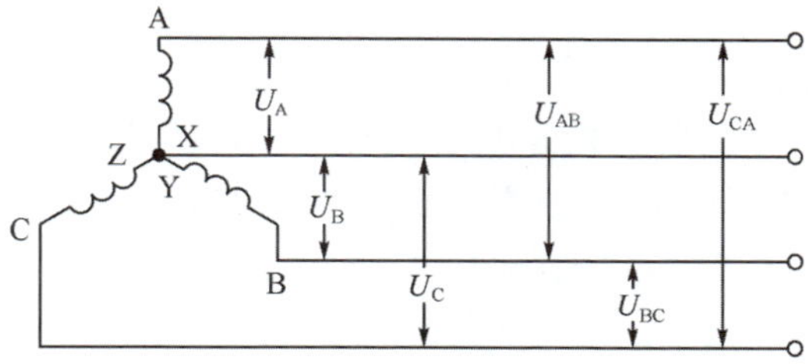

图 4-5　三相四线制供电接线图

供电时，引出四根线：从中点 O 引出的导线称为中线（中性线），居民供电中称为零线；从三个线圈的首端引出的三根导线称为 A 线、B 线、C 线，统称为相线或火线。在星形接线中，如果中点与大地相连，中线也称为地线，此种接法称为重复接地。我们常见的三相四线制供电设备中引出的四根线，就是三根火线和一根地线。

三角形接法是将各相电源或负载依次首尾相连，并将每个相连的点引出，作为三相电的三条相线。三角形接法没有中性点，也不可引出中性线，因此只有三相三线制。添加地线后，成为三相四线制。

二、电气系统的组成

电气系统是一个复杂的网络，它能将生产电能的发电机（设置于电厂内）、输送及分配电能的电气线路、变压器以及保护、控制、测量等设备以及消耗电能的各种负荷（有时也称负载）紧密联系起来。该系统是由发电厂、变电所、电气线路和电能用户组成的一个整体。

电气系统在运行中必须配备必要的保护、控制、监视、通信等设施，以保证系统安全、可靠经济地运行。电气系统的组成框图如图 4-6 所示。

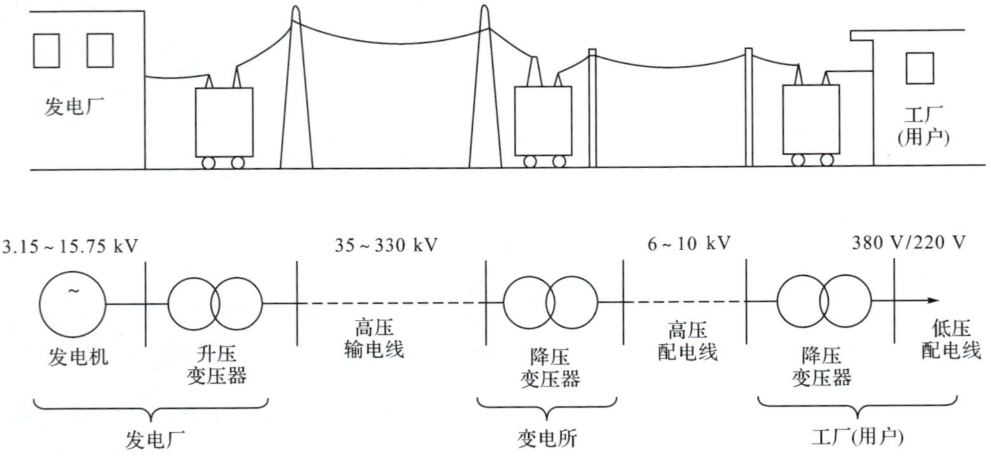

图 4-6 电气系统的组成框图

电能从发电机产生到被各种负荷消耗的整个过程，可近似地划分为电源、中间环节、负荷三个环节。这里所指的电源可以是为用户供电的上一级电网(一般从变压器开始考虑)、备用电源(蓄电池、干电池、用户自备柴油发电机组等)以及 UPS、EPS 等。对应的电力系统为 50 Hz 三相交流系统，供电电压分为低压、中压、高压及特高压。中间环节的内容较为宽泛，涵盖电能的输送、分配、控制及保护等多个环节，因此常被概括为供配电系统。对于建筑电气而言，负荷主要是指各种照明及动力设备。其中，动力负荷主要包括各种功率较大的风机、水泵等设备。

1. 变电所

变电所是接收电能，改变电能电压，并分配电能的场所，主要由电力变压器与开关设备组成。它是电气系统的重要组成部分，装有升压变压器的变电所称为升压变电所，装有降压变压器的变电所称为降压变电所。接收电能，不改变电压，并分配电能的场所叫作配电所。

2. 电气线路

电气线路是输送电能的通道。其任务是把发电厂生产的电能输送并分配到用户，并将发电厂、变配电所和电能用户连接起来。它由不同电压等级和不同类型的线路构成。

建筑供配电线路的额定电压等级多为 10 kV 线路和 380 V 线路，这些线路又可分为架空线路和电缆线路两种类型。

3. 低压配电系统

低压配电系统由配电装置(配电盘)及配电线路组成。配电方式有放射式、树干式及混合式等数种。

三、电气系统的电压和频率

在电气系统中的电气设备都严格按规定的工作电压和工作频率运行。这样既可以安全有效地工作，又便于批量生产及合用中互换，所以电气系统中规定有统一额定电压等级和频率。

1. 电网电压等级

交流电力网的额定电压等级有 220 V、380 V、3 kV、6 kV、10 kV、35 kV、110 kV、220 kV、330 kV、500 kV 等。习惯上把 1 kV 以上的电压等级称为高压，1 kV 以下的电压等级称为低压。

2. 各种电压等级的适用范围

35 kV 及以上电压用于高压远距离输电，6～10 kV 电压用于送电距离为 10 km 左右的工业与民用建筑供电，380 V 电压用于建筑物内部供电或向工业生产设备供电，220 V 电压多用于向生活设备、小型生产设备及照明设备供电。

3. 额定电压和频率

交流电气设备的额定频率(俗称工频)为 50 Hz，允许偏差为±0.5 Hz。

电气设备在使用时所接收的实际电压与额定电压相同时才能获得最佳的经济效果。如与其额定电压有偏移时，其运行特性恶化。

电能在导线传输时会产生电压降，因此，为了保持线路首端与末端的平均电压在额定值上，线路首端电压应较电网额定电压高 5%，变压器二次绕组的额定电压高出受电设备额定电压的百分数归纳起来有两种情况：一种为高出 10%，另一种为高出 5%。这是因为：电力变压器二次绕组的额定电压均指空载电压而言，当变压器满载供电时，其本身绕组的阻抗将引起电压降，从而使变压器满载时，其二次绕组实际端电压较空载时约低 5%，但比用电设备的额定电压尚高出 5%，利用这个 5%补偿线路上的电压损失。可使受电设备维持其额定电压。这种电压组合情况，多用于变压器供电距离较远时。另一种情况，变压器二次绕组额定电压比受电设备额定电压高出 5%，只适用于变压器靠近用户，供电范围较小，绕路较短，其电压损失可忽略不计。所高出的 5%电压，基本上用以补偿变压器满载时其本身绕组的阻抗电压降。

四、建筑电气系统的分类

建筑电气系统有强电、弱电之分。强电(电力)工程的处理对象是能源，其特点是电压高，电流大，功率大，频率低，主要考虑的问题是减小损耗、提高效率及安全用电；弱电(信息)工程的处理对象主要是信息，即信息的传送与控制，其特点是电压低，电流小，功率小，频率高，主要考虑的问题是信息传送的效果，诸如信息传送的保真度、速度、广度和可靠性等。

(一)建筑供配电系统

建筑供配电系统负责建筑物所需电能的供应和分配，是电气系统的组成部分。随着现代化建筑的出现，建筑的供电不再是一台变压器供几幢建筑物，而是一幢建筑物往往用一台乃至几台变压器供电，供电变压器容量也增加了。另外，在同一幢建筑物中常有一、二、三级负荷同时存在，这就增加了供电系统的复杂性。但供电系统的基本组成却几乎一样。通常对于大型建筑或小区建筑群，电源进线电压多采用 10 kV，经配电变压器将 10 kV 高压降为一般用电设备所需的电压(220 V/380 V)，然后由低压配电线路将电能输送至各用电设备使用。而小型建筑因用电量较小，仍可采用低压进线，仅需一个低压配电室，甚至只需一台配电箱即可。

1. 供电电源

单相 220 V 电源，三相 380 V/220 V 电源，10 kV 高压供电电源。

2. 供配电设备

变压器，高压配电装置，低压配电装置。

（二）建筑电气照明系统

建筑电气照明系统利用能够将电能转换成光能的电光源进行采光，保证人们在建筑物内正常从事生产、科研和生活活动，满足其特殊需要的照明要求。

建筑电气照明系统由电气和照明两大系统组成。电气系统分为供电系统和配电系统。照明系统由照明器、照明线路、照明控制电器及保护电器等组成。

建筑照明系统包括人工照明（简称照明）和天然采光（简称采光）。本节主要讨论以电光源为基础的人工照明系统。

1. 照明术语

①光通量：光源所产生的能量，主要指人眼能够感知到的能量，单位 lm（流明）。

②照度：单位面积上的光通量。一般是指工作面单位面积上所接收到的光通量，单位 lx（勒克斯）。

③光效：光源的能效标准，表示每消耗一瓦电所发出的光通量，单位 lm/W。

④眩光：指引起人眼不舒适的光。

2. 建筑电气照明分类

（1）照明的方式

①一般照明：为整个场所均匀照明的照明方式。

②局部照明：针对特定视觉工作区域或物体而设置的照明方式。

③混合照明：由一般照明与局部照明结合而成的照明。

（2）照明的种类

①按效果分：一般照明、艺术照明。

②按功能分：

a. 正常照明：在正常情况下使用的室内外照明。

b. 应急照明：因正常照明的电源失效而启用的照明。具有双电源或者双回路供电，能维持一定的照明时间，达到一定的照度。

疏散照明作为应急照明的一部分，用于确保疏散通道能被有效地辨认和使用的照明。其照度值一般不得低于 0.5 lx，持续时长一般在 20～60 min。

安全照明作为应急照明的一部分，用于确保处于潜在危险环境之中的人员安全的照明，如在手术室等场所使用。

备用照明作为应急照明的一部分，用于紧急情况下确保正常活动继续进行的照明。如配电室、消防控制室等场所。

c. 值班照明：在非工作时间为值班人员所设置的照明。

d. 警卫照明：在夜间为增强对人员、财产、建筑物、材料和设备的保卫，用于警戒而安装的照明。

e. 障碍照明：为保障航空飞行安全，在高大建筑物和构筑物上安装的障碍标志灯。航空障碍标志灯供电电源应按主体建筑中最高负荷等级要求供电。

3. 光源、灯具、开关、插座

(1)光源

热辐射光源(白炽灯、卤钨灯,该类光源能效低,寿命短,但显色性极好)、气体放电光源(荧光灯、高压钠灯、金属卤化物灯,该类光源能效高,寿命较长,显色性等指标良好,目前被广泛使用)、LED 灯、无极灯等。

(2)灯具

保护光源,改变光通的分布。如格栅灯、筒灯、花灯等。

(3)开关

86 系列、单联(位)、双联(位)、三联(位)。

(4)插座

86 系列,单相两孔(图 4-7),单相三孔、三相四孔(图 4-8),安全型插座,防水防溅型插座,防爆插座等。

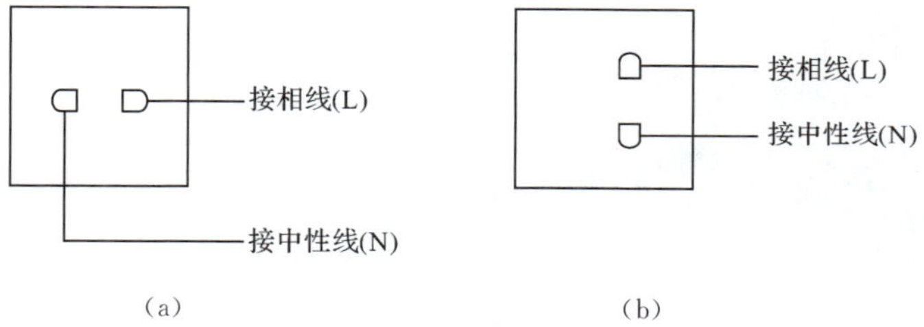

图 4-7　单相两孔插座

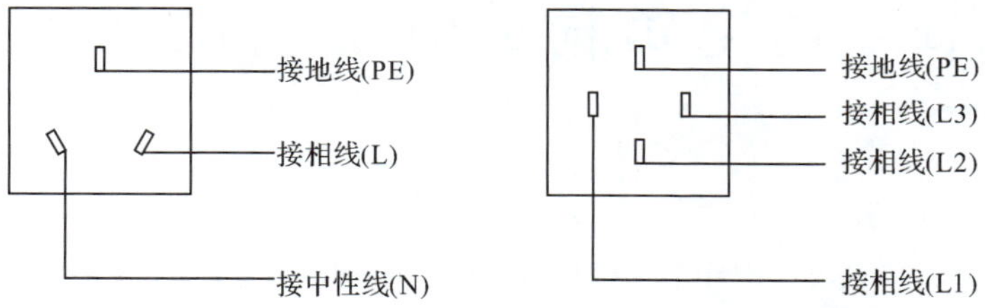

(a)单相三孔插座　　(b)三相四孔插座

图 4-8　插座接线图

(三)动力及控制系统

动力及控制系统:应用电动机拖动的机械设备,为整个建筑提供舒适、方便的生产和生活条件而设置的系统。

1. 电动机的种类及其在建筑中的应用

三相异步电动机分类:笼式和绕线式。笼式三相异步电动机应用较多,绕线式三相异步电动机应用于启动转矩较大或负载功率较大或需要适当调速的场合。

2. 动力设备的配电

动力设备的配电主要指以下几种:

(1)消防用电设备的配电。

(2)空调动力设备的配电。

(3)电梯和自动扶梯的配电。

(4)生活给水装置的配电。

3. 动力设备的控制

电动机的控制常采用继电-接触控制系统,在该系统中通过各种控制电器之间的连锁,达到不同的控制目的。

控制电器的分类:接触器、继电器、控制器和主令电器。

(四)建筑弱电系统

建筑弱电系统主要分为以下几类:

(1)火灾自动报警与消防联动系统。

(2)建筑通信系统。

(3)建筑音响系统。

(4)有线电视系统。

(5)保安监视系统。

(6)建筑物智能化系统。

五、建筑电气系统的基本组成

建筑电气系统由用电设备、配电线路、控制和保护设备三大基本部分所组成。

第二节 用电负荷的分级与供配电方式

建筑供配电系统是以各种传输线缆为媒介,利用开关、熔断器等保护控制设备,实现电能安全、可靠、经济地传输、分配至各用户。根据电压的高低,供配电系统又可分为高压配电系统和低压配电系统,以下主要就低压配电系统进行介绍。

一、负荷的分级与供电要求

我国将电力负荷按其对供电可靠性的要求及中断供电在政治、经济、人身安全上所造成的损失或影响的程度划分为三级。

1. 符合下列情况之一时,应视为一级负荷:

(1)中断供电将造成人身伤亡。

(2)中断供电将在政治、经济上造成重大损失。

(3)中断供电将影响有重大政治、经济意义的用电单位正常工作或造成公共场所秩序严重混乱。

在一级负荷中,当中断供电将造成重大设备损坏或发生中毒、爆炸和火灾等情况的负荷,以及特别重要场所的不允许中断供电的负荷,应视为一级负荷中特别重要的负荷。

一级负荷应由两个独立电源供电。所谓独立电源,就是当一个电源发生故障时,另一个电源应不致同时受到损坏。在一级负荷中的特别重要负荷，除上述两个独立电源外，还必须增设应急电源。为保证特别重要负荷的供电，严禁将其他负荷接入应急供电系统。应急电源一般有独立于正常电源的发电机组、干电池、蓄电池、供电网络中有效地独立于正常电源的专门馈电线路。

2. 符合下列情况之一时，应视为二级负荷：

(1)中断供电将在政治、经济上造成较大影响或较大损失。

(2)中断供电将影响重要用电单位的正常工作。

(3)中断供电将造成公共场所秩序混乱。

二级负荷宜由两路线路供电。供电变压器应有两台，从而做到当一台电力变压器发生故障或电力线路发生常见故障时，不致中断供电或中断供电后能迅速恢复。在负荷较小或地区供电条件困难时，二级负荷可由一路 6 kV 及以上专用的架空线路或电缆线路供电。

3. 三级负荷

不属于一级和二级负荷者，应为三级负荷。其对供电电源没有特殊要求，一般由单回路电力线路供电。

二、供电系统的形式和低压配电方式

供电系统的形式分为单相两线制、三相三线制和三相四线制，如图 4-9 所示。

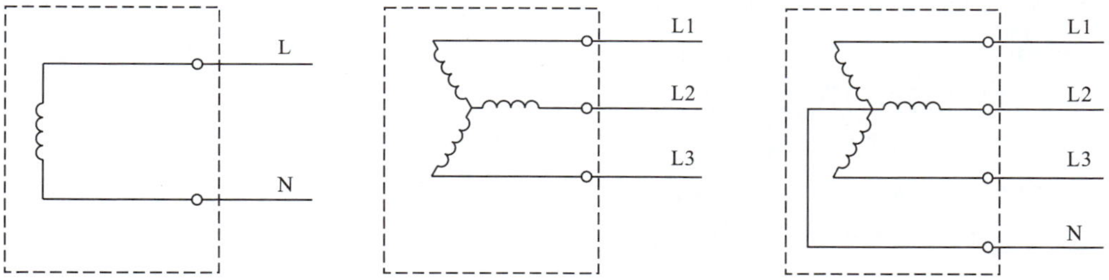

(a)单相两线制　　(b)三相三线制　　(c)三相四线制

图 4-9　供电系统的形式

其中，三相是指有 3 根相线〔L1(黄)、L2(绿)、L3(红)或者 A、B、C〕，零线 N 线(淡蓝)、地线 PE 线(黄绿相间)。

常用低压配电系统的基本形式主要有放射式、树干式、混合式、环式等。其中，放射式、树干式和单侧供电环式接线图及简要说明见表 4-1。

表 4-1　　放射式、树干式和单侧供电环式接线图及简要说明

名称	接线图	简要说明
放射式	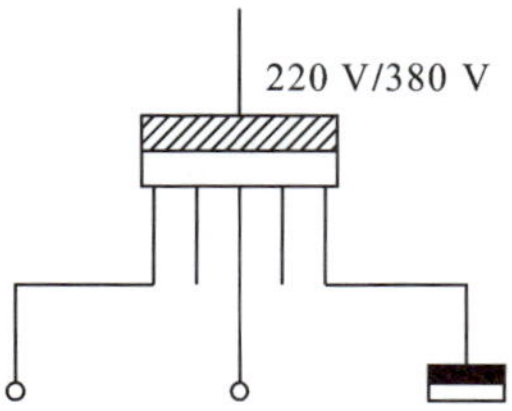	配电线故障互不影响，供电可靠性较高，配电设备集中，检修比较方便，但系统灵活性较差，有色金属消耗较多，一般在下列情况下采用： (1)容量大、负荷集中或重要的用电设备。 (2)需要集中联锁启动、停车的设备。 (3)有腐蚀性介质或爆炸危险等环境，不宜将用电及保护启动设备放在现场者

续表

<table>
<tr><th>名称</th><th>接线图</th><th>简要说明</th></tr>
<tr><td>树干式</td><td>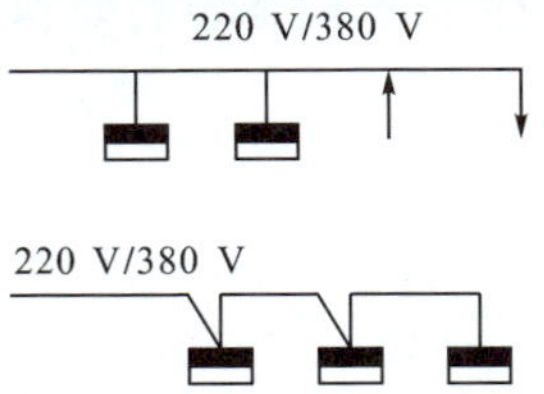
</td><td>配电设备及有色金属消耗较少，系统灵活性好，但干线故障时影响范围大。
一般用于用电设备的布置比较均匀、容量不大，又无特殊要求的场合</td></tr>
<tr><td>单侧供电环式</td><td>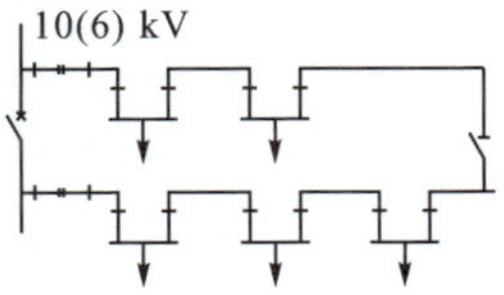
</td><td>用于二、三级负荷配电，一般两回路电源同时工作开环运行，也可一用一备闭环运行。供电可靠性较高。电力线路检修时可以对二级负荷配电，但保护装置和整定配合都比较复杂</td></tr>
</table>

三、建筑电气常见电路故障及其保护

1. 建筑电气常见电路故障

(1)漏电

线路绝缘破损或老化，电流从绝缘结构中泄漏出来，这部分泄漏电流不经过原定电路形成回路，而是通过建筑物与大地形成回路或就近在相线、中性线之间构成局部回路。漏电若不严重，可能没有明显的故障现象；较严重时，就会出现建筑物带电和电量无故增加等故障现象。发生漏电的常见原因有以下几种：

①施工中，损伤了电线和照明灯附件的绝缘结构。

②线路和照明灯附件年久失修，绝缘老化。

③违规安装，如导线直埋在建筑物的粉刷层内。

(2)过载

实际电量超过线路导线的额定容量。故障现象通常表现为：保护熔丝烧断，过载部分的装置温度剧升。若保护装置未能及时起到保护作用，则会引起严重电气事故。引起过载故障的主要原因有：

①导线截面小，原设计的线路和实际应用的情况不配套或盲目过量用电。

②电源电压过低，电扇、洗衣机、电冰箱等输出功率无法相应减小的设备就会自行增加电流来弥补电压的不足。

(3)短路

许多电气火灾就是在短路状态下酿成的。造成短路的原因很多，主要有：

①施工质量不佳，不按规范化的要求进行加工。

②用电器具内部存在短路故障。

③线路年久失修。

④导线或附件等受外力破坏。

2. 建筑电气的保护

用电设备和电气线路在运行过程中，因受外界影响，如冲击、压力、潮湿、异物侵入，或因内部材料的缺陷、老化、磨损、缺损、绝缘损坏、受热以及因运行过程中误操作等原因，有可能发生各种故障和不正常的运行情况，因此有必要对用电设备和电气线路进行保护。

用电设备保护有过载保护、短路保护、欠压保护、失压保护、断相保护、防误操作保护、联锁保护、限位保护和弱磁保护等。

第三节　建筑物防雷与接地

一、雷电的危害形式

雷击有极大的破坏力，其破坏作用是综合的，包括电性质、热性质和机械性质的破坏。根据雷电产生和危害特点的不同，雷电可分为以下四种危害形式：

1. 直击雷

直击雷是云层与地面凸出物之间放电形成的。直击雷可在瞬间击伤击毙人畜。巨大的雷电流流入地下，令在雷击点及其连接的金属部分产生极高的对地电压，可能直接导致接触电压或跨步电压的触电事故。直击雷常常击中风力发电机组叶片。

2. 雷电侵入波

雷电侵入波是由于雷击而在架空线路上或空中金属管道上产生的冲击电压沿线或管道迅速传播的雷电波。雷电侵入波可毁坏电气设备的绝缘，使高压窜入低压，造成严重的触电事故。

3. 雷电感应

雷电感应分为静电感应和电磁感应两种。静电感应是由于雷云接近地面，在地面凸出物顶部感应出大量异性电荷所致。在雷云与其他部位放电后，凸出物顶部的电荷失去束缚，以雷电波形式，沿凸出物极快地传播。电磁感应是由于雷击后，巨大雷电流在周围空间产生迅速变化的强大磁场所致。这种磁场能在附近的金属导体上感应出很高的电压，造成对人体的二次放电，从而损坏电气设备。距离较长的架空线路有时会产生雷电感应过电压。

4. 球形雷

球形雷是一种球形、发红光或极亮白光的火球。球形雷能从门、窗、烟囱等通道侵入室内，极其危险，比较罕见。

二、建筑物的防雷分类

建筑物应根据其重要性、使用性质、发生雷电事故的可能性及后果，按防雷要求进行分类。根据现行国家标准《民用建筑电气设计标准》(GB 51348－2019)、《建筑物防雷设计规范》(GB 50057－2010)的规定，建筑物应根据其重要性、使用性质、发生雷电事故的可能性和后果，按防雷要求分为三类：

1. 第一类防雷建筑物

在可能发生对地闪击的地区，遇下列情况之一时，应划为第一类防雷建筑物：

(1)凡制造、使用或贮存火炸药及其制品的危险建筑物,因电火花而引起爆炸、爆轰,会造成巨大破坏和人身伤亡者。

(2)具有 0 区或 20 区爆炸危险场所的建筑物。

(3)具有 1 区或 21 区爆炸危险场所的建筑物,因电火花而引起爆炸,会造成巨大破坏和人身伤亡者。

2. 第二类防雷建筑物

在可能发生对地闪击的地区,遇下列情况之一时,应划为第二类防雷建筑物:

(1)国家级重点文物保护的建筑物。

(2)国家级的会堂、办公建筑物、大型展览和博览建筑物、大型火车站和飞机场、国宾馆,国家级档案馆、大型城市的重要给水泵房等特别重要的建筑物。

注意:飞机场不含停放飞机的露天场所和跑道。

(3)国家级计算中心、国际通信枢纽等对国民经济有重要意义的建筑物。

(4)国家特级和甲级大型体育馆。

(5)制造、使用或贮存火炸药及其制品的危险建筑物,且电火花不易引起爆炸或不致造成巨大破坏和人身伤亡者。

(6)具有 1 区或 21 区爆炸危险场所的建筑物,且电火花不易引起爆炸或不致造成巨大破坏和人身伤亡者。

(7)具有 2 区或 22 区爆炸危险场所的建筑物。

(8)有爆炸危险的露天钢质封闭气罐。

(9)预计雷击次数大于 0.05 次/a(a 指一个防雷周期,后同)的部、省级办公建筑物和其他重要或人员密集的公共建筑物以及火灾危险场所。

(10)预计雷击次数大于 0.25 次/a 的住宅、办公楼等一般性民用建筑物或一般性工业建筑物。

3. 第三类防雷建筑物

在可能发生对地闪击的地区,遇下列情况之一时,应划为第三类防雷建筑物:

(1)省级重点文物保护的建筑物及省级档案馆。

(2)预计雷击次数大于或等于 0.01 次/a,且小于或等于 0.05 次/a 的部、省级办公建筑物和其他重要或人员密集的公共建筑物,以及火灾危险场所。

(3)预计雷击次数大于或等于 0.05 次/a,且小于或等于 0.25 次/a 的住宅、办公楼等一般性民用建筑物或一般性工业建筑物。

(4)在平均雷暴日大于 15 d/a 的地区,高度在 15 m 及以上的烟囱、水塔等孤立的高耸建筑物;在平均雷暴日小于或等于 15 d/a 的地区,高度在 20 m 及以上的烟囱、水塔等孤立的高耸建筑物。

三、防雷措施

建筑物是否需要进行防雷保护,应采取哪些防雷措施,要根据建筑物的防雷等级来确定。对于一、二类民用建筑,应有防直击雷和防雷电波侵入的措施;对于第三类民用建筑,应有防止雷电波沿低压架空线路侵入的措施，至于是否需要防止直接雷击，要根据建筑物所处的环境以及建筑物的高度、规模来判断。

1. 防直击雷的措施

防直击雷采取的措施是引导雷云与避雷装置之间放电，使雷电流迅速流散到大地中去，从而保护建筑物免受雷击。避雷装置由接闪器、引下线和接地装置三部分组成。

(1)接闪器

接闪器也叫作受雷装置，是接受雷电流的金属导体。接闪器的作用是增强其上空电场局部强度，将附近的雷云放电诱导过来，通过引下线注入大地，从而使离接闪器一定距离内一定高度的建筑物免遭直接雷击。接闪器的基本形式有避雷针、避雷带、避雷网等。

①避雷针：避雷针的针尖一般用镀锌圆钢或镀锌钢管制成。上部制成针尖形状，钢管厚度不小于 3 mm，长为 1～2 m。高度在 20 m 以内的独立避雷针通常用木杆或水泥杆支承，更高的避雷针则采用钢铁构架。

②避雷带：避雷带是用小截面圆钢或扁钢做成的条形长带，装设在建筑物易遭雷击部位。雷击建筑物有一定的规律，最可能受雷击的地方是屋脊、屋檐、山墙、烟囱、通风管道以及平屋顶的边缘等。在建筑物最可能遭受雷击的地方装设避雷带，可对建筑物进行重点保护。为了使对不易遭受雷击的部位也有一定的保护作用，避雷带一般高出屋面 0.2 m，而两根平行的避雷带之间的距离要控制在 10 m 以内。避雷带一般用 ϕ8 mm 镀锌圆钢或截面不小于 50 mm^2 的扁钢制成，每隔 1 m 用支架固定在墙上或现浇的混凝土支座上。

③避雷网：避雷网相当于纵横交错的避雷带叠加在一起，其原理与避雷带相似，通常采用截面不小于 50 mm^2 的圆钢或扁钢制作，交叉点需要进行焊接。避雷网宜采用暗装，其距面层的厚度一般不大于 20 cm。有时也可利用建筑物的钢筋混凝土屋面板作为避雷网，钢筋混凝土板内的钢筋直径不小于 3 mm，并须连接良好。当屋面装有金属旗杆或金属柱时，均应与避雷带或避雷网连接起来。避雷网是一种接近全保护的防雷笼网，它利用建筑结构配筋所形成的笼作为接闪器，对雷电能起到均压和屏蔽作用。接闪时，笼网上出现高电位，笼内空间的电场强度为零，笼上各处电位相等，形成一个等电位体，使笼内人身和设备都受到保护。对于预制大板和现浇大板结构的建筑，网格较小，是理想的笼网，而框架结构建筑，则属于大格笼网，虽不如预制大板和现浇大板笼网严密，但一般民用建筑的柱间距离都在 7.5 m 以内，所以也是安全的。利用建筑物结构配筋形成的笼网来保护建筑，既经济又不损坏建筑物的美观。

另外，建筑物的金属屋顶也是接闪器，它好像是网格更密的避雷网一样。屋面上的金属栏杆，也相当于避雷带，都可以加以利用。

(2)引下线

引下线又称引流器，接闪器通过引下线与接地装置相连。引下线的作用是将接闪器“接”来的雷电流引入大地，它应能承载并传导雷电流而不被熔化。引下线一般采用圆钢或扁钢制成，其截面不得小于 48 mm^2，在易遭受腐蚀的部位，其截面应适当加大。建筑物的金属构件，如消防梯、烟囱的铁爬梯等都可作为引下线，但所有金属部件之间都应连成电气通路。

引下线沿建(构)筑物的外墙明敷设，固定于埋设在墙里的支持卡子上。支持卡子的间距为 1.5 m。为保持建筑物的美观，引下线也可暗敷设，但截面应加大。

引下线不得少于两根，其间距不大于 30 m。而在技术上处理有困难的，允许放宽到 40 m，最好是沿建筑物周边均匀布置。但对于周长和高度均不超过 40 m 的建筑物，可只设一根引下线。当采用两根以上引下线时，为了便于测量接地电阻以及检查引下线与接地线的连接状况，在距地面 1.8 m 以下处设置断接卡子。

引下线应躲开建筑物的出入口和行人较易接触的地点，以避开接触电压的危险。建筑物宽度在 12 m 以下的，引下线可装在建筑物一侧，建筑物宽度在 12 m 以上时，应装于建筑物的两侧。

在易受机械损伤的地方，地面上 1.8 m 至地面下 0.3 m 的一段引下线，可用竹管、木槽等加以保护。在高层建筑中，利用建筑物钢筋混凝土屋面板、梁、柱、基础内的钢筋作为防雷引下线，是我国常用的方法。

(3)接地装置

接地装置是埋在地下的接地导体(水平连接线)和垂直打入地内的接地体的总称。其作用是把雷电流疏散到大地中。

接地体的接地电阻要小(一般不超过 10 Ω)，这样才能迅速地疏散雷电流。

一般情况下，接地体均应使用镀锌钢材，以延长其使用年限，但当接地体埋设在可能有化学腐蚀性的土壤中时，应适当加大接地体和连接点的截面，并加厚镀锌层。各焊接点必须刷樟丹油或沥青油以加强防腐效果。

在安装接地体时，首先从地面挖下 0.8 m 左右的深度，然后把接地体垂直打入地下，其顶端与接地线进行焊接。

为满足接地电阻的要求，垂直埋设的接地体常不止 1 根，用水平埋设的扁钢将它们连接起来，所采用扁钢的截面不小于 100 mm^2，扁钢厚度不小于 4 mm。

为了减小相邻接地体间的屏蔽效应，垂直接地体间的距离一般为 5 m，当受地方限制时，可适当减小。

接地体不应该在回填垃圾、灰渣等地带埋设，还应远离由于高温影响使土壤电阻率升高的地方。接地体埋设后，应将回填土分层夯实。

当有雷电流通过接地装置向大地流散时，接地装置附近的地面上将形成较高的跨步电压，危及行人安全，因此接地体应埋设在行人较少的地方，要求接地装置距建筑物或构筑物出入口及人行道不应小于 3 m，当受空间限制而小于 3 m 时，应采取降低跨步电压的措施，如在接地装置上面敷设 50～80 mm 厚的沥青层，其宽度超过接地装置 2 m。

除了上述人工接地体外，还可利用建筑物内外地下管道或钢筋混凝土基础内的钢筋作为自然接地体，但接地体须具有一定的长度，并满足接地电阻的要求。

2. 防雷电感应的措施

为防止雷电感应产生火花，建筑物内部的设备、管道、构架、钢窗等金属物，均应通过接地装置与大地做可靠的连接，以便将雷云放电后在建筑物上残留的电荷迅速引入大地，避免雷害。对平行敷设的金属管道、构架和电缆外皮等，若距离较近，应按规范要求，每隔一段距离用金属线跨接起来。

3. 防雷电波侵入的措施

为防止雷电波侵入建筑物，可利用接闪器或保护间隙将雷电流在室外引入大地。接闪器装设在被保护物的引入端。其上端接入线路，下端接地。正常时，接闪器的间隙保持绝缘状态，不影响系统正常运行；雷击时，若有高压冲击波沿线路袭来，接闪器会击穿并接地，从而有效地截断冲击波。雷电流通过以后，避雷器间隙又恢复绝缘状态，保证系统正常运行。

为防止雷电波沿低压架空线侵入，在入户处或接户杆上应将绝缘子的铁脚接到接地装置上，将建筑物内的金属管道系统在其主干管道外与靠近的防雷装置相连接，有条件时，宜将建筑物每层的钢筋与所有的防雷引下线连接。

4. 建筑施工工地的防雷

施工 15 m 以下的建筑物，由于高度不高，雷击的可能性不大，故不必采取防雷措施。然而，对于工地的临时设施如仓库、办公室和宿舍等，虽然可不采取防雷措施，但为防雷击或球形雷引起的火灾，要设灭火设施。对于 15 m 以上的施工建筑和临时设施，由于雷击的可能性较大，必须采取防雷措施。高层楼房施工期间，应该采取的防雷措施如下：

(1)对于施工中的高层建筑，首先应做好全部永久性的接地装置，随时将混凝土的主筋与接地装置连接起来，利用它作接闪器及引下线，以对施工的建筑物本身进行保护。各层地面的配筋应保持为一个等电位面，并与混凝土主筋接通。

(2)沿建筑物的四角和四边竖起的杉槁脚手架或金属脚手架上，应布置数根避雷针，并直接接到接地装置上，使其保护全部施工面积。其保护角可按 60°计算，针长应至少高出杉槁 30 cm，以免接闪时燃烧木材。在雷雨季施工时，应随杉槁的接高，及时加高避雷针。

(3)施工用的起重机的最上端必须装设避雷针，并将起重机下部的钢架连接到接地装置上。接地装置应尽可能利用永久性接地系统。如水平移动的起重机，其四个轮轴足以起到压力接点的作用，须将其两条滑行用钢轨接到接地装置上。

(4)应确保施工现场正在绑扎钢筋的各层地面，构成一个等电位面，以避免遭受雷击时的跨步电压。室外引来的各种金属管道及电缆外皮，都要在进入建筑物的进口处，就近连接到接地装置上。

四、建筑防雷平面图

建筑防雷平面图是在屋面平面图的基础上绘制的。图中用图例符号表示避雷针、避雷带等接闪器的安装位置，引下线、接地装置的安装位置，说明接闪器、引下线及接地装置选用材料的尺寸以及对施工方法、接地电阻的要求等，这些作为安装时的依据。

五、常用供电系统及其接地形式

根据国际电工委员会(IEC)规定的各种保护方式、术语概念，低压配电系统按接地方式的不同分为三类，即 TT 方式供电系统、TN 方式供电系统、IT 方式供电系统。分述如下。

1. TT 方式供电系统

TT 方式供电系统是指将电气设备的金属外壳直接接地的保护系统，称为保护接地系统,也称为 TT 系统。第一个符号 T 表示电力系统中性点直接接地;第二个符号 T 表示负载设备外露不与带电体相接的金属导电部分与大地直接连接,而与系统如何接地无关。在 TT 系统中负载的所有接地均称为保护接地。

2. TN 方式供电系统

TN 方式供电系统是将电气设备的金属外壳与工作零线相接的保护系统,称作接零保护系统,简称为 TN 系统。TN 系统分为 TN-C 方式供电系统、TN-S 方式供电系统和 TN-C-S 方式供电系统。

(1)TN-C 方式供电系统(简称 TN-C 系统):它是用工作零线兼做接零保护线,可以称作保护中性线,可用 NPE 表示。

(2)TN-S 方式供电系统(简称 TN-S 系统):它是把工作零线 N 和专用保护线 PE 严格分开的供电系统,其接地形式如图 4-10 所示。

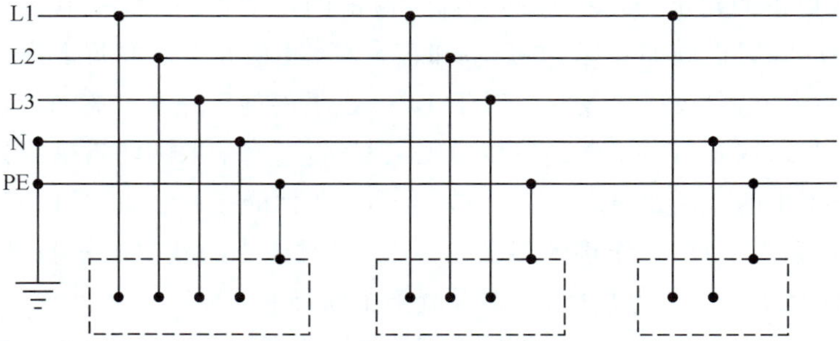

图 4-10 TN-S 方式供电系统接地形式(整个系统的工作零线和保护线是分开的)

(3)TN-C-S 方式供电系统(简称 TN-C-S 系统):民用建筑电气中常用,其接地形式如图 4-11 所示。

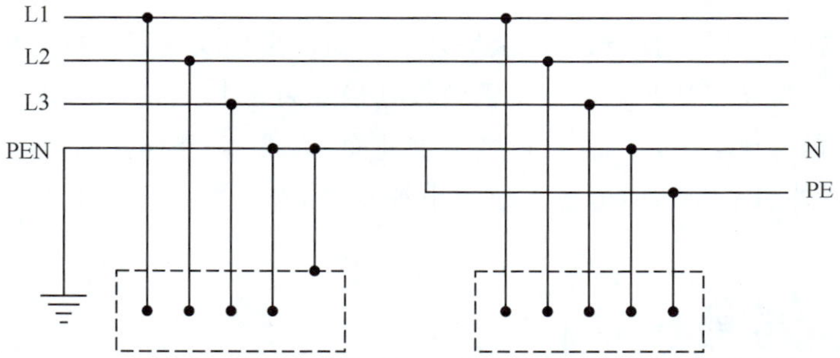

图 4-11 TN-C-S 方式供电系统接地形式(整个系统有一部分的工作零线和保护线是合一的)

3. IT 方式供电系统

IT 方式供电系统中,I 表示电源侧没有接地,或经过高阻抗接地。T 表示负载侧电气设备进行接地保护。

六、低压配电系统的等电位连接

在电气安全技术不断地发展和更新的进程中,人们认识到大量电气事故是由过大的电位差引起的,为防止这类电气事故的发生,IEC(国际电工委员会)标准把等电位连接作为电气装置最基本的保护,我国有关电气装置设计规范已将建筑物内做等电位连接规定为强制性的电气安全措施。

等电位连接是将建筑物中各电气装置和其他装置外露的金属及可导电部分、人工或自然接地体用导体连接起来，使整个建筑物的正常非带电导体处于电气连通状态，以达到减小电位差的目的。等电位连接的作用是使保护范围内的电位处在同一电位上，从而避免产生电位差发生的事故。具体分为：总等电位连接（MEB）、辅助等电位连接（SEB）和局部等电位连接（LEB）。

（1）总等电位连接做法是通过每一进线配电箱近旁的总等电位连接母排，将下列导电部分互相连通：进线配电箱的 PE（PEN）母线，公用设施的上下水、热力、煤气等金属管道，建筑物金属结构和接地。它的作用是降低建筑物内间接接触电，平衡不同金属部件间的电位差，并消除由建筑物外部经电气线路和各种金属管道引起的危险故障电压的危害。总等电位连接如图 4-12 所示。

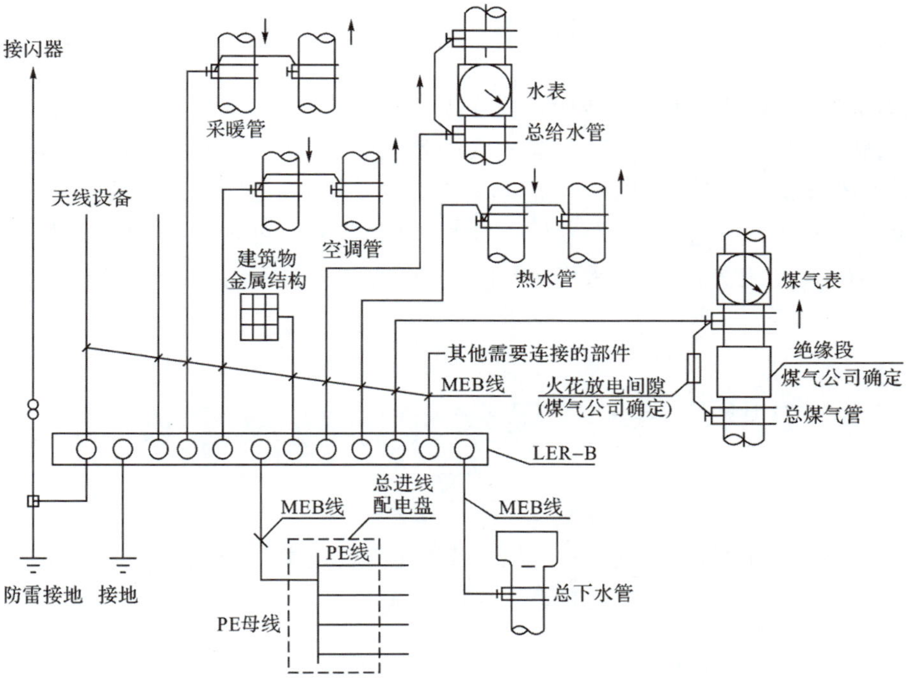

图 4-12　总等电位连接

（2）辅助等电位连接适用于伸臂范围内有可能出现危险电位差的情况。做法是将可同时接触的电气设备之间或电气设备与装置外可导电部分（如金属管道、金属结构件）之间直接用导体进行连接。

（3）局部等电位连接是将局部范围内通过局部等电位连接端子板，将金属管道、金属构件等连接起来，使局部的电位处在同一电位上，即使此电位高于地电位，在该范围内也不会产生电位差，从而避免发生电击事故。

七、触电的危害形式和安全电压

1. 触电的危害

触电是指电流通过人体而引起的病理、生理效应，触电分为电伤和电击两种伤害形式。

电伤是指电流对人体表面的伤害，它往往不危及生命安全；而电击是指电流通过人体内部直接造成对内部组织的伤害，它是更为危险的伤害形式，往往导致严重的后果。电击又可分为直接接触电击和间接接触电击。

(1)直接接触电击

直接接触电击是指人体直接接触电气设备或电气线路的带电部分而遭受的电击。它的特征是人体接触电压，即为带电体的电压；人体触及带电体所形成的接地故障电流即为人体的触电电流。直接接触电击带来的危害最为严重，所形成的人体触电电流总是远大于引起心室颤动的极限电流。

(2)间接接触电击

间接接触电击是指电气设备或是电气线路绝缘损坏发生单相接地故障时，其外露部分存在对地故障电压，人体接触此外露部分而遭受的电击。它主要是由于接触电压而导致人身伤亡的。

2. 安全电压

我们常把 36 V 及以下的电压叫作安全电压。人体通过 5 mA 以下的电流时，只产生“麻电”的感觉，没有危险。而人的干燥皮肤电阻一般在 10 000 Ω 欧以上，在 36 V 的电压下，通过人体的电流在 5 mA 以下。所以，一般来说 36 V 的电压对人体是安全的。但应注意，在潮湿的环境里，安全电压值应低于 36 V。因为在这种环境下，人体皮肤的电阻变小，通过人体的电流值变大，此时应采用更低的 24 V 或 12 V 电压才安全。

第四节　常用导线和电缆及敷设方式

在建筑电气配电线路中，使用的导线主要是电线和电缆，为便于识读建筑电气施工图，这里对建筑中常用的导线、电缆及敷设方式做一简介。

一、常用导线、电缆

1. 导线、电缆常用导体材料

铜(T)：导电性能好，机械性能优于铝，价格较高。

铝(L)：载流量相同时，截面面积约为铜导体的 1.5 倍；同电阻值的情况下铝的质量约为铜的一半，延展性好，便于加工安装，价格便宜。

钢(G)：机械强度高，价格相对其他导体材料较低，多用于接地干线及接地体。

锡：导电性能不及铜、铝，但熔点较低，抗氧化能力强。多作为导体连接处的焊接材料。

建筑室内穿管暗敷设的导线一般用铜芯线，重要的电源等不应使用铝芯线。

2. 导线、电缆的绝缘材料

聚氯乙烯(PVC，在线缆的标注中简写为 V，也称为塑料)：聚氯乙烯线缆制造工艺简便，线芯长期允许工作温度为 70 ℃。其优点包括没有敷设高差限制，质量轻，弯曲性能好，接头制作简便；耐油、耐酸、耐腐蚀，价格低。但绝缘强度较差，重要负荷不宜使用，气候适应性能差，适用温度范围为－15～60 ℃，低温时变硬发脆，高温或日光照射下，增塑剂易挥发而导致绝缘加速老化。虽然有一定的阻燃性，但燃烧时会释放出有毒气体。所以塑料线不宜在室外敷设，一般用于室内明敷设或暗敷设。

橡皮(X)：长期允许工作温度为 60 ℃，耐寒、柔软，其改进型氯丁橡皮(XF)现多用于室外场所的线路敷设。

交联聚乙烯(YJ)：线芯长期允许工作温度为 90～135 ℃，其余性能优于聚氯乙烯，价格较聚氯乙烯要贵，普通交联聚乙烯没有阻燃性，但燃烧时不会产生有毒气体，经过一定技术手段，可使其具备一定的阻燃性能。交联聚乙烯一般作为电力电缆的绝缘材料。

3. 常用的电线电缆类型

(1)裸导线

裸导线就是导线外面没有覆盖绝缘层的导线。常用的有铜绞线 TJ[图 4-13(a)]、铝绞线 LJ[图 4-13(b)]，以及为了增加抗拉力，在一些铝绞线中加几股钢绞线的钢芯铝绞线 LGJ。裸导线因为没有外皮，有利于散热，一般用于野外的高压线架设。同样因为裸导线没有绝缘外皮，在人口稠密地区使用可能会引发事故，在有条件的城市，已经逐步将架空的高压线替换为绝缘线，或将其转入地下电缆。

(2)绝缘导线电缆

在导线外围均匀而密封地包裹一层不导电的绝缘材料，如树脂、塑料、硅橡胶、PVC 等，形成绝缘层，防止导电体与外界接触造成漏电、短路、触电等事故发生的电线叫作绝缘导线，它的种类很多，根据用途和导线结构分类，常用的主要有以下几种：

BX——单铜芯聚氯乙烯普通绝缘电线，无护套线，如图 4-13(c)所示。适用于交流额定电压 450 V/750 V 以下的户外架空固定敷设。电线的长期允许工作温度不超过70 ℃，辐射最低温度不低于 －20 ℃。

BV——单铜芯聚氯乙烯普通绝缘电线，无护套线，如图 4-14(a)所示。适用于交流电压 450 V/750 V 及以下的动力装置、日用电器、仪表及电信设备用的电线电缆。

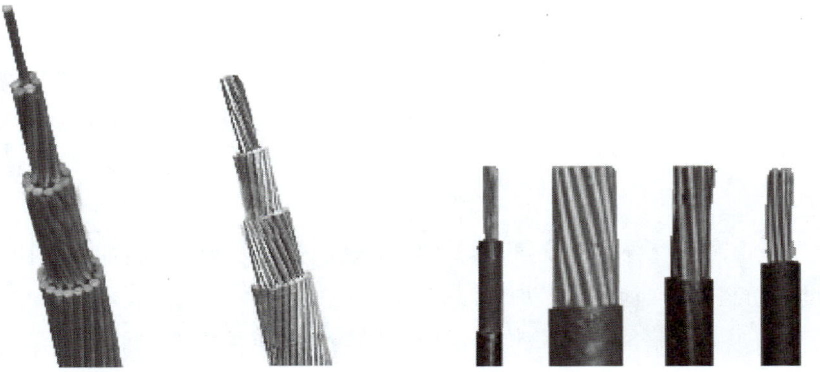

(a) TJ (b) LJ (c) BX

图 4-13 TJ、LJ、BX 线缆

BVR——聚氯乙烯绝缘，铜芯(软)布电线，简称软线，如图 4-14(b)所示。由于电线比较柔软，常常用于电力拖动中和电机的连接以及电线常有轻微移动的场合。

BVV——铜芯聚氯乙烯绝缘聚氯乙烯圆形护套电缆，铜芯(硬)布电线，如图 4-14(c)所示。常常简称护套线，单芯的是圆的，双芯的就是扁的，常常用于明装电线。

BVVB——铜芯聚氯乙烯绝缘聚氯乙烯扁形护套电缆，如图 4-14(d)所示。适用于要求机械防护较高、潮湿等场合，可明敷或暗敷。

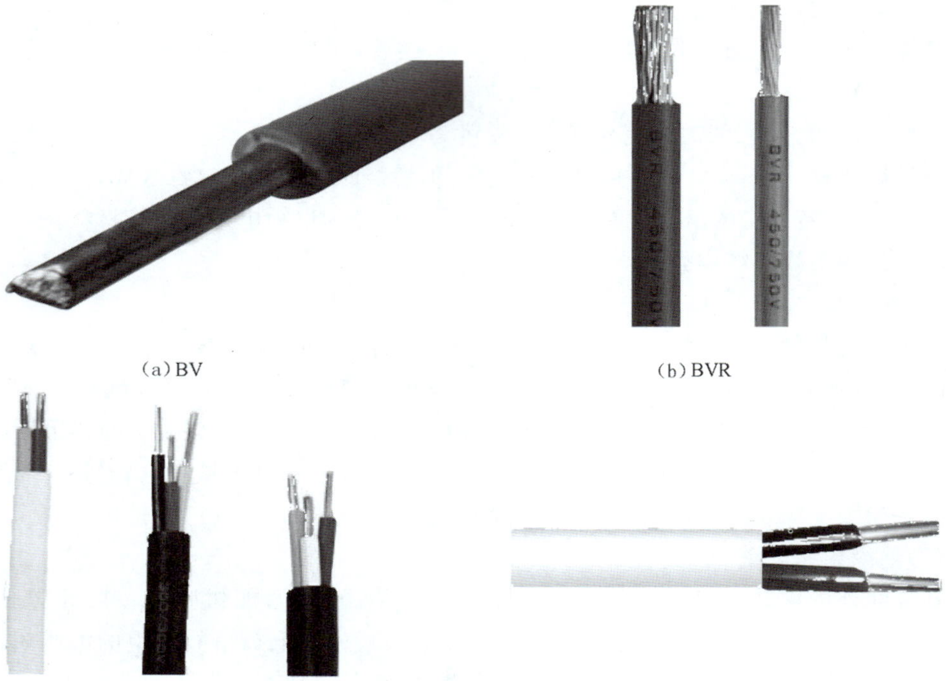

(a) BV (b) BVR (c) BVV (d) BVVB

图 4-14 BV、BVR、BVV、BVVB 线缆

SYV——实心聚乙烯绝缘射频同轴电缆，如图 4-15(a)所示。适用于闭路监控及有线电视工程。

RG——物理发泡聚乙烯绝缘电缆，常用于同轴光纤混合网(HFC)中传输数据模拟信号。

SYWV——物理发泡聚乙烯绝缘有线电视系统电缆，视频(射频)同轴电缆(SYV、SYWV、SYFV)，如图 4-15(b)所示。适用于闭路监控及有线电视工程。

SYWV 专用电缆结构：(同轴电缆)单根无氧圆铜线—物理发泡聚乙烯(绝缘)—(锡丝铝)—聚氯乙烯(聚乙烯)。

RVVP——软铜芯绞合圆形聚氯乙烯绝缘聚氯乙烯护套软电线，如图4-15(c)所示。适用于楼宇对讲、防盗报警、消防、自动抄表等工程。

BVVP——硬铜芯扁平型 PVC 绝缘 PVC 护套，铜网屏蔽电线，如图 4-15(d)所示。

RVS——铜芯聚氯乙烯绝缘绞型连接软电线，如图 4-15(e)所示。常用于家用电器、小型电动工具、仪器仪表、控制系统、广播音响、消防、照明及控制用线。

(3)其他常用电缆

VV(VLV)——铜(铝)芯聚氯乙烯绝缘聚氯乙烯护套电力线缆，如图 4-16(a)所示。适用于敷设在室内、隧道及沟管中，不能承受机械外力的作用，不可直接埋地敷设。

VV22(VLV22)、YJV22(YJLV22)——铠装电缆，其由不同的材料导体装在有绝缘材

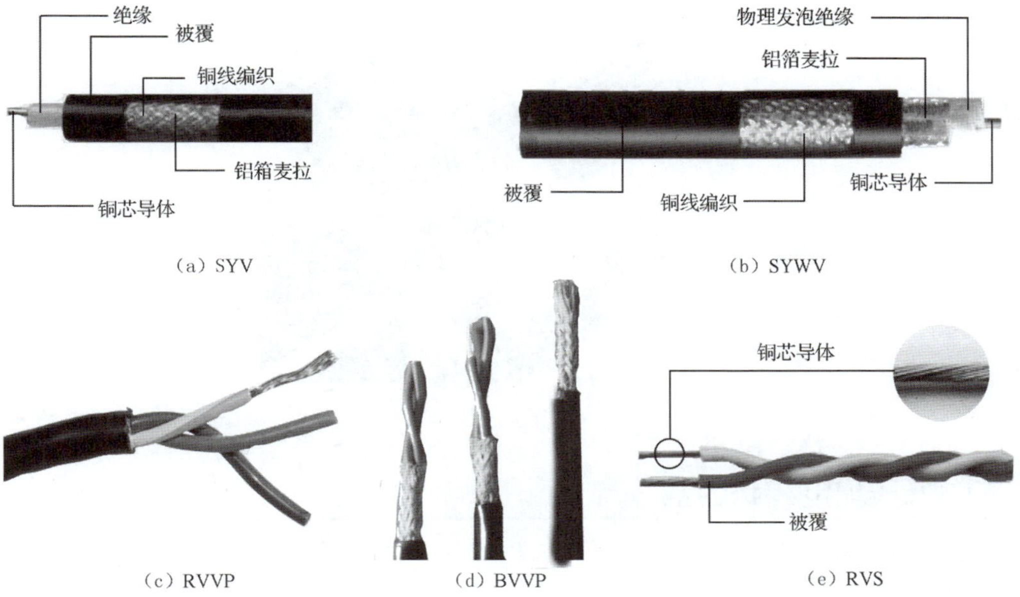

图 4-15 SYV、SYWV、RVVP、BVVP、RVS 线缆

料的金属套管中，加工成可弯曲的坚实组合体。铠装电缆机械保护层可以加到任何结构的电缆上，以增加电缆的机械强度、抗拉强度、抗压强度，提高防侵蚀能力，还可以延长使用寿命。铠装的电缆有一定的抗外力性能，可以提防老鼠撕咬，而且铠装电缆的弯曲半径大，可用于动力线传输电能和室外直埋敷设。

KVV——聚氯乙烯绝缘聚氯乙烯护套控制电缆，如图 4-16(b)所示。适用于额定电压 450 V/750 V 及以下或 0.6 kV/1 kV 及以下控制、信号、保护及测量系统接线之用。

KVV22——铜芯聚氯乙烯绝缘聚氯乙烯护套钢带铠装控制电缆，如图 4-16(c)所示，相较于 KVV，能承受较大机械外力。

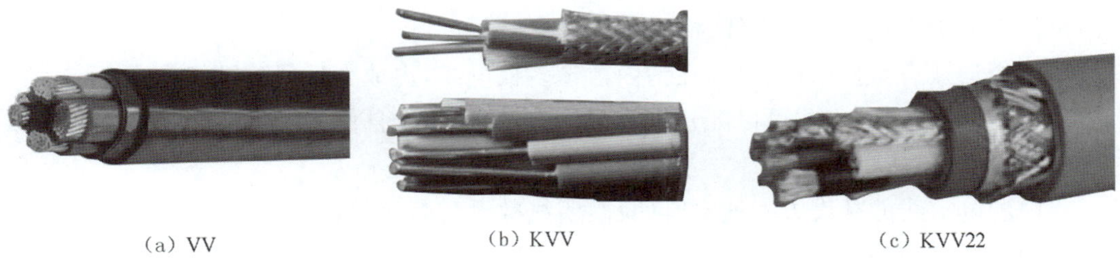

图 4-16 VV、KVV、KVV22 线缆

SYA——通信电缆，由多根互相绝缘的导线或导体构成缆芯，外部具有密封护套的通信线路，可传输电话、电报、数据和图像等，如图 4-17 所示。适用于市内、近郊及局部地区架空或管道敷设线路中，也可直埋。

图 4-17　SYA 电缆

二、低压配电线路的敷设方式

1. 户外配电线路

(1)架空线路

架空线路主要由电杆、横担、绝缘子(瓷瓶)、导线等组成。架空线路主要有电杆架空和沿墙架空两种形式。

架空线路的特点是设备材料简单,成本低,维修方便,容易发生故障,易受环境影响,供电可靠性较差。

(2)电缆线路

电缆线路的特点是不受外界影响,供电可靠性高,供电容量可以较大,美观,成本高。电缆线路的敷设方式主要有直接埋地、电缆桥架敷设、电缆沟敷设和沿墙敷设等几种。

①直接埋地:直接埋地方式投资少,散热好,但不方便检修,易受外界机械损伤和水土侵蚀。

②电缆桥架敷设:户内外均可使用电缆桥架敷设方式,这种方式整齐美观,便于维护,槽内可使用廉价无铠装全塑电缆。

③电缆沟敷设:这种方式可以在沟内敷设多根电缆,占地少且便于维修。

④沿墙敷设:这种方式可以在建筑物墙面敷设,占地少且便于维修。

2. 室内配电线路

室内配电支线的敷设方式通常有两种:明线敷设与暗线敷设。

(1)明线敷设

明线敷设就是把导线沿建筑物的墙面或天花板表面、桁架、柱等外表面敷设,导线裸露在外。这种敷设方式的优点是工程造价低,施工方便,容易维修;缺点是容易因腐蚀和机械损伤而发生事故,且影响美观。明线敷设主要用于建筑物电气改造。

明线敷设的方式有瓷夹板敷设、瓷柱敷设、槽板敷设、铝皮卡钉敷设、穿管明敷设、在线槽内敷设、在桥架内敷设等。

(2)暗线敷设

暗线敷设就是将管(焊接钢管、硬塑料管)预先埋入墙内、楼板内或顶棚内,然后再将导线传入管内。这种敷设方式的优点是不影响室内美观,能防止导线受到腐蚀和机械损伤。

其缺点是安装费用高，使用过程中检修比较困难。暗线敷设主要适用于装饰要求较高及一些特殊（如潮湿、易引起火灾）场所。

暗线敷设一般用穿钢管、PVC 阻燃硬塑料管、半硬塑料管、波纹塑料管等材料。其中，半硬塑料管具有良好的可挠性和阻燃性，硬度高，施工方便，现采用较多。

暗线敷设应注意以下几点：

①钢管弯曲直径不得小于该管径的 6 倍，钢管弯曲的角度不得小于 90°。

②管内所穿导线的总面积不得超过管内截面的 40%，为防止管内过热，在同一根管内，导线数目不得超过 8 根。

③管内导线不允许有接头和拧接现象，所有导线的接头和分支都应在接线盒内进行。

④考虑到安全因素，全部钢管应可靠地接地，安装完毕后，必须用兆欧表检查绝缘电阻是否合格。

第五节 民用建筑常用电气设备

建筑电气设备包括创造环境的设备、追求方便性的设备、增强安全性的设备、提高控制性的设备。其中创造环境的设备是指创造光环境、温度环境、湿度环境、空气环境和声音环境的设备，其作用是保证人们在建筑物内进行正常的工作、生活，创造一个满足人的基本生活要求的环境。下面介绍常见的民用建筑常用电气设备。

一、高压电气一次设备

变电所中，承担传输和分配电能到各用电场所的配电线路称为一次电路或主电路。一次电路中所用电气设备称为一次设备。

1. 电力变压器

变配电系统中使用的变压器是三相电力变压器。由于电力变压器容量大，工作温升高，因此要采用不同结构方式加强散热。电力变压器按照散热方式可分为油浸式和干式两大类。电力变压器容量有 100 kV·A、125 kV·A、160 kV·A、250 kV·A、315 kV·A、400 kV·A、500 kV·A、630 kV·A、800 kV·A、1 000 kV·A、1 250 kV·A、1 600 kV·A、2 000 kV·A 等。

（1）油浸式电力变压器

油浸式电力变压器把绕组和铁芯浸泡在油中，用油作为介质散热，是工矿企业与民用建筑供配电系统中的重要设备之一，它将 10(6)kV 或 35 kV 网络电压降至用户使用的 230 V/400 V 母线电压。由于维护、安全等原因，目前民用建筑中，油浸式电力变压器已很少被采用，油浸式电力变压器如图 4-18 所示。

（2）干式电力变压器

干式电力变压器是把绕组和铁芯置于空气（或 SF_6 气体）中，依靠空气对流进行冷却。干式电力变压器具有无油、难燃、无污染、智能化、损耗低、安全防爆、免维护、体积小、重量轻、可直接深入负荷中心进行供电的特点，可广泛用于商业中心、高层建筑、机场、港口、油库、指挥中心等重要场所。干式电力变压器如图 4-19 所示。

图 4-18　10 kV 级 S9 系列油浸式电力变压器

图 4-19　SC(B)10 系列干式电力变压器

2. 高压断路器

高压断路器是在正常或故障情况下接通或断开高压电路的专用电器，是高压电路中的重要电器元件之一。断路器用于在正常运行时接通或断开电路，故障情况下在继电保护装置的作用下迅速断开电路，特殊情况（如自动重合到故障线路上时）下可靠地接通短路电流。高压断路器的开断容量可以在制造过程中做得很高。主要是依靠加电流互感器配合二次设备来保护。

高压断路器的主要结构包括导流部分、灭弧部分、绝缘部分、操作机构部分。

高压断路器的主要类型：按灭弧介质分为油断路器、空气断路器、真空断路器（图 4-20）、六氟化硫断路器、固体产气断路器和磁吹断路器。

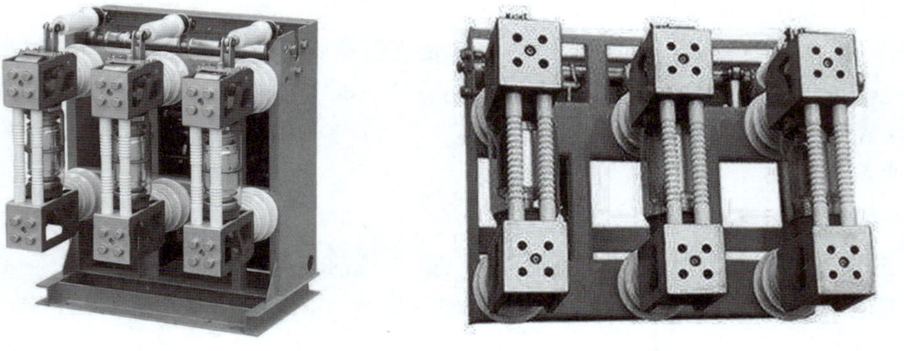

图 4-20　ZN28-12/1250 型高压真空断路器

高压断路器的作用如下：

(1)控制作用

根据电力系统运行的需要，它能够将部分或全部电气设备及部分或全部线路投入或退出运行。

(2)保护作用

当电力系统某一部分发生故障时，它和保护装置、自动装置相配合，将该故障部分从系统中迅速切除，减小停电范围，防止事故扩大，保护系统中各类电气设备不受损坏，保证系统无故障部分安全运行。

3. 高压隔离开关

高压隔离开关的主要功能是保证高压电器及装置在检修工作时的安全，起隔离高压电源的作用，它是发电厂和变电站电气系统中重要的开关电器，需要与高压断路器配套使用。隔离开关没有灭弧装置，不能用于切断、投入负荷电流和开断短路电流，仅可用于不产生强大电弧的某些切换操作。此外，在高压成套配电装置中，隔离开关常用作电压互感器、避雷器、配电所用变压器及计量柜的高压控制电器。

高压隔离开关按安装地点不同分为户内式(图 4-21)和户外式(图 4-22)；按绝缘支柱数目分为单柱式、双柱式和三柱式。户外式包括单极开关及三极隔离开关，常用作把供电线路与用户分开的第一断路隔离开关；户内式往往与高压断路器串联，二者配套使用，以保证停电的可靠性。

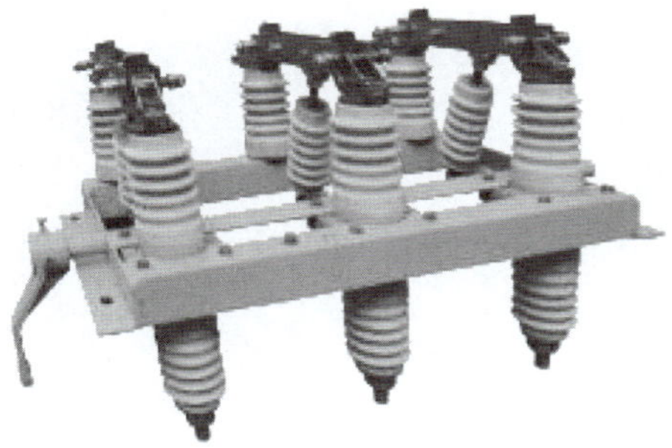

图 4-21　GN19-10 型高压户内式隔离开关

图 4-22　GW4-12GD/1250A 型高压户外式隔离开关

高压隔离开关的主要结构大体分为以下部分：

(1)导电部分

导电部分由一条弯成直角的铜板构成静触头，其有孔的一端可通过螺钉与母线相连接；另一端较短，合闸时它与动刀片(动触头)相接触。

(2)绝缘部分

动、静触头分别固定在两套支持瓷瓶上。对型号中带“C”的，动触头固定在套管瓷瓶上。为了使动触头与金属的、接地的传动部分绝缘，该部分应采用瓷质绝缘的拉杆绝缘子。

(3)传动部分

传动部分有主轴、拐臂、拉杆绝缘子等。

(4)底座部分

底座部分由钢架组成，支柱瓷瓶或套管瓷瓶及传动主轴都固定在底座上。底座应接地。

总之，隔离开关结构简单，无灭弧装置，处于断开位置时有明显的断开点，其分合状态很直观。

4. 高压负荷开关

高压负荷开关是一种功能介于高压熔断器和高压隔离开关之间的电器，高压负荷开关常与高压熔断器串联，二者配合使用，用于控制电力变压器。高压负荷开关具有简单的灭弧装置，能通断一定的负荷电流和过负荷电流。但是它不能断开短路电流，所以它一般与高压熔断器串联使用，借助熔断器来进行短路保护，如图 4-23、图 4-24 所示。

图 4-23　FKN12-12DR 型高压负荷开关

图 4-24　FKN18-12 型高压负荷开关

（1）高压负荷开关的特点

①可以隔离电源，有明显的断开点，多用于固定式高压设备。

②具有灭弧装置和一定的分合闸速度，在合闸状态下可以通过正常工作电流和规定的短路电路。

③严禁带负荷接通和断开电路，常与高压熔断器串联使用（功能接近于高压断路器，可以简化配电装置及继电保护，降低设备成本）。

（2）高压负荷开关、高压隔离开关和高压断路器的区别

①高压负荷开关是可以带负荷分断的，有自灭弧功能，但它的开断容量有限。

②高压隔离开关通常不能带负荷分断（除非特殊设计），结构相对简单，没有灭弧罩。

③高压负荷开关和高压隔离开关，都可以形成明显断开点，大部分高压断路器不具有隔离功能。

④高压隔离开关不具备保护功能，高压负荷开关的保护一般是加熔断器保护，只有速断和过流。

⑤高压断路器具有极高的开断容量。其依靠配置电流互感器配合二次设备可实现短路保护、过载保护、漏电保护等功能。

5. 高压熔断器

高压熔断器是最简单的保护电器，用于保护电气设备免受过载和短路电流的损害。根据安装条件及用途的不同，可选择不同类型的高压熔断器，如户外式（图 4-25）、户内式，对于一些专用设备的高压熔断器，应选专用系列。

高压熔断器结构一般包括熔断管、接触导电部分、支持绝缘子和底座等部分，熔断管中

填充用于灭弧的石英砂细粒。熔件是由熔点较低的金属材料制成的金属丝或金属片，它们串联在被保护电路中。当电路或电路中的设备过载或发生故障时，熔件发热而熔化，从而切断电路，达到保护电路或设备的目的。

一般用到的户外式高压熔断器主要指跌落式高压熔断器，用于保护输电线路和配电变压器。跌落式高压熔断器由固定的支架和活动的熔断管组成，熔断管（熔体管）由树脂层卷纸板制成，中间衬以石棉。熔丝两端各压接一段连接用的编织铜绞线，它穿过熔断管，用螺钉固定在上、下两端的动触头上，可动的上触头被熔丝拉紧固定，并被上静触头上的“鸭嘴”中的凸撑卡住，熔断器处于“通路”位置，熔丝熔断时，熔断管内产生电弧，熔断管内壁在电弧作用下产生大量气体，气体高速向外喷出，产生强烈的去游离作用，在电流过零时将电弧熄灭。同时，熔丝熔断以后，熔断管上的上触头松脱，由于熔断管的自重而从上静触头的“鸭嘴”中滑脱，迅速跌落。

6. 互感器

（1）电流互感器

电流互感器的主要作用是将交流电路中的大电流转换为一定比例的小电流（我国标准为 5 A），以供测量和继电保护用。在发电、变电、输电、配电过程中由于用电设备的不同，电流往往从几十安到几万安都有，而且这些电路还可能伴随高电压。为了能够对这些电路进行监控、测量，同时又解决高电压、高电流带来的危险，就需要电流互感器。电工常用的钳形表就是一种利用穿心式电流互感器来测量交流电流的设备，如图 4-26 所示。

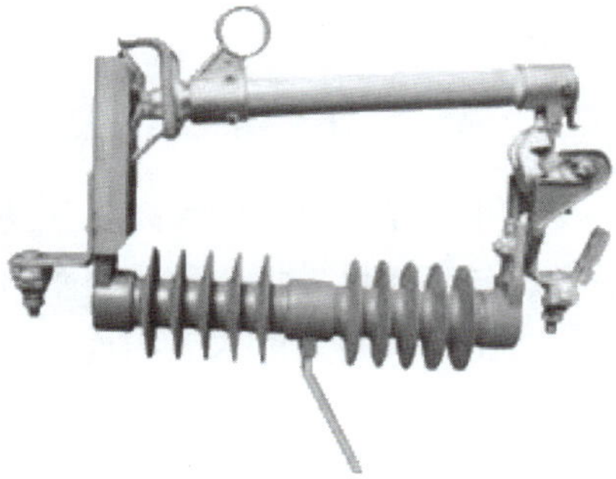

图 4-25 RW12-15/200A 型户外式高压熔断器

图 4-26 LZZB9-35 电流互感器

电流互感器的外形和原理如图 4-27 所示，可用它扩大交流电流表的量程。在使用时，它的原线圈应与待测电流的负载线路相串联，副边线圈则与电流表串接成闭合回路。

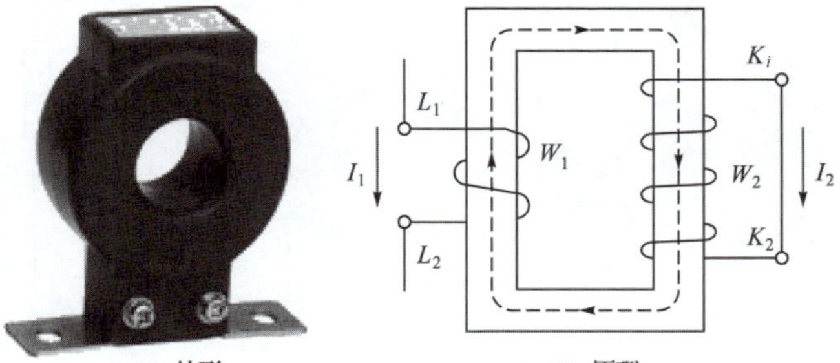

(a) 外形　(b) 原理

图 4-27 电流互感器的外形和原理

电流互感器的原线圈用粗导线绕成，其匝数只有一匝或几匝，因而它的阻抗极小。原线圈串接在待测电路中时，它两端的电压降极小。副线圈的匝数虽多，但在正常情况下，它的电动势 E_2 并不高，只有几伏。

由于 $I_1/I_2=K_i$（K_i 称为变流比），所以 $I_1=K_iI_2$。

由此可见，通过负载的电流就等于副边线圈所测得的电流与变流比的乘积。如果电流表同一只专用的电流互感器配套使用，则这只安培表的刻度就可按大电流电路中的电流值标出。电流互感器次级电流最大值通常设计为标准值 5 A。不同电流的电路所配用的电流互感器是不同的，其变流比有 10/5、20/5、30/5、50/5、75/5、100/5 等。

为了安全起见，电流互感器副线圈的一端和铁壳必须接地，如图 4-28 所示。

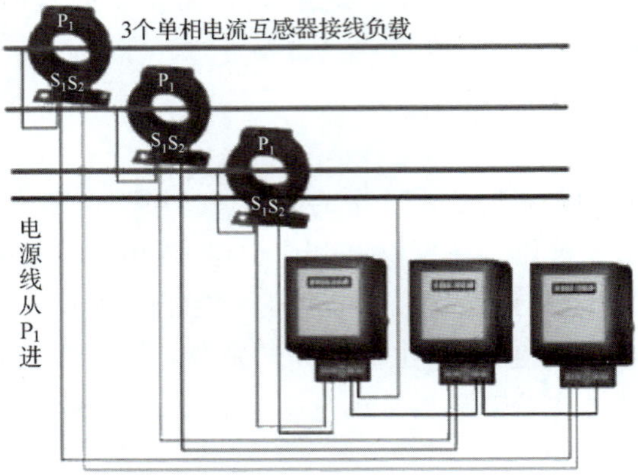

图 4-28　电流互感器接线

P_1—电源侧；S_1—二次侧正极；S_2—二次侧负极

（2）电压互感器

如图 4-29 所示的电压互感器的作用是扩大交流电压表的量程，将高电压与电气工作人员隔离。其工作原理与普通变压器空载情况相似。使用时，应把匝数较多的高压绕组跨接至需要测量其电压的供电线路上，而匝数较少的低压绕组则与电压表相连，如图 4-29(b)所示。

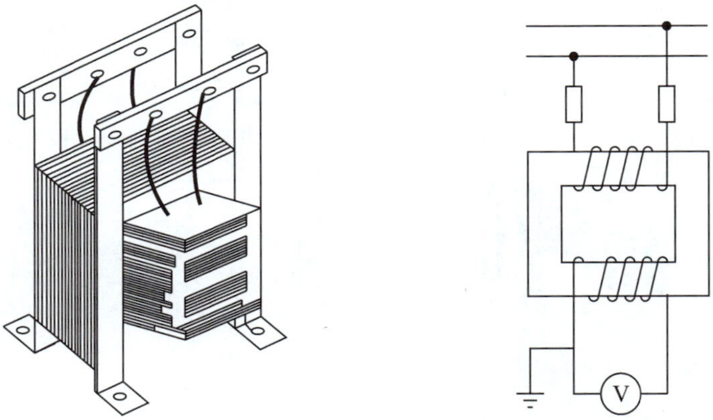

(a)　(b)

图 4-29　电压互感器接线

因为 $U_1/U_2=K_u$，所以 $U_1=K_uU_2$，由此可见高压线路的电压等于副边所测得的电压与变压比的乘积，当电压表同一只专用的电压互感器配套使用时，伏特表的刻度就可以按电压互感器高压侧的电压值标出，这样就可不必经过换算，而直接从该电压表上读出高压线路的电压值。电压互感器实物如图 4-30、图 4-31 所示。

图 4-30　JDZW-10(R)全封闭型带熔断管电压互感器

图 4-31　JDZ-10 电压互感器

电压互感器副边线绕组的额定电压通常均设计同一标准值，即 100 V。因此，在不同电压等级的电路中所用的电压互感器，其变压比是不同的，例如 1 000/100、600/100 等。

为了工作安全，电压互感器的铁壳机副边绕组的一端必须接地，以防高、低压线圈间绝缘损坏时，使低压线圈的测量仪表对地产生一个高电压，危及工作人员的人身安全。

7. 防雷器

防雷器按额定电压不同分为高压防雷器和低压防雷器。高压防雷器额定电压为 500 kV、220 kV、110 kV、66 kV、35 kV、10 kV、6 kV、3 kV、1 kV，低压防雷器额定电压为 0.5 kV、0.38 kV、0.22 kV。高压防雷器又称为高压避雷器，低压防雷器又称为浪涌保护器、电涌保护器、过电压保护器。

防雷器的功能是保护电力系统中各种电气设备免受雷电过电压、操作过电压、工频暂态过电压冲击而损坏。防雷器按功能不同分为保护间隙防雷器、阀型防雷器和氧化锌防雷器。保护间隙防雷器主要用于限制大气过电压，一般用于配电系统、线路和变电所进线段的保护。阀型防雷器与氧化锌防雷器用于变电所和发电厂的保护，在 500 kV 及以下系统主要用于限制大气过电压，在超高压系统中还将用来限制内过电压或用作内过电压的后备保护。防雷器中的雷电能量吸收通过氧化锌压敏电阻和气体放电管来完成，如图 4-32 所示。

(a) 户内、外用高压氧化锌防雷器　　(b) 户内、外用低压氧化锌防雷器

图 4-32　防雷器

8. 高压开关柜

高压开关柜又称成套开关或成套配电装置，它是以断路器为主的电气设备，是指生产厂家根据电气一次主接线图的要求，将有关的高、低压电器(包括控制电器、保护电器、测量电器)以及母线、载流导体、绝缘子等装配在封闭的或敞开的金属柜体内，作为电力系统中接受和分配电能的装置。

高压开关设备则是一个总称，它涵盖了用于发电、输电、配电和电能转换的高压开关，以及和控制、测量、保护装置、电气连接(母线)、外壳、支持件等组成部分。高压开关柜作为其中的一种，应满足《3.6 kV～40.5 kV 交流金属封闭开关设备和控制设备》(GB/T 3906—2020)标准的有关要求，其由柜体和断路器两大部分组成，具有架空进出线、电缆进出线、母线联络等功能。柜体由壳体、电气元件(包括绝缘件)、各种机构、二次端子及连线等组成。

高压开关柜防护要求中的"五防"：防止误分误合断路器；防止带电分合隔离开关；防止带电合接地开关；防止带接地分合断路器；防止误入带电间。

高压开关柜按断路器安装方式分为移开式(手车式)和固定式，其主要型号及含义见表 4-2。

(1)移开式或手车式(用 Y 表示)

该方式表示柜内的主要电气元件(如断路器)是安装在可抽出的手车。由于手车柜有很好的互换性，因此可以大大提高供电的可靠性。常用的手车类型有隔离手车、计量手车、断路器手车、PT 手车、电容器手车和所用变手车等。

(2)固定式(用 G 表示)

该方式表示柜内所有的电气元件(如断路器或负荷开关等)均为固定式安装的，固定式开关柜较为简单经济，如 XGN2-10。

表 4-2　　高压开关柜主要型号及含义

型号	含义
JTN2-10,35	J—间隔式金属封闭；T—移开式；N—户内；2—设计序号；10,35—额定电压(kV)
GFC-7B(F)	G—固定式；F—封闭式；C—手车式；7B—设计序号；(F)—防误型
KYN-10,35	K—金属铠装；Y—移开式；N—户内；10,35—额定电压(kV)
KGN-10	K—金属铠装；G—固定式；N—户内；10—额定电压(kV)
XGN2-10	X—箱型开关柜；G—固定式；N—户内；2—设计序号；10—额定电压(kV)
HXGN-12Z	H—环网柜；X—箱型开关柜；G—固定式；N—户内；12—最高工作电压为 12 kV；Z—带真空负荷开关
GR-1	G—固定式；R—电容器；1—设计序号
PJ1	PJ—电能计量柜；1—(整体式)仪表安装方式

二、低压电气一次设备

1. 低压断路器

低压断路器也称为自动空气开关，可用来接通和分断负载电路，也可用来控制不频繁启动的电动机。它的功能相当于闸刀开关、过电流继电器、失压继电器、热继电器及漏电保护器等电气部分或全部的功能总和，是低压配电网中一种重要的保护电器，而且在分断故障电流后一般不需要变更零部件。目前，低压断路器已获得了广泛的应用。

低压断路器具有保护功能多（过载、短路、欠电压保护等）、动作值可调、分断能力高、操作方便、安全等优点，因此被广泛应用。

低压断路器一般由触头系统、灭弧系统、操作机构、脱扣器、外壳等构成。低压断路器的主触点靠手动操作或电动合闸。主触点闭合后，自由脱扣机构将主触点锁在合闸位置。过电流脱扣器的线圈和热脱扣器的热元件与主电路串联，欠电压脱扣器的线圈和电源并联。当电路发生短路或严重过载时，过电流脱扣器的衔铁吸合，使自由脱扣机构动作，主触点断开主电路。当电路过载时，热脱扣器的热元件会发热使双金属片上弯曲，推动自由脱扣机构动作。当电路欠电压时，欠电压脱扣器的衔铁释放，也使自由脱扣机构动作。分励脱扣器则用于远距离控制，在正常工作时，其线圈是断电的，在需要远距离控制时，按下按钮，使线圈通电。低压断路器的工作原理如图 4-33 所示。

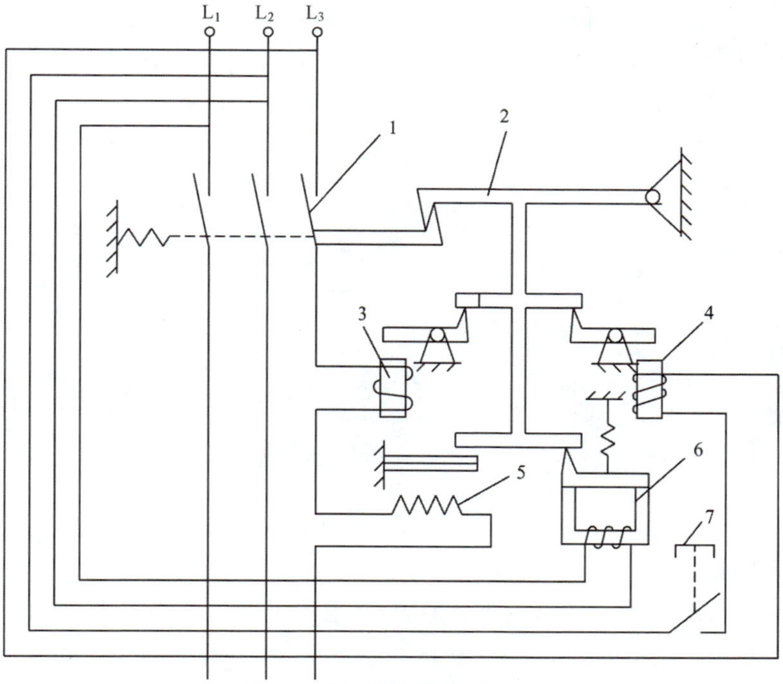

图 4-33　低压断路器的工作原理

1—主触点；2—自由脱扣机构；3—过电流脱扣器；4—分励脱扣器；5—热脱扣器；6—欠电压脱扣器；7—按钮

小型低压断路器（Miniature Circuit Breaker）又称为微型断路器（Micro Circuit Breaker），适用于交流 50 Hz/60 Hz、额定电压 230 V/400 V、额定电流 63 A 线路的过载和短路保护，也可以在正常情况下用于线路的不频繁操作转换。

(1)小型低压断路器参数

①额定工作电压(U_e):AC 230 V/400 V(1P)、400 V(2P,3P,4P)。

②额定绝缘电压(U_i):600 V。

③额定冲击耐受电压(U_{imp}): 4 kV 。

④额定电流(I_n):1 A、3 A、6 A、10 A、16 A、20 A、25 A、32 A、40 A、50 A、63 A 。

⑤额定短路分断能力(I_{cn}):6～40 A,6 000 A;50～63 A,4 500 A。

⑥运行短路分断能力(I_{cs}):6～40 A,6 000 A;50～63 A,4 500 A。

⑦极数:单极(1P);二极(2P);三极(3P);四极(4P)。

⑧瞬时脱扣类型:C 型($5I_n$～$10I_n$);D 型($10I_n$～$16I_n$)。

⑨基准环境温度:30 ℃。

⑩栅格距离:6～40 A,50 mm;50～63 A,45 mm。

⑪外壳防护等级:IP20。

⑫寿命:电气寿命,不低于 4 000 次;机械寿命,不低于 20 000 次。

(2)小型低压断路器的组成

①可分断的接触连接。它由固定触头和可动触头组成。

②带动触头的传动装置。

③灭弧设备。

小型低压断路器具有结构先进、性能可靠、分断能力强、外形美观小巧等特点,主要用于交流 50 Hz 或 60 Hz,额定电压 400 V 以下,额定工作电流 63 A 以下的场所。它适用于办公楼、住宅和类似的建筑物的照明、配电线路及设备的过载和短路保护,亦适用于线路不频繁的通断操作与转换。其主要应用于工业、商业、高层和民用住宅等各种场所,如图 4-34 所示。

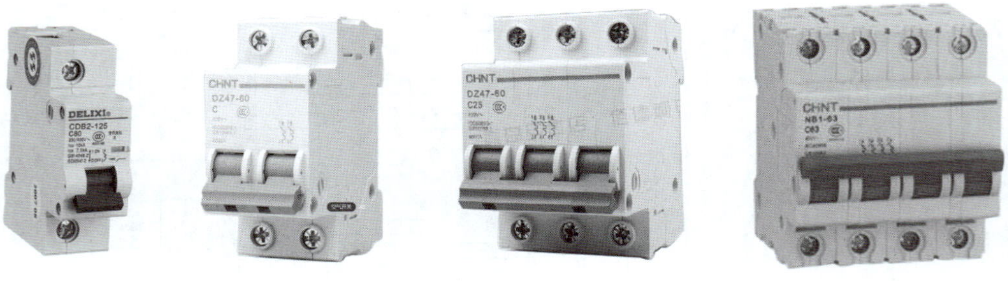

图 4-34 小型低压断路器

2. 漏电保护器

如图 4-35 所示为漏电保护器的工作原理,漏电保护器在一个铁芯上有两个绕组:一个输入电流绕组和一个输出电流绕组,当正常工作无漏电时电路中除了工作电流外没有漏电流通过漏电保护器,此时流过零序电流互感器(检测互感器)的电流大小相等、方向相反且总和为零,互感器铁芯中感应磁通也等于零,二次绕组无输出,自动开关保持在接通状态,漏电保护器正常运行。当被保护电器与线路发生漏电或有人触电时,漏电保护器就会产生接地故障电流,使流过检测互感器内的电流量和不为零,互感器铁芯中感应出磁通,其二次绕组有感应电流产生,经放大后输出,使漏电脱扣器动作推动自动开关跳闸,达到漏电保护的目的。

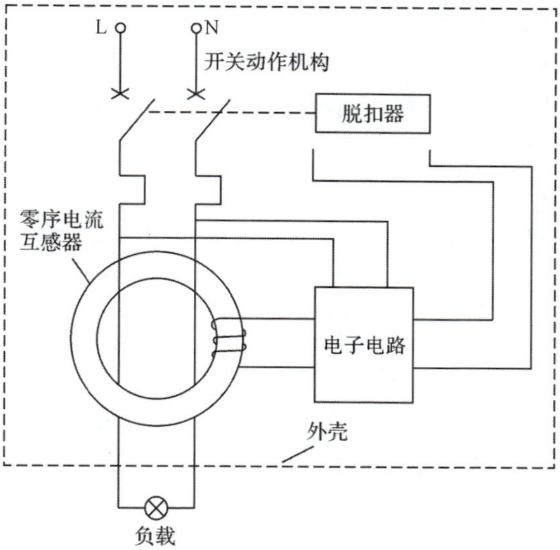

图 4-35　漏电保护器的工作原理

漏电保护器按脱扣方式不同分为电子式与电磁式两类：电磁脱扣型漏电保护器以电磁脱扣器为中间机构，当发生漏电电流时使机构脱扣断开电源。这种保护器的缺点是成本高，制作工艺要求复杂。优点是电磁元件抗干扰性强和抗冲击（过电流和过电压的冲击）能力强，不需要辅助电源，零电压和断相后的漏电特性不变。电子式漏电保护器以晶体管放大器为中间机构，当发生漏电时由放大器放大后传给继电器，由继电器控制开关使其断开电源。这种保护器的优点是灵敏度高（可达到 5 mA），整定误差点小，制作工艺简单，成本低。缺点是晶体管承受冲击能力较弱，抗环境干扰差；需要辅助工作电源（电子放大器一般需要十几伏的直流电源），使漏电特性受工作电压波动的影响；当主电路缺相时，保护器会失去保护功能，如图 4-36 所示。

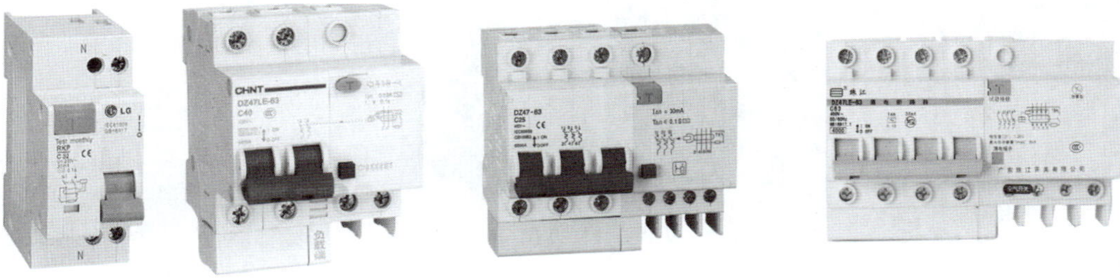

图 4-36　小型低压漏电保护器

3. 低压熔断器

低压熔断器是简单的保护电器，由绝缘底座（或支持件）、触头、熔体等组成，熔体是熔断器的主要工作部分，熔体相当于串联在电路中的一段特殊的导线，当电路发生短路或过载时，电流过大，熔体因过热而熔化，从而切断电路。熔体常做成丝状、栅状或片状。熔体材料具有相对熔点低、特性稳定、易于熔断的特点，一般采用铅锡合金、镀银铜片、锌、银等金属。在熔体熔断切断电路的过程中会产生电弧，为了安全有效地熄灭电弧，一般均将熔体安装在熔断器壳体内，快速熄灭电弧。

在低压配电系统中低压熔断器是起安全保护作用的一种电器，低压熔断器广泛应用于电网保护和用电设备保护，当电网或用电设备发生短路故障或过载时，可自动切断电路，避免电气设备损坏，防止事故蔓延。低压熔断器具有结构简单、使用方便、价格低廉等优点，广泛用于电力系统、各种电工设备和家用电器中作为保护器件。

低压熔断器常见种类有：

(1)插入式熔断器

插入式熔断器常用于 380 V 及以下电压等级的线路末端，作为配电支线或电气设备的短路保护，如图 4-37 所示。

(2)螺旋式熔断器

其熔体的上端盖有一熔断指示器，一旦熔体熔断，熔断指示器马上弹出，可通过瓷帽上的玻璃孔观察到，它常用于机床电气控制设备中。螺旋式熔断器的分断电流较大，可用于电压等级在 500 V 及以下、电流等级在 200 A 以下的电路中，起短路保护作用，如图 4-38 所示。

(3)封闭式熔断器

封闭式熔断器分为有填料封闭式熔断器和无填料封闭式熔断器两种。有填料封闭式熔断器一般用正方形瓷管，内装石英砂及熔体，分断能力强，用于电压等级在 500 V 以下、电流等级在 1 kA 以下的电路中。无填料封闭式熔断器将熔体装入密闭式圆筒中，分断能力稍小，用于电压等级在 500 V 以下、电流等级在 600 A 以下电力网或配电设备中，如图 4-39 所示。

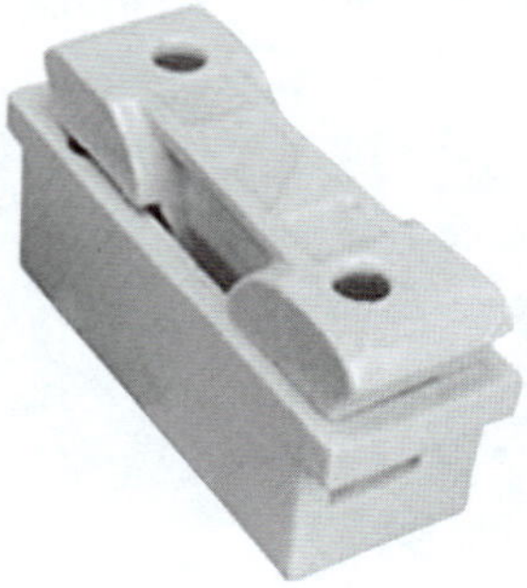

图 4-37　插入式熔断器

图 4-38　螺旋式熔断器

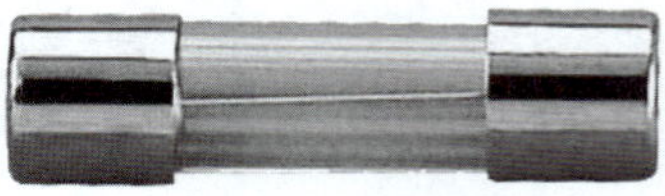

图 4-39　无填料封闭式熔断器

(4)快速熔断器

快速熔断器主要用于半导体整流元件或整流装置的短路保护。由于半导体元件的过载能力很低，只能在极短时间内承受较大的过载电流，因此要求短路保护具有快速熔断的能力。快速熔断器的结构和有填料封闭式熔断器基本相同，但熔体材料和形状不同，它是以银片冲制的有 V 形深槽的变截面熔体。

(5)自复熔断器

自复熔断器采用金属钠作为熔体，在常温下具有高电导率。当电路发生短路故障时，短路电流产生高温使钠迅速汽化，气态钠呈现高阻态，从而限制了短路电流。当短路电流消失后，温度下降，金属钠恢复原来的良好导电性能。自复熔断器只能限制短路电流，不能真正分断电路。其优点是不必更换熔体就能重复使用。

常见低压开关保护设备符号及在电路中的作用见表 4-3。

表 4-3　　低压开关保护设备符号及在电路中的作用

名称	符号	在电路中的作用
隔离开关		有明显断开点，用于检修，高压时不可通断负荷
负荷开关		可通断正常的负荷，不可断开短路电流
断路器		可通断短路电流，具有很强的灭弧能力，具有短路、过载、欠电压、过电压等保护功能，分为三类：框架（DW）、塑壳（CM1）、微断（DZ47，C65N）。三者的区别在于容量、分断能力的差异。 注意：隔离开关、负荷开关、断路器的主要区别在于灭弧能力及自动化程度
剩余电流动作保护器		也称为漏电保护器，具有漏电保护功能。 额定电流为 30 mA 的可保护人身安全，用于系统末端；额定电流为 300 mA、500 mA 的可防止电气火灾，一般设于电源进线处，若建筑面积较大，可同时设置多个
熔断器(R)		不同类型的熔断器主要区别在于熔体、灭弧能力；优点：价格低，分断能力强；缺点：需更换
接触器		适用于频繁通断的场所，本身不具备保护功能，需与其他设备配合实现保护控制功能
继电器	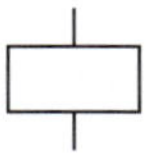	类似于接触器，但触点较多，不具备通断大负荷的能力
热继电器	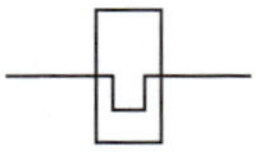	与接触器等设备配合，可实现过载保护等功能

4. 刀开关

刀开关是一种简单的手动操作电器，用于非频繁地接通和切断容量不大的低压供电线路，并兼作电源隔离开关。

刀开关分为开启式负荷刀开关、封闭式负荷刀开关、熔丝刀开关、组合刀开关和大容量刀开关等。

开启式负荷刀开关（胶盖刀开关）：价格便宜，使用方便，三相胶盖刀开关在小电流配电照明系统中用来接通和切断电路，也可用于小容量三相异步电动机的全压启动操作，单相双极刀开关用在照明电路或其他电路上，其中熔丝提供短路保护。

封闭式负荷刀开关（铁壳开关）：由刀开关、熔断器和铁壳组成。在刀闸断开处有灭弧罩，断开速度快，灭弧能力强，具有短路保护作用。适用于各种配电设备，用于频繁手动接通和切断负荷电路。

熔丝刀开关：也称刀熔开关，是将刀开关的闸刀换成 RTO 型熔断器，它兼有刀开关和熔断器的功能。熔丝刀开关和无熔丝刀开关分别如图 4-40，图 4-41 所示。

图 4-40 熔丝刀开关

图 4-41 无熔丝刀开关

三、建筑常用动力设备电动机

电动机(Motor)是把电能转换成机械能的一种设备。它是利用通电线圈(也就是定子绕组)产生旋转磁场并作用于转子(如笼式闭合铝框)形成磁电动力旋转扭矩，使电动机转动。电动机按使用电源不同分为直流电动机和交流电动机，电力系统中的电动机大部分是交流电动机，可以是同步电动机或者是异步电动机(电动机定子磁场转速与转子旋转转速不保持同步)。单相和三相异步电动机如图 4-42 和图 4-43 所示。因其转子转速与定子电流所产生的磁场转速不同，故称为异步电动机。

电动机应用非常广泛，是生活和工业生产等的主要动力。工业方面应用：风机、泵、压缩机、轧机、起重机、机床、轻工及矿山机械；农业方面应用：水泵、脱粒机、粉碎机和农副产品加工机械；交通方面应用：电力机车和电动汽车；日用方面应用：电扇、洗衣机、电冰箱和各种医疗器械(单相)。

建筑中常用的动力设备是三相异步电动机。

1. 三相异步电动机的分类

三相异步电动机分为笼式和绕线式，如图 4-44、图 4-45 所示。笼式应用较多，绕线式应用于启动转矩较大，或负载功率较大，或需要适当调速的场合。

图 4-42 单相异步电动机

图 4-43 三相异步电动机

图 4-44　笼式异步电动机

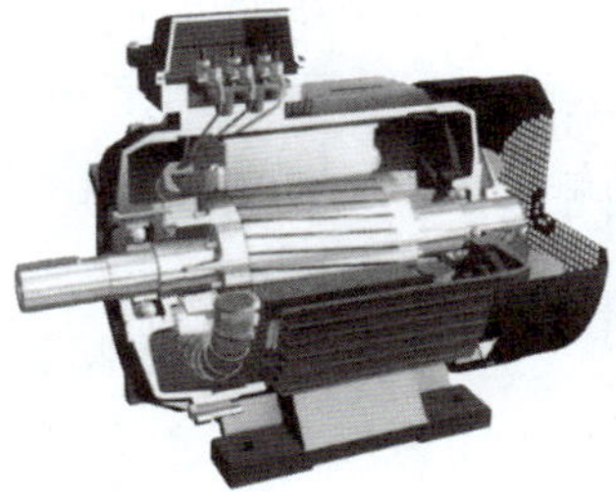

图 4-45　绕线式异步电动机

2. 三相异步电动机基本控制电路图分析

(1)点动控制

三相异步电动机点动控制电路如图 4-46 所示，合上开关 QF，三相电源被引入控制电路，但电动机还不能启动。按下按钮 SF，接触器 KM 线圈通电，衔铁吸合，常开主触点接通，电动机定子接入三相电源，电动机启动运转。松开按钮 SF，接触器 KM 线圈断电，衔铁松开，常开主触点断开，电动机因断电而停转。

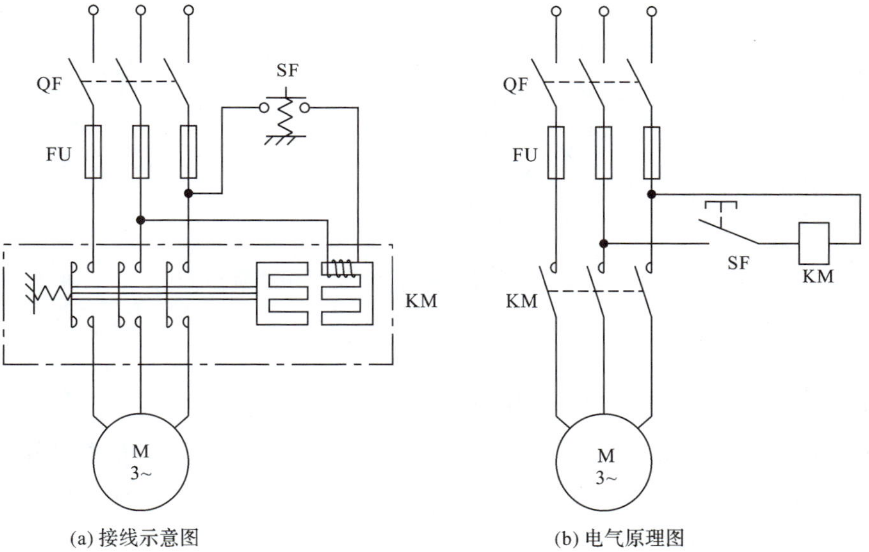

(a) 接线示意图　(b) 电气原理图

图 4-46　三相异步电动机点动控制电路

(2)直接启动控制

三相异步电动机直接启动控制电路如图 4-47 所示。

启动过程：按下启动按钮 SF，接触器 KM 线圈通电，与 SF 并联的 KM 的辅助常开触点闭合，以保证松开按钮 SF 后 KM 线圈持续通电，串联在电动机回路中的 KM 的主触点持续闭合，电动机连续运转，从而实现连续运转控制。

停止过程：按下停止按钮 SS，接触器 KM 线圈断电，与 SF 并联的 KM 的辅助常开触点断开，以保证松开按钮 SS 后 KM 线圈持续失电，串联在电动机回路中的 KM 的主触点持续断开，电动机停转。与 SF 并联的 KM 的辅助常开触点的这种作用称为自锁。直接启动控制电路还可实现短路保护、过载保护和零压保护。直接启动控制电路中起短路保护作用的是串接在主电路中的熔断器 FU。一旦电路发生短路故障，熔体立即熔断，电动机立即停转。起过载保护作用的是热继电KH。当过载时，热继电器的发热元件发热，将其常闭触点断开，使接触器KM线圈断电，串联在电动机回路中的KM的主触点断开，电动机停转。同时KM辅助触点也断开，解除自锁。故障排除后若要重新启动，需按下复位按钮，使KH的常闭触点复位（闭合）即可。

起零压（或欠压）保护作用的是接触器KM本身。当电源暂时断电或电压严重下降时，接触器KM线圈的电磁吸力不足，衔铁自行释放，使主、辅触点自行复位，切断电源，电动机停转，同时解除自锁。

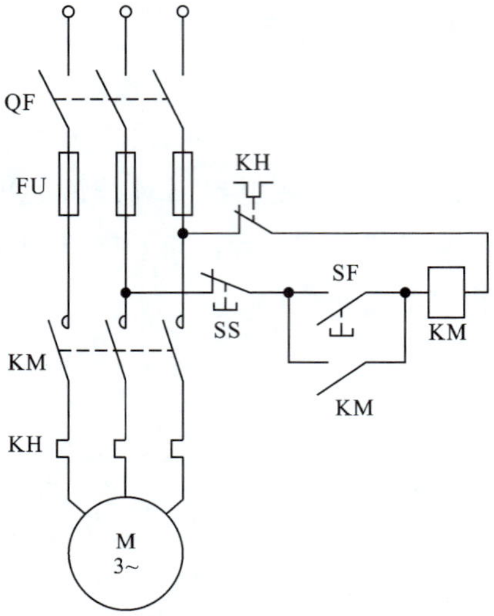

图 4-47　三相异步电动机直接启动控制电路

（3）正反转控制

①简单的正反转控制

三相异步电动机正反转控制电路如图4-48所示。

正向启动过程：按下启动按钮SF_1，接触器KM_1线圈通电，与SF_1并联的KM_1的辅助常开触点闭合，以保证KM_1线圈持续通电，串联在电动机回路中的KM_1的主触点持续闭合，电动机连续正向运转。

停止过程：按下停止按钮SS，接触器KM_1线圈断电，与SF_1并联的KM_1的辅助触点断开，以保证KM_1线圈持续失电，串联在电动机回路中的KM_1的主触点持续断开，切断电动机定子电源，电动机停转。

反向启动过程：按下启动按钮SF_2，接触器KM_2线圈通电，与SF_2并联的KM_2的辅助常开触点闭合，以保证线圈持续通电，串联在电动机回路中的KM_2的主触点持续闭合，电动机连续反向运转。

这种简单的正反转控制电路的缺点为：KM_1和KM_2线圈不能同时通电，因此不能同时按下SF_1和SF_2，也不能在电动机正转时按下反转启动按钮SF_2，或在电动机反转时按下正转启动按钮SF_1。如果操作错误，将引起主回路电源短路。

(4)带电气互锁的正反转控制电路

三相异步电动机带电气互锁的正反转控制电路如图 4-49 所示。

将接触器 KM_1 的辅助常闭触点串入 KM_2 的线圈回路中，从而保证在 KM_1 线圈通电时 KM_2 线圈回路总是断开的；将接触器 KM_2 的辅助常闭触点串入 KM_1 的线圈回路中，从而保证在 KM_2 线圈通电时 KM_1 线圈回路总是断开的。这样接触器的辅助常闭触点 KM_1 和 KM_2 保证了两个接触器线圈不能同时通电，这种控制方式称为互锁或者联锁，这两个辅助常开触点称为互锁或者联锁触点。

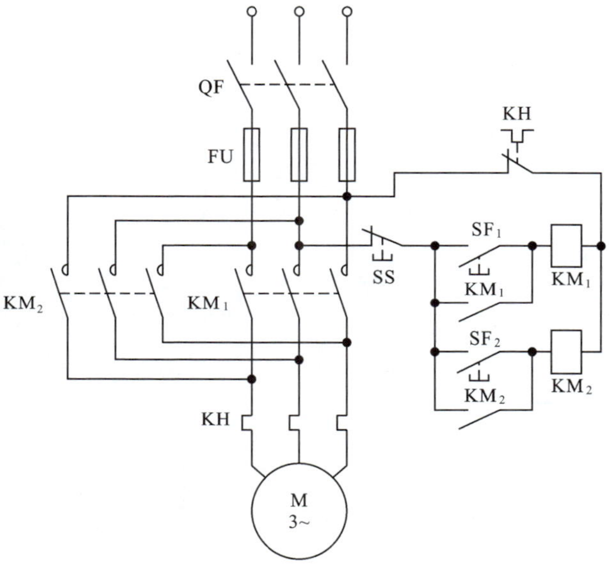

图 4-48　三相异步电动机正反转控制电路

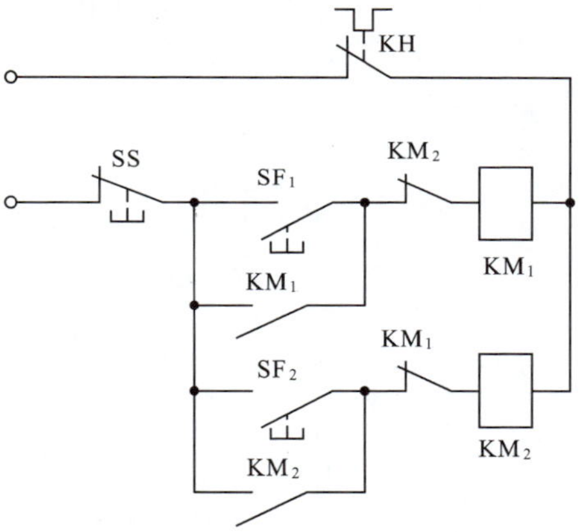

图 4-49　三相异步电动机带电气互锁的正反转控制电路

这种带电气互锁的正反转控制电路的缺点为：电路在具体操作时，若电动机处于正转状态，要反转时，必须先按停止按钮 SS，使互锁触点 KM_1 恢复闭合后按下反转启动按钮 SF_2，才能使电动机反转；若电动机处于反转状态，要正转时，必须先按停止按钮 SS，使互锁触点 KM_2 恢复闭合后按下正转启动按钮 SF_1，才能使电动机正转。

图 4-50 所示的正反转控制电路具有双重互锁功能，即具有电气互锁和机械互锁，它采用复式按钮，将 SF_1 按钮的常闭触点串接在 KM_2 的线圈电路中；将 SF_2 的常闭触点串接在 KM_1 的线圈电路中；这样，无论何时，只要按下反转启动按钮，在 KM_2 线圈通电之前就首先使 KM_1 断电，从而保证 KM_1 和 KM_2 不能同时通电；从反转到正转的情况也是一样。这种由机械按钮实现的互锁也叫作机械互锁或按钮互锁。

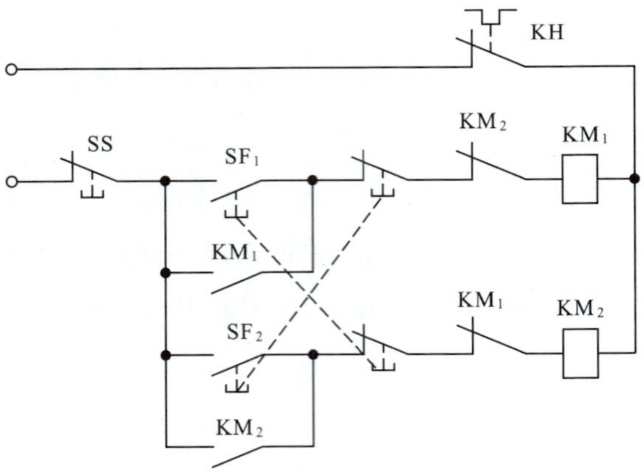

图 4-50 双重互锁的正反转控制电路

(5)Y-△降压启动控制

Y-△降压启动控制电路如图 4-51 所示。

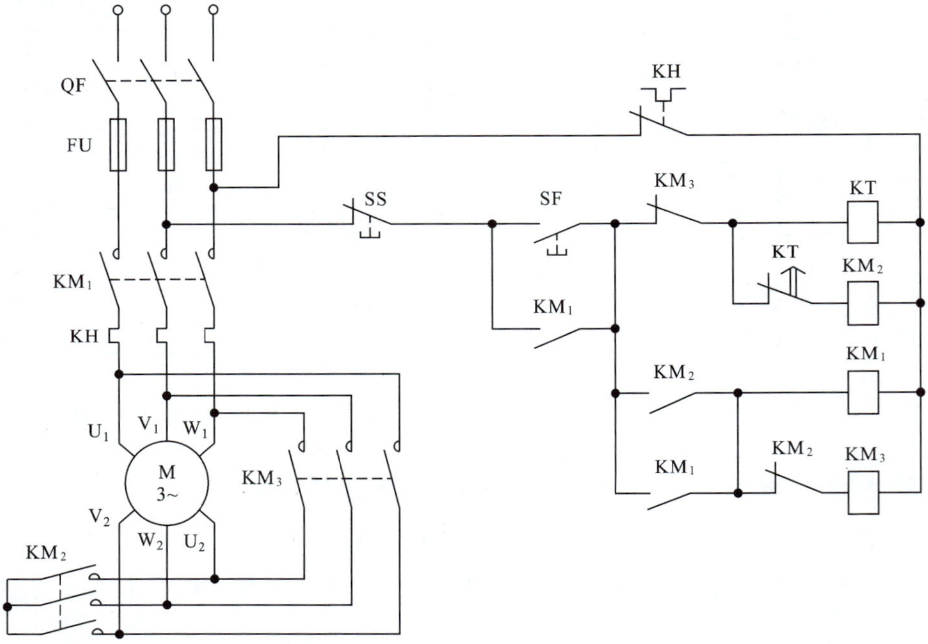

图 4-51 Y-△降压启动控制电路

按下启动按钮 SF,时间继电器 KT 和接触器 KM_2 同时通电吸合,KM_2 的常开主触点闭合,把定子绕组连接成星形,其常开辅助触点闭合,接通接触器 KM_1。KM_1 的常开主触点闭合,将定子绕组接入电源,电动机在星形连接下启动。KM_1 的一对常开辅助触点闭合,进行自锁。经一定延时,KT 的常闭触点断开,KM_2 断电复位,接触器 KM_3 通电吸合。KM_3 的常开主触点将定子绕组接成三角形,使电动机在额定电压下正常运行。与按钮 SF 串联的 KM_3 的常闭辅助触点的作用是:当电动机正常运行时,该常闭触点断开,切断了 KT、KM_2 的通路,即使误按 SF,KT 和 KM_2 也不会通电,避免影响电路正常运行。若要停车,则按下停止按钮 SS,接触器 KM_1、KM_2 同时断电释放,电动机脱离电源,停止转动。

(6)行程控制

当生产机械的运动部件到达预定的位置时压下行程开关的触杆，将常闭触点断开，接触器线圈断电，使电动机断电而停止运行。图 4-52 是限位控制电路图，图 4-53 是自动往返控制电路图。

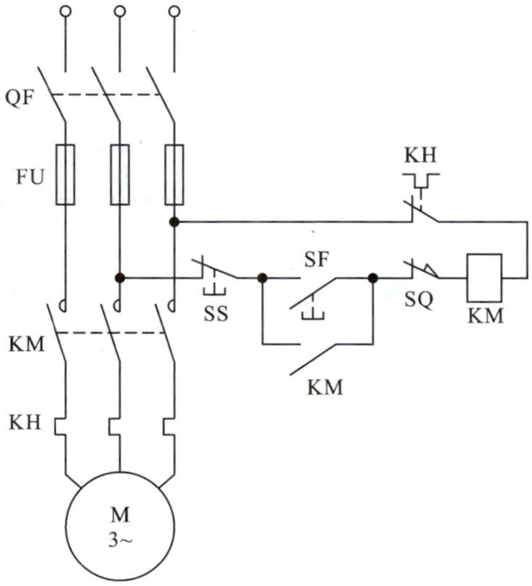

图 4-52　限位控制电路图

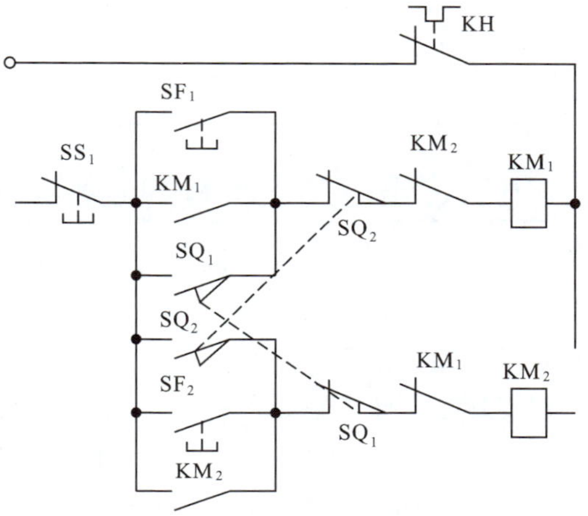

图 4-53　自动往返控制电路图

第六节　电气设备安装工程定额计价

一、青海省电气设备安装工程定额计价概述

电气设备安装工程预算定额是电气设备安装工程定额计价的重要依据，也可作为制定企业定额和投标报价的基础。

2020 版《青海省通用安装工程消耗量定额与基价》第四册《电气设备安装工程》共有 17 章 143 节 2 686 个子目。本册定额包括变压器安装工程、配电装置安装工程、绝缘子与母线安装工程、配电控制与保护及直流装置安装工程、蓄电池安装工程、发电机与电动机检查接线工程、金属构件与穿墙套板安装工程、滑触线安装工程、配电与输电电缆敷设工程、防雷及接地装置安装工程、电压等级≤10 kV 架空线路输电工程、配管工程、配线工程、照明器具安装工程、低压电器设备安装工程、起重运输设备电气装置安装工程及电气设备调试工程等内容，见表 4-4。

表 4-4　　电气设备安装工程预算定额组成内容

定额章	名　称	定额子目数	定额章	名　称	子目编号
一	变压器安装工程	48	四	配电控制、保护、直流装置安装工程	59
二	配电装置安装工程	138	五	蓄电池安装工程	70
三	绝缘子、母线安装工程	146	六	发电机、电动机检查接线工程	56

续表

定额章	名称	定额子目数	定额章	名称	子目编号
七	金属构件、穿墙套板安装工程	20	十三	配线工程	191
八	滑触线安装工程	43	十四	照明器具安装工程	462
九	配电、输电电缆敷设工程	344	十五	低压电器设备安装工程	89
十	防雷及接地装置安装工程	88	十六	起重运输设备电气装置安装工程	153
十一	10kV 及以下架空线路输电工程	322	十七	电气设备调试工程	213
十二	配管工程	244			

二、电气设备安装工程预算定额概述

依据现行的青海省电气设备安装工程预算定额 2020 版《青海省通用安装工程消耗量定额与基价》中的第四册。

1. 定额的适用范围

本册定额适用于工业与民用新建、扩建工程中电压等级≤10 kV 变配电设备及线路安装、车间动力电气设备及电气照明器具、防雷及接地装置安装、配管、配线、电梯电气装置安装、起重运输设备电气安装、电气调整试验等安装工程。

2. 使用定额的计算问题

(1)定额未计价材料的计算

电气设备安装工程预算定额中的未计价材料，大部分都是主要材料。定额中用括弧表示的材料为未计价材料，其价值编制预算时应另行计算；定额中未列消耗量的主材，编制预算时应按施工图用量，按规定的损耗费增加损耗量。

(2)脚手架搭拆费

电气设备安装工程脚手架搭拆费(不包括“电气设备调试工程”中人工费，不包括装饰灯具安装工程中人工费)，计取标准是按工程人工费的 5%计算，其中人工费占搭拆费的 35%，即

$$脚手架搭拆费=工程人工费\times 5\%$$

其中

$$人工费=脚手架搭拆费\times 35\%$$

电压等级≤10 kV 架空线路输电工程、直埋敷设电缆工程、路灯工程不单独计算脚手架费用。

(3)操作高度费

安装高度距离楼地面>5 m 时，超出部分工程量按人工费乘以 1.1 计算(已经考虑了超高因素的定额项目除外，如小区路灯、投光灯、氙气灯、烟囱或水塔指示灯、装饰灯具)

(4)建筑物超高增加费

指在建筑物层数>6 层或建筑物高度>20 m 的工业与民用建筑物上进行安装时，按表 2-32 计算，其中人工费占 35%。

【例 4-1】 某商务楼电气照明工程，其全部子目工程预算的人工费为 58 326.47 元。根据图纸计算，安装高度为 6 m 的部分灯具和管线的人工费占总人工的 15%左右。试求该照明工程的超高增加费。

【解】 该照明工程超高增加费＝58 326.47×15%×35%＝3 062.14 元

【例 4-2】 某单层建筑物自室外设计标高±0.00 至檐口高度为 25.74 m，其电气安装工程分项人工费总额为 23 468.49 元。试问其高层建筑超高增加费为多少？

【解】 查表 2-32，檐口高度为 25.74 m，小于 40 m，则

高层建筑超高增加费＝23 468.49×2%＝469.37 元

(5)在地下室(含地下车库)内、暗室内、净高＜1.6 m 楼层、断面＜4 m^2 且＞2 m^2 的隧道或洞内进行安装的工程，定额人工费乘以系数 1.12。

(6)在管井内、竖井内、断面≤2 m^2 隧道或洞内、封闭吊顶天棚内进行安装的工程，定额人工费乘以系数 1.16。

三、与各册定额的界限划分

1. 电压等级＞10 kV 的配电、输电、用电设备及装置安装执行电力行业相应的定额。

2. 本册定额不包括电气设备及装置配合机械设备进行单体试运和联合试运工作内容，应执行有关设备安装相应的定额。

3. 发电、输电、配电、用电分系统调试、整套启动调试、特殊项目测试与性能验收试验应单独执行本册定额第十七章“电气设备调试工程”相应的定额。

4. 电气设备与装置需要刷油漆、防腐蚀、绝热时，执行第十二册《刷油、防腐蚀、绝热工程》相应的定额。

5. 随电气设备与装置供货且需要独立安装的控制仪表，执行第六册《自动化控制仪表安装工程》相应的定额。

6. 本册定额不包括刨沟、凿槽定额子目及费用，工程需要时可执行第五册《建筑智能化工程》相应的定额。

7. 本册定额第十章“防雷及接地装置安装工程”不适用于建筑智能设备与装置接地。

四、使用时应注意的有关问题

1. 本册定额“配管工程”中的塑料管敷设及各种材质的区分

①阻燃塑料波纹管：这种管道由聚氯乙烯树脂加入增塑剂、稳定剂及阻燃剂等挤出成型而得，内外壁均为波纹状，用于电线保护，一般颜色为黄色、红色、白色等，管子连接采用专用接头抹塑料胶后黏接，管道弯曲自如，无须加热，一般以每捆 100 m 成批供应。

②硬质聚氯乙烯塑料管：该管道由聚氯乙烯树脂加入稳定剂、润滑剂等助剂经捏合、滚压、塑化、切粒、挤出成型加工而成，经加热煨弯、冷却定型才可用。其主要用作电线、电缆的保护套管等，具有耐酸碱的特性。管材长度一般为 4 m，颜色一般为灰色，管材连接一般为加热承插和塑料热风焊，弯曲必须加热进行。这种管材不阻燃。

③半硬质塑料管(PVC 阻燃塑料管)：这种管道由聚氯乙烯树脂加入增塑剂、稳定剂及阻燃剂等其他助剂配合后，经挤出成型而得，适用于电气套管及流体输送管等，常温下可用于保护电线、电缆等，管材成盘供应，长度一般不少于 100 m，成捆供应，颜色一般有白、黄、红、蓝、黑及本色数种，管道连接一般采用专用接头(套管)抹塑料胶后黏接，管道弯曲自如无须加热，施工环境温度为 5～45 ℃，在－15～25 ℃时应使用耐寒型(黄色)管材。

④刚性阻燃管(PVC 冷弯电线管)：这种管道分轻型、中型、重型，管线长度通常为每根

4 m，颜色有白色和纯白两种，弯曲时需要专用弯曲弹簧，管子的连接方式为专用接头插入法，连接处结合面涂专用胶合剂，接口密封。

⑤金属可挠管（普利卡金属套管）：这种管道是由镀锌钢带、钢带及电工纸构成的双层金属制成，根据用途区分不同的型号。连接时采用专用连接器，弯曲自如，固定时采用专用固定夹子，成盘供应，每盘视管径大小而定，一般为 5～50 m。

上述提到的 PVC 管套用定额问题，应根据其具体材质、施工方法选用相应定额。

2. 电气工程配管、配线定额中铁丝含量的调整

消耗量定额中，配管定额中的铁丝是按回收利用考虑摊销量综合给定的。若配管、配线分别由两家施工单位完成，则严格按照消耗量定额的解释，铁丝含量不得调整。清单组成综合单价时应充分考虑此种情况报价。为规避风险，双方应在签订合同时明确相应项目。

实际施工时，穿引线工作一般都在配管工序中完成。当管内只穿引线时，人工费可按导线截面 1.5 mm^2 定额人工乘以系数 0.3 计算，钢丝的消耗量按导线消耗量计算，其他不计，即每 10 m 管道钢丝（或镀锌铁丝）消耗按 11.6 m 计算，人工费按 1.5 mm^2 管内穿线定额人工乘以系数 0.3。配管时若未穿引线，则应按上述计算方法扣除其费用。

3. 电气系统调试的计取原则

10 kV 配电系统调试的电气原理系统图如图 4-54 所示。

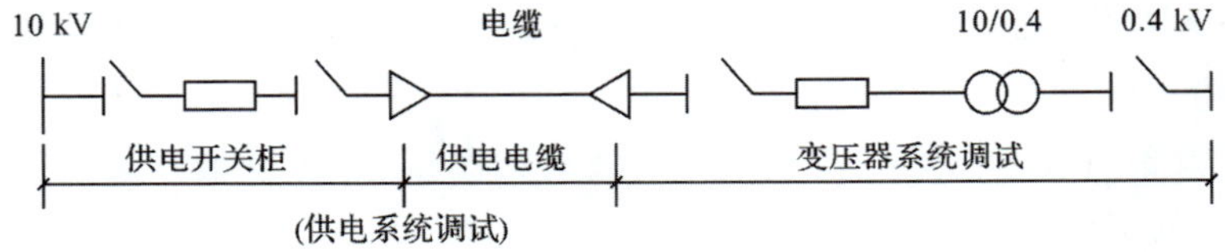

图 4-54　10 kV 配电系统调试

①电气调试系统的划分，以电气原理系统图为依据，电气设备元件本体的调试均包括在相应定额的系统调试之内，不另行计算。

②电气系统调整所需电力消耗不包括在定额内，按永久电源考虑。大型电动机及发电机的联合启动调试用蒸汽、电力和其他动力能源消耗及变压器的空载试运转电力消耗，按甲方提供考虑，若需要单独计算时，按实际发生另行计算。

③供电桥回路的断路器、母线分段断路器，作为独立的送配电设备系统调试计算调试费。

④送配电设备系统调试，以一侧一台断路器为准。若两侧均设计有断路器时，则按两个系统计算。

⑤送配电设备系统调试，适用于各种供电回路（包括照明供电回路）的系统调试。凡供电回路中设有仪表、继电器、电磁开关等调试元件的（不包括刀闸开关、保险器），均作为调试系统计算。

4. 民用建筑在执行送配电设备系统调试“1 kV 以下交流供电”子目时工程量的确定

凡含有断路器的系统，都应计取调试费。因为，断路器具有过电流保护、短路保护等功能，需要进行保护定值数据整定和试验，才能确保安全运行（详见 DW 型产品说明书、技术验收规范和有关技术资料）。但系统数量并非按断路器数量计算。此外，凡供电设备回路系统中不含“需要调试的元件”，则一律不得计取调试费。

（1）一般的住宅、学校、办公楼、旅馆、商店等民用电气工程的供电调试应按下列规定计算：

①配电室内带有调试元件的盘、箱、柜和带有调试元件的照明主配电箱，应按供电方式执行相应的“配电装置系统调试”定额。

②每个用户，房间的配电箱（板）上虽装有电磁开关等调试元件，但生产厂家已按固定的常规参数调整好，不需要安装单位进行调试就可以直接投入使用的，不得计算工程量。

③民用电度表的调整校验属于供电部门的专业管理，一般为用户向供电局订购调试完毕的电度表，不得计算工程量。

④高标准的高层建筑、高级宾馆、大会堂、体育馆等具有较高控制技术的电气工程（包括照明工程中由程控调光控制的装饰灯具），应按控制方式执行相应的电气调试定额。

(2)备用回路一般情况下自调，所以不计算系统调试费。如果建设单位要求做，又有调试报告时，可计算系统调试费。

(3)低压配电柜应按出线数（即回路数）来计算工程量（包括照明回路）。如果低压配电柜的出线直接与电动机相连，则应计算电动机的调试，而不再计算送配电装置的系统调试。

5.“五防”系统调试中的“五防”含义

(1)防止误分、误合断路器。

(2)防止带负荷拉、合隔离开关。

(3)防止带电（挂）合接地线（开关）。

(4)防止带接地线（开关）合断路器（隔离开关）。

(5)防止误入带电间隔。

建筑电气照明工程施工图预算案例

某教学楼电气照明工程施工图的附图14～20、其工程预算见二维码内容。

附图14~20

教学楼电气照明工程预算

第五章
建筑智能化安装工程

章节概述 >>>

建筑智能化系统利用现代通信技术、信息技术、计算机网络技术、监控技术等，通过对建筑和建筑设备的自动检测与优化控制、信息资源的优化管理，现对建筑物的智能控制与管理。该系统满足用户对建筑物的监控、管理和信息共享的需求，从而使智能建筑具备安全、舒适、高效和环保的特点，同时确保投资合理并适应信息社会的发展需要。

教学目标 >>>

- 知识目标

通过本章的学习了解建筑智能化分部分项工程组成；熟悉建筑电气与智能化工程工程量计算规则；掌握工程量清单编制方法。

- 能力目标

能够依据专业技术知识对建筑电气与智能化工程进行计量；具有依据专业知识编制建筑智能化安装工程招标工程量清单的能力；具备团队合作精神；科学严谨，精益求精。

德育要点 >>>

通过介绍中国建筑智能化的最新发展成果和趋势，激发学生对科技的兴趣，培养他们的科技意识和科学素养。在介绍建筑智能化和计量软件的发展过程中，融入职业道德教育的内容。通过讲述行业内的道德规范和行为准则，引导学生树立正确的职业道德观念。

第一节　有线电视、卫星接收系统工程计量

一、基本概念

1. 定义与分类

有线电视系统，即 CCTV(Closed Circuit Television)，是一种采用缆线作为传输媒质

来传送电视节目的闭路电视系统。所谓闭路，指的是信号传输过程中不向空间辐射电磁波。按照其用途，有线电视系统可划分为广播有线电视和专用有线电视（应用电视）两大类。

2. 传输方式

电视信号在传输过程中，普遍采取两种传输方式：射频信号传输，即高频传输，以及视频信号传输，即低频传输。

3. 工作频段及频道

有线电视的工作频段及频道指在干线或支线中传输的电视信号的特定频段及频道。

二、有线电视系统的构成

1. 基本组成

有线电视系统通常由接收信号源、前端处理设备、干线传输网络、用户分配网络以及用户终端等几部分组成。这些子系统包含的部件和设备数量，会根据实际需求和系统规模进行具体配置。

2. 基本类型

按系统规模和用户数量划分，有线电视系统有大型、中型、中小型和小型系统。按工作频段划分，则有 VHF 系统、UHF 系统以及 VHF＋UHF 系统等几种类型。按系统功能划分，有线电视系统有一般型和多功能型。

3. 卫星电视接收系统基本组成

卫星电视接收系统主要由天线、馈源、高频头（LNB，亦称降频器）以及卫星接收机组成，如图 5-1 所示。

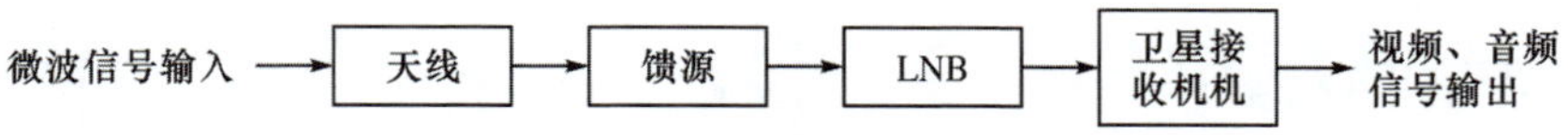

图 5-1 卫星电视接收系统

三、传输媒质

1. 射频同轴电缆

同轴电缆（coaxial cable）是一种电线及信号传输线，一般是由四层物料造成：最内里是一条导电铜线（内导体），线的外面有一层塑胶（绝缘层）围拢，绝缘层外又有一层薄网状导电体（编织线外导体），一般为铜或合金，最外层的绝缘物料作为绝缘保护套层，如图 5-2 所示。

2. 光缆

光缆（optical fiber cable）是为了满足光学、机械或环境的性能规范而制造的，它是利用置于包覆护套中的一根或多根光纤作为传输媒质并可以单独或成组使用的通信线缆组件。光缆断面图如图 5-3 所示。

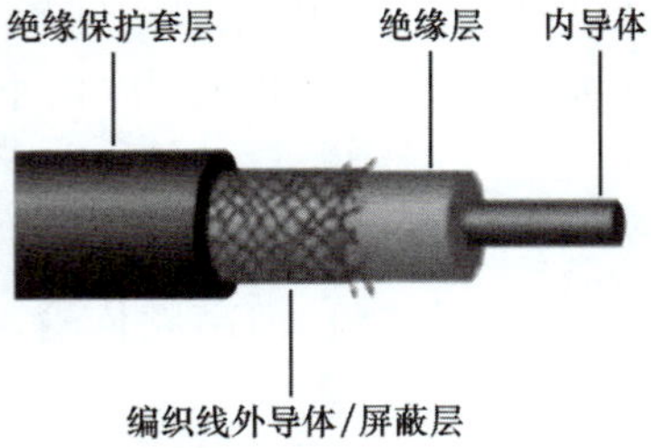

图 5-2 同轴电缆基本组成

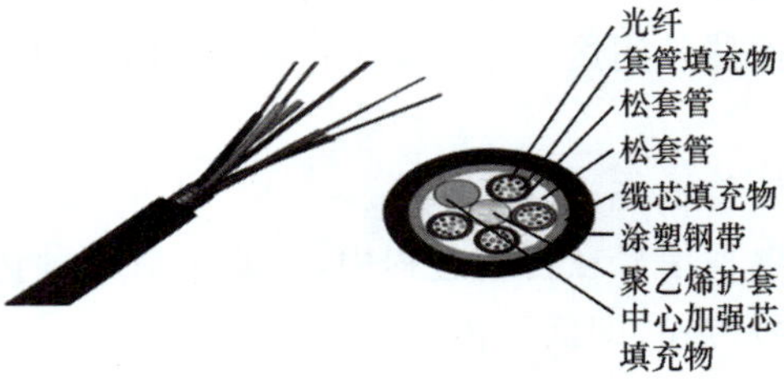

图 5-3 光缆断面图

3. 微波

以微波作为传输媒质的除了国家微波干线的大微波和卫星外，还有单路与多路 FM(调频)微波，AM(调幅)微波及多路微波分配系统 MMDS。

四、有线电视、卫星接收系统工程计量示例

某住宅楼一层有线电视平面图如图 5-4 所示，层高 2.8 m。由综合布线箱(600 mm×400 mm×200 mm)引出的射频电缆敷设之(SYWV-75-9-PVC25-FC-WC)综合媒体布线箱(DDF，300 mm×200 mm×100 mm)中，在由综合媒体布线箱(DDF)引出的回路连接室内的电视插座(连接线为 SYWV-75-5-PVC20-FC-WC)，其他参数见设备材料表 5-1。试计算出该工程工程量。

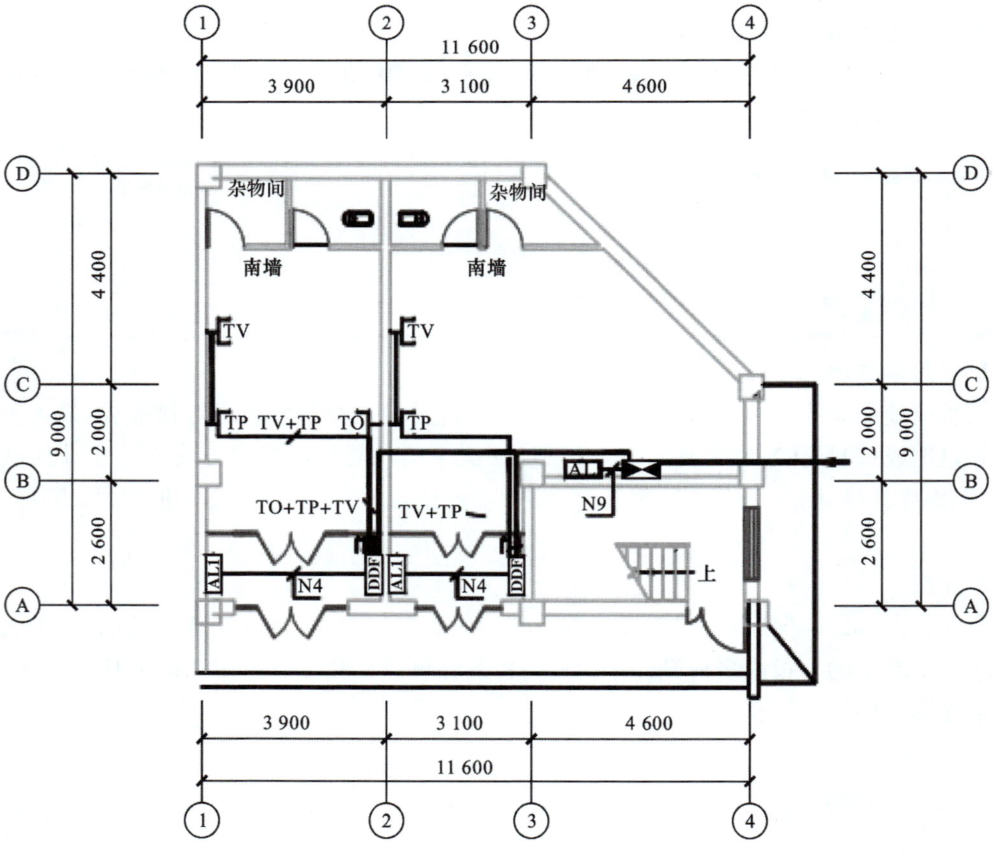

图 5-4 有线电视平面图

表 5-1　　有线电视设备材料表

图例	名称	规格	备注
AL	照明总配电箱	非标，铁质	底边距地 1.5 m，暗装，设暗锁
AL1	职工宿舍照明配电箱	非标，铁质	底边距地 1.5 m，暗装，设暗锁
DDF　DDF2	综合媒体配线箱	成品，铁质	距地 0.5 m，暗装，设暗锁
TV	电视插座	86 系列	距地 0.3 m，暗装
TP	电话插座	86 系列	距地 0.3 m，暗装
TO	网络插座	86 系列	距地 0.3 m，暗装
	综合布线箱	成品，铁质	距地 1.5m，暗装，设暗锁

工程量计算见表 5-2。

表 5-2　　工程量计算表

序号	项目名称	计算过程	计算单位	工程量
1	综合布线箱	—	个	1
2	综合媒体箱	—	个	1
3	TV 插座	—	套	2
4	SYWV-75-9	综合布线箱——③轴 DDF 箱：L=2.3 m(综合布线箱至③轴距离)+2.6 m(Ⓐ轴至Ⓑ轴距离)+1.5 m(综合布线箱至地板距离)+0.2 m×2(地板暗敷)+0.5 m(地板至 DDF 箱距离)+0.6 m+0.4 m(中和布线箱半周长)+0.3 m+0.2 m(DDF 箱体半周长)=8.8 m 综合布线箱——②轴 DDF 箱：L=2.3 m(综合布线箱至③轴距离)+3.1 m(②轴至③轴距离)+2.6 m(Ⓐ轴至Ⓑ轴距离)+1.5 m(综合布线箱至地板距离)+0.2 m×2(地板暗敷)+0.5 m(地板至 DDF 箱距离)+0.6 m+0.4 m(中和布线箱半周长)+0.3 m+0.2 m(DDF 箱体半周长)=11.9 m	m	20.7
5	SYWV-75-5	DDF 箱——TV 插座：L=2.6 m(Ⓐ轴至Ⓑ轴距离)+3.1 m(②轴至③轴距离)+3.2 m(Ⓑ轴至Ⓓ轴距离的一半)+0.5 m(DDF 箱体至地面距离)+0.3 m(地面至 TV 插座距离)+0.2 m×2(地板暗敷埋深)+0.3 m+0.2 m(DDF 箱体半周长)=10.6 m L=2.6 m(Ⓐ轴至Ⓑ轴距离)+3.9 m(①轴至②轴距离)+3.2 m(Ⓑ轴至Ⓓ轴距离的一半)+0.5 m(DDF 箱体至地面距离)+0.3 m(地面至 TV 插座距离)+0.2 m×2(地板暗敷埋深)+0.3 m+0.2 m(DDF 箱体半周长)=11.4 m	m	22
6	SYWV-75-9 同轴电缆头	—	个	4
7	SYWV-75-5 同轴电缆头	—	个	4

续表

序号	项目名称	计算过程	计算单位	工程量
8	PVC25	综合布线箱——③轴 DDF 箱:2.3 m(综合布线箱至③轴距离)+2.6 m(Ⓐ轴至Ⓑ轴距离)+1.5 m(综合布线箱至地板距离)+0.2 m×2(地板暗敷)+0.5 m(地板至 DDF 箱距离)=7.3 m 综合布线箱——②轴 DDF 箱:2.3 m(综合布线箱至③轴距离)+3.1 m(②轴至③轴距离)+2.6 m(Ⓐ轴至Ⓑ轴距离)+1.5 m(综合布线箱至地板距离)+0.2 m×2(地板暗敷)+0.5 m(地板至 DDF 箱距离))=10.4 m	m	17.7
9	PVC20	DDF 箱——TV 插座:L=2.6 m(Ⓐ轴至Ⓑ轴距离)+3.1 m(②轴至③轴距离)+3.2 m(Ⓑ轴至Ⓓ轴距离的一半)+0.5 m(DDF 箱体至地面距离)+0.3 m(地面至 TV 插座距离)+0.2 m×2(地板暗敷埋深)=10.1 m L=2.6 m(Ⓐ轴至Ⓑ轴距离)+3.9 m(①轴至②轴距离)+3.2 m(Ⓑ轴至Ⓓ轴距离的一半)+0.5 m(DDF 箱体至地面距离)+0.3 m(地面至 TV 插座距离)+0.2 m×2(地板暗敷埋深)=10.9 m	m	21

第二节　综合布线系统工程

一、基本知识

1. 智能建筑综合布线系统的概念

综合布线系统是实施综合布线设计概念的具体网络，是一种在建筑物和建筑群中进行综合数据信息传输的网络系统。综合布线系统采用模块化、标准化、开放式的布线产品，将建筑物内的语音交换、数据处理设备及其他广义的数据通信设施相互连接，并通过必要的网络通信设备与建筑物外部公用数据网络或电话网络相连，实现与建筑外的信息传输。

2. 智能建筑综合布线系统的特点

综合布线与传统布线系统相比，要满足建筑物与建筑群中所有通信设备在现在或将来的信息传输要求，要能够根据实际的需要增加或改变传输信息的类型。

综合布线系统具有兼容性、开放性、灵活性、可靠性、先进性、经济性等特点。

3. 智能建筑综合布线系统的组成

综合布线系统采用模块化的结构，根据每个模块的作用和建筑结构特点，将综合布线系统分为 6 个独立的子系统，即设备间子系统、工作区子系统、管理区子系统、水平子系统、干线子系统及建筑群子系统，如图 5-5 所示。这 6 个子系统可独立设计，独立施工，可简单记为“一间、二区、三个子系统”。

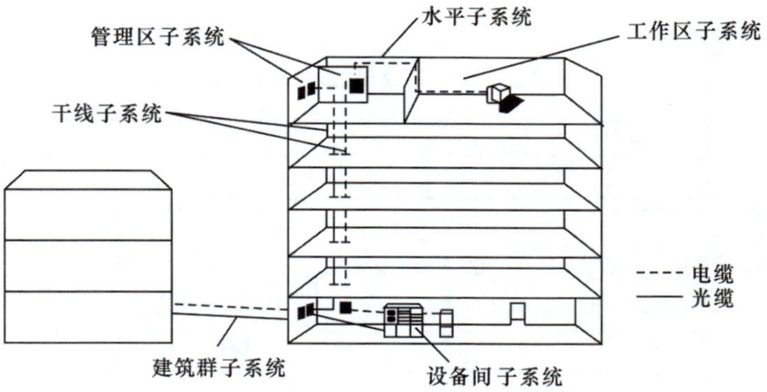

图 5-5　综合布线系统组成

4. 综合布线系统的拓扑结构

综合布线系统的主要任务是完成工作区信息插座到设备间子系统或建筑群子系统之间的线缆连接，为保持应用系统的灵活性及便于维护，各子系统之间通过配线架连接，如图 5-6 所示是综合布线原理。

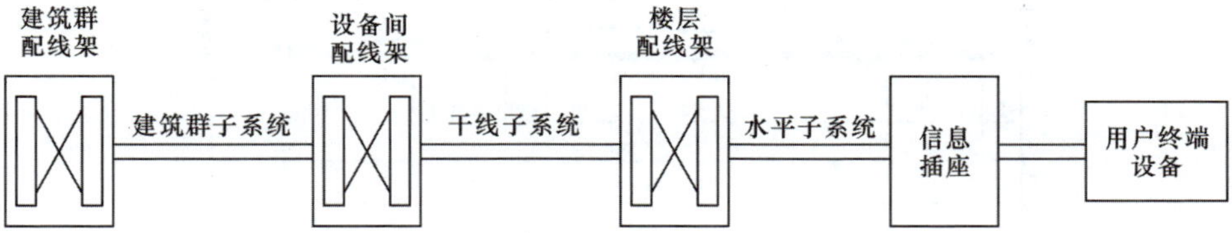

图 5-6　综合布线原理

综合布线的拓扑结构有星形、总线形、环形、树状形等，不同的拓扑结构对综合布线系统的性能有直接影响，其中星形拓扑结构的兼容性和稳定性能够满足综合布线系统各种应用要求。因此，在综合布线中得到了广泛应用。

5. 综合布线的部件

综合布线的组成部件主要有传输介质、配线架、信息插座、通信引出端等。传输介质主要指各种双绞线线缆、光缆及配线架跳线等，连接器主要是各类配线架和转接器等。适配器、传输电子设备和各种支持硬件设备不属于综合布线的部件。

二、综合布线工程计量示例

某住宅楼一层综合布线平面图如图 5-7 所示，层高 2.8 m。由综合媒体布线箱（DDF，300 mm×200 mm×100 mm）引出 UTP6-4×2×0.5-PC15-WC，FC 接入信息插座和电话插座，同时由 AL1 照明配电箱引出 BV-3×2.5-SC15-WC 的导线给 DDF 箱供电，AL1 配电箱（500 mm×600 mm×200 mm，H=1.5 m 暗装于墙上），其他参数见设备材料表 5-3。试计算出该工程工程量。

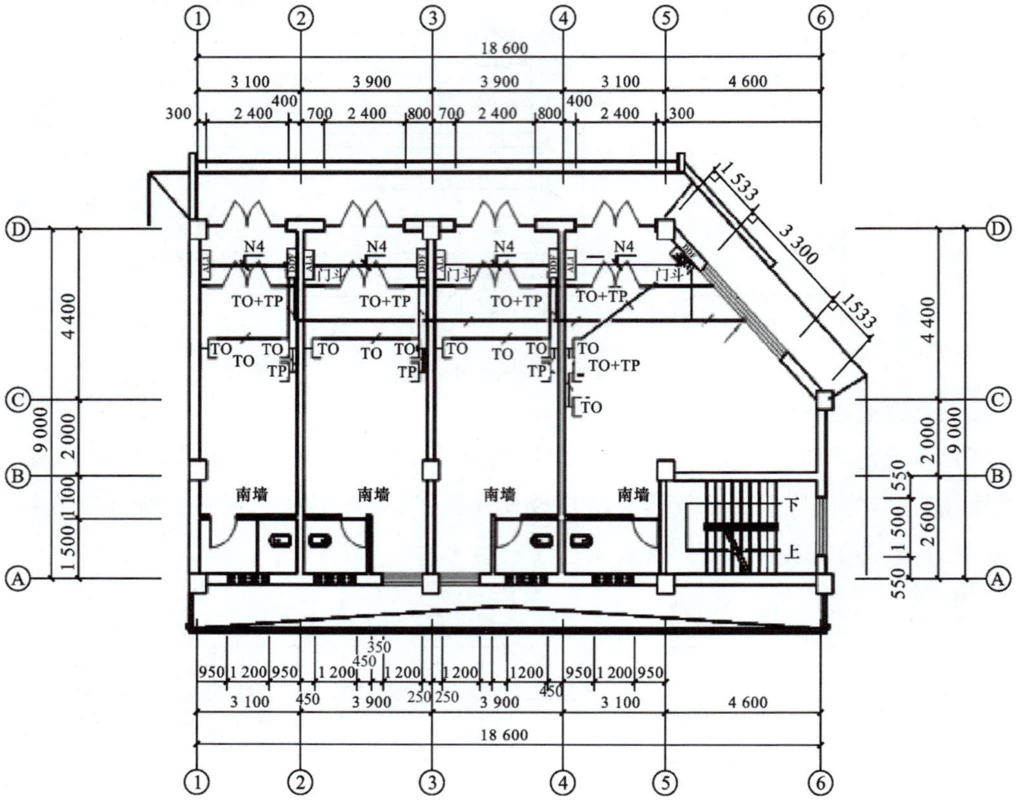

弱电平面图 1:100

图 5-7　某住宅楼一层综合布线平面图

表 5-3　　住宅楼设备材料表

图例	名称	规格	备注
DDF DDF2	综合媒体配线箱	成品，铁质	距地 0.5 m，暗装，设暗锁
TP	电话插座	86 系列	距地 0.3 m，暗装
TO	网络插座	86 系列	距地 0.3 m，暗装
	综合布线箱	成品，铁质	距地 1.5 m，暗装，设暗锁

工程量计算以①轴到②轴之间的商铺工程量为例计算，具体计算见表 5-4。

表 5-4　　综合布线工程量计算表

序号	项目名称	计算过程	计量单位	工程量
1	AL1 照明配电箱	—	个	1
2	综合媒体箱（DDF）	—	个	1

续表

序号	项目名称	计算过程	计量单位	工程量
3	TO 插座	—	套	2
4	TP 插座	—	套	1
5	BV-3×2.5	①轴 AL1 配电箱至②轴综合布线箱 DDF 的电源照明线 BV-3×2.5 的工程量计算： BV-3×2.5：L=[0.5 m+0.6 m(①轴 AL1 配电箱半周长预留)+1.5 m(AL1 垂直距离)+3.1 m(①轴至②轴水平距离)+1.5 m(②轴处 DDF 箱暗装高度)+0.3 m+0.2 m(DDF 箱半周长)]×3=23.1 m	m	23.1
6	SC15	①轴 AL1 配电箱至②轴综合布线箱 DDF 的 SC15 的工程量计算： SC15：L=0.2 m(①轴 AL1 配电箱箱体高度)+1.5 m(AL1 垂直距离)+3.1 m(①轴至②轴水平距离)+1.5 m(②轴处 DDF 箱暗装高度)+0.1 m(DDF 箱箱体高度)=6.4 m	m	6.4
7	UTP6-4×2×0.5	1. 综合布线箱——TO 插座穿线工程量： L=0.3 m+0.2 m(DDF 箱半周长)+1.5 m(DDF 箱体暗装高度)+2.2 m(水平长度)+0.3 m(TO 插座暗装高度)+0.3 m+0.3 m(TO 插座暗装高度)=5.1 m 2. 综合布线箱——TP 插座穿线工程量 L=0.3 m+0.2 m(DDF 箱半周长)+1.5 m(DDF 箱体暗装高度)+2.2 m(水平长度)+0.3 m(TO 插座暗装高度)=4.5 m 3. UTP6-4×2×0.5=5.1 m+4.5 m=9.6 m	m	9.6
8	PC15	1. 综合布线箱——TO 插座穿管工程量： L=0.1 m(DDF 箱箱体高度)+1.5 m(DDF 箱体暗装高度)+2.2 m(水平长度)+0.3 m(TO 插座暗装高度)+0.3 m+0.3 m(TO 插座暗装高度)=4.7 m 2. 综合布线箱——TP 插座穿管工程量： L=0.1 m(DDF 箱半周长)+1.5 m(DDF 箱体暗装高度)+2.2 m(水平长度)+0.3 m(TO 插座暗装高度)=4.1 m 3. UTP6-4×2×0.5=4.7 m+4.1 m=8.8 m	m	8.8

第三节　建筑广播、扩声、背景音乐系统设备安装

一、基本知识

1. 广播系统概述

广播是通过无线电波或导线传送声音的新闻传播工具。通过无线电波传送的称为无线广播，通过导线传送的称为有线广播。广播诞生于20世纪20年代。

2. 广播系统分类

广义的广播系统包含扩声系统和放声系统两大类：

(1)扩声系统

扩声系统的扬声器与话筒处于同一声场内，存在声反馈和房间共振引起的啸叫、失真和振荡现象。要保证系统稳定和正常运行，最高可用的系统增益比发生声反馈自激的临界增益低6 dB。

(2)放声系统

放声系统中只有磁带机，光盘机等声源，没有话筒，不存在声反馈可能，声反馈系数为0，是广播系统一个特例。

3. 广播系统的组成

广播系统一般由播音室(广播站房)、信号线路和放音设备三部分组成。

(1)播音室

播音室一般设置收音、录音、话筒、扩音和功率放大等设备。由供电线路引入播音室，向放大设备供电。

(2)信号线路

可在建筑物内明敷或暗敷信号线路。

(3)放音设备

放音设备可以是安装在走道、餐厅等公共场所的扬声器，也可是分布在各处的收音机。

4. 公共广播系统

公共广播系统在有限的范围内为公众服务。在常规情况下，公共广播信号通过布设在广播服务区内的广播线路传输，是一种单向有线广播。公共广播系统广泛应用于公园、小区、办公大楼、机关、部队、企业、学校、大厦等各种公共场所，用于背景音乐播放、人工广播业务、紧急广播，同时能发布新闻、作息信号等等。

传统公共广播系统的组成如图5-8所示。

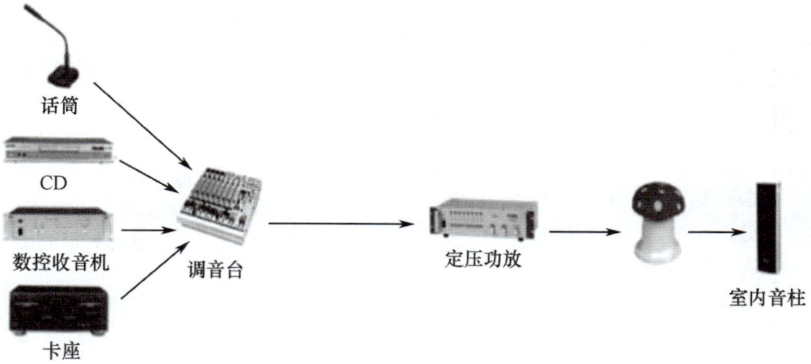

图 5-8 传统公共广播系统的组成

(1)公共广播系统按照使用功能和性质分类

①业务性广播系统:以业务及行政管理为主的语言广播系统,常用于办公楼、商业楼、机关、院校、车站、码头、机场等场所,业务性广播通常由专门的主管部门管理。

②服务性广播系统:以播放背景音乐为主的带有服务性质的广播系统,常用于宾馆、酒店、银行、证券、公园、广场及大型公共活动等场所。

③紧急广播系统:用来在火灾等紧急事件时引导人员疏散而设计的广播系统,紧急广播系统通常与上述两种系统合并使用,合并设计时,首先应按紧急广播系统的要求来配置。

④会议系统:随着国内、国际交流的增多,近年来电话会议、电视会议和数字化会议系统(DCN)发展很快,会议系统广泛用于会议中心、宾馆、集团和政府机关。会议系统包括会议讨论系统、表决系统、同声传译系统和电视会议系统,要求音、视频(图像)系统同步,全部采用计算机控制和储存会议资料。

(2)公共广播系统按使用场所分类

①室外广播系统:主要用于体育场、车站、公园、艺术广场、音乐喷泉等场所。其特点是服务区域面积大,空间宽广。由于背景噪声大,声音传播以直达声为主。这类系统通常要求较高的声压级。如果周围环境存在反射物体,如高楼大厦,且扬声器布局不合理,声波经过多次反射可能会形成超过 50 ms 的延迟,导致双重声或多重声的问题,严重时甚至会出现回声,影响声音的清晰度和声像定位。室外广播系统的音响效果还会受到气候条件、风向以及环境干扰等多种因素的影响。

②室内广播系统:应用最广泛的系统之一,包括各类影剧院、体育场、歌舞厅等。室内广播系统的专业性很强,既能非语言扩声又能供各类文艺演出使用,对音质的要求很高,系统设计不仅要考虑电声技术问题,还要兼顾建筑声学问题。房间的体形等因素对音质有较大影响。

随着时代的发展,人们对公共广播系统的要求逐渐提高,从最初只要能听清即可,到逐渐建立了相应的指标、规范和标准。有线公共广播的电声标准已今非昔比,许多时候甚至被称为"公共广播音响",功能也更丰富,实现了无人值守定时播出、分区域广播、终端点播或寻呼、跨地域广播、用户选听、自动信噪比调节等功能。传统的公共广播系统逐渐发展为 IP 网络广播系统,功能也发生了很大的变化。传统广播系统与 IP 网络广播系统的对比见表 5-5。

表 5-5　　传统广播系统与 IP 网络广播系统的对比

特点	传统广播系统	IP 网络广播系统
功能方面	技术落后，兼容性、扩展性不佳，大都采用模拟传输、人工管理的工作方式，系统易受环境干扰，多路广播时容易产生串音。无法实现数字格式（MP3）音频文件在终端直接播放，无法与 IP 网络连接，无法实现音源数字化、播放管理自动化	可独立控制每个终端播放不同的内容（如局域网内 200 个终端同时播放 200 路节目）。不仅能够实现传统广播系统的功能（如定时打铃、分区播放、消防报警等），而且还具备终端自由点播、终端间双向对讲等功能
传输方面	其系统架构的局限性，大大地限制了应用的灵活性。适用于所需功能不复杂及前端喇叭到机房距离不太远的场所	音频传输距离无限延伸，可运行在跨网关的局域网和因特网上，支持大范围的重要型应用，如从主校区到分校区集中控制广播，从公司总部到各个地区分部的同声广播，实现快速、可靠沟通
音质方面	音质差、功能单一，只能用于区域内的背景音乐、广播通知等活动，如无法满足厂房远程统一广播的需要，无法做到公司管理人员向所有厂房同时播放	终端输出音质接近 CD 级（44.1 kHz，16 bit），满足对声音质量要求较高的场合，如高考、大学四六级考试听力播放，及教室里的日常外语听力训练，每个发音都清晰可辨，不会被含混不清的声音干扰
可靠性方面	可管理性差、无法进行远程控制，由于只能以专用播放设备（磁带、唱片、CD 机等）或储存了 MP3 文件的计算机作为音源，需要专人在专门地点管理广播内容，因此无法使用现代技术对广播音源进行有效管理，更无法进行远程播放控制，不利于广播系统的灵活应用，造成资源浪费	服务器（Windows 操作系统）与 IP 网络广播主控机（嵌入式操作系统）提供双重保险，如一方出现故障，另一方可接管所有终端，确保系统基本功能正常运行。主控机与终端均采用工业级芯片，全天 24 h 工作，完全不受病毒侵扰。借助于成熟的以太网络硬件，整套系统无须额外的线路维护

IP 网络广播系统采用当今广泛使用的 TCP/IP 网络技术，将音频信号以标准 IP 数据包形式在局域网和广域网上进行传送，这是一套纯数字传输的双向音频扩声系统，解决了传统广播系统存在的音质不佳、维护管理复杂、缺乏互动性等问题。该系统设备使用简单，安装扩展方便，只需将音频终端接入计算机网络即可构成功能强大的数字化广播系统，每个接入点无须单独布线，真正实现计算机网络、数字视频监控、公共广播的多网合一。

IP 网络广播系统完全不同于传统广播系统，因建立在通用网络平台上，它的中心机房到前端网络设备通过网线传输信号，突破了传统广播信号传输的局限性。该系统还融入了数字音频技术，多方面体现了显著的优越性，如图 5-9 所示。

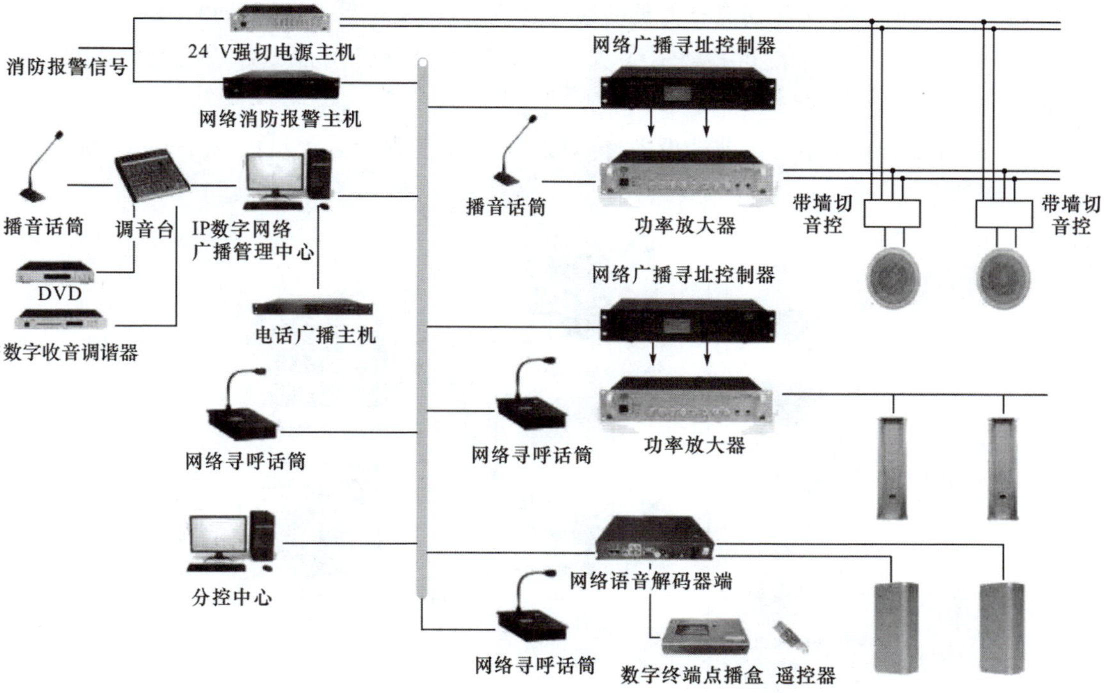

图 5-9　IP 网络广播系统

第四节　安全防范系统设备安装

一、基本知识

1. 安全防范系统的要求

现代化建筑在追求高效、便捷的同时，对安全性的要求也日益提升。因此，多层次的安全防范系统成为标配。

一个完整的安全防范系统应设置的子系统及功能如下：

(1)电视监控系统以图像监视为手段，对现场图像进行实时监视与录像。电视监视监控系统可以让保安人员直观地掌握现场情况，并能够通过录像回放进行分析。它即是应用电视系统的重要组成部分，也是安全防范系统的重要组成部分。当前电视监控系统已经与防盗报警系统有机地结合到一起，形成一个更为可靠的监控系统，如图 5-10 所示。

(2)入侵报警系统利用传感器技术和电子信息技术探测并指示非法进入或试图非法进入设防区域的行为，处理报警信息、发出报警信息。

(3)出入口控制系统利用自定义符识别或/和模式识别技术对出入口目标进行识别，并控制出入口执行机构启闭。例如门禁管理系统。

(4)电子巡查系统对保安巡查人员的巡查路线、方式及过程进行管理和控制。

(5)防爆安全检查系统可检查有关人员、行李、货物是否携带爆炸物、武器或其他违禁品。

(6)网络监控系统主要由前端设备、传输设备、中心控制设备等组成,如图 5-11 所示。

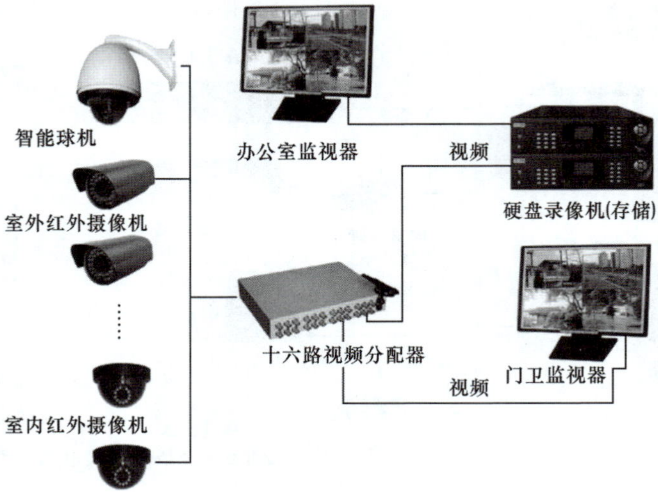

图 5-10 电视监控系统示例

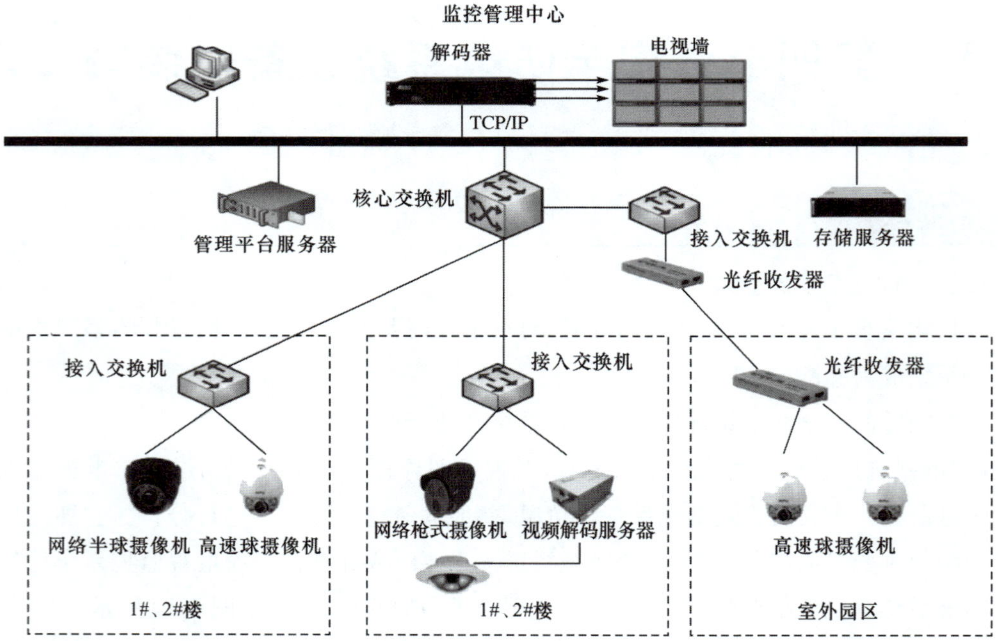

图 5-11 网络监控系统示例

第五节　通信系统设备安装

在当今信息极其发达的时代，通信设备是人类社会生产和社会活动不可或缺的工具，从固定电话的发明到移动电话的普及，从电报的兴起、普及到逐渐退出市场，再到图文传真的普遍应用及电子邮件的出现，再到 AI 技术的发展……这些都充分说明了通信技术发展迅速，更新换代快，技术高度密集。

一、基本概念

通信系统是用以完成信息传输过程的技术系统的总称。现代通信系统主要借助电磁波在自由空间的传播或在导引媒体中的机理来实现信息传输，前者称为无线通信系统，后者称为有线通信系统。

二、通信系统设备安装工程

1. 微波无线接入通信系统

完整的通信网是由核心网和接入网组成的。核心网又可称为干线网，多由光纤、电缆、微波通信设备、卫星通信设备等组成。分散于各地的用户不能直接连接在干线网上，只能就近寻找一个信息集合点，所有用户的信息在该点进行分类整理，然后再传送到干线网。分散信息汇集整理的这种通信网络称为接入网。电话交换机与所敷设的线缆以及座机一起所组成的通信网络，称为有线接入网。利用无线的方式完成接入功能的通信系统称为无线接入通信系统。微波通信是处于 300 MHz～3 000 GHz 频段内的通信。无线电波的划分见表 5-6。

表 5-6　　无线电波的划分

频段名称	频率范围	波段名称	波长范围
甚低频(VLF)	3～30 kHz	万米波，甚长波	10～100 km
低频(LF)	30～300 kHz	千米波，长波	1～10 km
中频(MF)	300 kHz～30 GHz	百米波，中波	100～1 000 m
高频(HF)	3～30 MHz	十米波，短波	10～100 m
甚高频(VHF)	30～300 MHz	米波，超短波	1～10 m
特高频(UHF)	30 MHz～3 000 MHz	分米波	10～100 cm
超高频(SHF)	3～30 GHz	厘米波	1～10 cm
极高频(EHF)	30～300 GHz	毫米波	1～10 mm
	300 GHz～3 THz	亚毫米波	0.1～1 mm

2. 窄带、宽带无线接入系统

无线接入系统的带宽是衡量设备对业务容量承载能力的重要指标。窄带、宽带并没有严格的界线。在此我们把 2 Mbit/s 以下的系统称为窄带系统，2 Mbit/s 以上的系统称为宽带系统。

按照接入网传输带宽的不同，接入网可以分为窄带接入网和宽带接入网两大类。

窄带有线接入可分为普通 Modem 拨号接入、ISDN 拨号接入、DDN 接入等；

宽带有线接入可分为 xDSL 接入、光纤接入、Cable Modem 接入和电力线接入；

无线窄带接入可分为 PAS 无线市话接入和 450 兆无线接入等；

无线宽带接入可分为多点多信道分布业务（MMDS）、本地多点分布式业务（LMDS）、无线局域网（WLAN）、无线城域网（WMAN）、无线广域网（WWAN）等。

3. 基站、用户站

无线接入通信网通常采用一点对多点的组网方式，处于中心位置的无线设备称为基站，又可以称为中心站。分散于基站外围的无线设备称为用户站。用户站直接与用户终端相连，基站一端以无线的方式与各用户站连接，另一端与干线网相连。基站通常由天线（全向）、馈线、柜机、基站主设备、网管设备、直流电源单元等组成；用户站由天线（定向）、馈线、用户站主设备、直流电源单元等组成。

4. 窄带接入

（1）基站主设备

它包含了基带处理单元、信道机单元。完成无线通信的信道形成、分配、控制等功能。

（2）用户站主设备

它包含了基带处理单元、信道机单元。在基站的控制下完成信道的占用、释放等功能。

（3）网管设备

它是接入系统的管理设备，管理人员通过该设备监视系统信道占用情况、通话用户号码、完成用户的等级设备、信道等设置。

（4）接口单元

它是通信系统与外围设备连接的单元。数据接口单元是主设备与数据终端互联的接口设备；基站话路接口单元完成基站主设备与交换机的连接，用户站接口单元完成用户站主设备与用户端电话机的连接。

（5）直流电源设备

它是将 220 V 交流电转化成设备所需要的低压直流电的设备。

5. 宽带接入

（1）基站主设备

在宽带接入系统中，基站主设备包括网管设备基带处理单元、接口单元、调制解调单元、直流电源单元。

（2）变频设备

它主要包括上变频设备和下变频设备，二者都通过中频与基站主设备连接，另一端与基站室外单元的收发设备连接。

（3）基站室外单元

它包括发射单元和接收单元，收发单元装在一起的称为收发单元一体；收发单元分别装在各自机壳内，称为收发单元分体。

（4）用户站主设备

它安装于用户侧的设备，主要包括接口单元、基带处理单元、调制解调单元。以中频与室外单元连接，主设备大多安装于室内。

(5)用户站室外单元

它包括收发信机和天线。

6. 卫星通信

卫星通信是指利用人造地球卫星作为中继站，转发无线电信号，在两个或多个地球站之间进行的通信。地球站是指设在地球表面（包括地面、海洋和大气中）上的无线电通信站；用于转发无线电信号的人造卫星叫作通信卫星。卫星通信实际上就是一种特殊的微波中继通信方式。

第六节　智能建筑设备防雷接地工程

一、概述

雷电是一种自然放电现象。由于雷电放电电压高、放电时间短，目前它无法被人类控制。雷云的生成、移动、放电的整个过程伴随多种物理效应，如：静电感应、高温高热、电磁辐射和光辐射等。这些物理效应的共同作用严重危害室内弱电设备的安全运行，甚至危及工作人员的安全。雷电灾害严重性还表现在波及面广，主要有两个方面的因素，首先积聚大量电荷的雷云有较大的活动范围，其放电过程的辐射范围可覆盖达几十公里，其次地面各种网络（电力、通信等网络）的相互渗透、错综复杂，使雷电灾害的范围进一步扩大。

在雷击中心数公里范围内都可能产生危险过电压，损害线路上的设备。

随着现代电子技术的蓬勃发展，大量的微电子设备（系统）得以在工业控制中应用和联网。由于其元器件的集成度愈来愈高，信息存储量愈来愈大，速度和精度不断提升，但工作电压仅有几伏，信息电流仅有微安级，因此对外界干扰极其敏感，对雷电等电磁脉冲和过电压的承受能力相对较弱，同时网络广域化又增大了系统（设备）受干扰的可能性。当雷电等引起的过电压和伴随的电磁场强度超过某一阈值时，轻则引起系统失灵（误动、信息丢失、性能下降、运行不稳定等），重则导致整个电子系统或其元器件永久性损坏。据统计，雷电其中尤其以雷击电磁脉冲为电子系统事故的主要元凶，且有逐年上升的趋势。因而，电子系统（设备）特别是网络信息系统（设备），必须实行雷电过电压防护。鉴于上述原因，在智能建筑弱电工程中必须考虑电压防护措施。

二、防雷接地要求

机房或设备间的接地，按其不同的功能分为直流工作接地、交流工作接地、安全保护接地。此外，为了防止雷电的危害而进行的接地，称为防雷保护接地；为了防止可能产生聚集静电荷而对用电设备等所进行的接地，称为防静电接地；为了实现屏蔽作用而进行的接地称为屏蔽接地或隔离接地。

智能建筑弱电工程综合布线接地要与设备间、配线间放置的应用设备接地系统一并考虑。符合应用设备要求的接地系统也必须满足综合布线接地的要求。

埋入土壤中或混凝土基础中,散流用的导体称为接地体。从引下线断接卡或换线处至接地体的连接导体称为接地线。接地体和接地线构成了接地装置。在接地装置中,接地电阻表示与大地结合好坏的指标。上述各种接地的接地电阻值必须遵循国家标准 GB/T 2887—2011《计算站场地通用规范》中的规定。

接地就以接地电流易于流动为目标,因此接地电阻越低,电流越容易流动。综合布线的接地应尽量减少电位变动,所以接地电阻越低越好。

在处理微电子设备的接地时要注意下述两点:

1. 信号电路和电源电路,高电平电路和低电平电路不应使用共地回路。

2. 灵敏电路的接地应各自隔离或屏蔽,以防地回流或静电感应而产生干扰。

三、电缆接地

在建筑物入口区、高层建筑物的每个楼层配线间以及每个二级交接间,都应设置接地装置。建筑物的入口区的接地装置位于保护器处或尽量接近保护器。干线电缆的屏蔽层必须用 4 mm^2 多股铜线焊接到干线所经过的配线间或二级交换间的接地装置上,而且干线电缆的屏蔽层必须保持连续。

建筑物引入电缆的屏蔽层必须焊接到建筑物入口区的接地装置上。各配线间或二级交接间的接地线应通过一根多股铜芯接地母线焊起来,再接到接地体。接地用线应尽可能位于建筑物的中心部位。面积比较大的配线间、设备间放置的应用设备又比较多,接地线应采取格栅方式,尽可能使配线间或设备间内等电位。非屏蔽干线电缆应放在金属线槽或金属管内,金属线槽(管)接头应连接牢固,保持电气连通,所经过的配线间用 6 mm^2 辫式铜带连接到接地装置。

接地电阻值应根据应用系统的设备接地要求来定。通常,电阻值不宜大于 1 Ω。当综合布线连接的应用设备或邻近有强电磁场干扰,而对接地电阻提出更高的要求时,应取其中的最小值作为设计依据。

接地装置的设计可参照国家标准 GB 50174—2017《数据中心设计规范》有关条款执行。高层建筑物的每个二级交接间都应设置接地装置。在建筑物入口处的接地装置上用直径 5 mm 多股铜芯线把入口电缆的屏蔽层与保护器地片焊接在一起。在楼层配线间电缆的屏蔽层应连至合格的配线架(柜)接地端。屏蔽层在配线间接地时,在进入或离开屏蔽的电缆之处,采用直径为 4 mm 的多股铜芯线把电缆的屏蔽层焊接到合格的配线间接地端。各楼层配线间或二级交接间的接地线分别焊接到接地母线上,由接地母线用一根接地线单点与接地体相连接的单点接地方式。各楼层配线间至接地母线的连接导线应采用多股编织的铜芯线,且应尽量缩短连接距离。高层建筑物的接地母线应尽可能位于建筑物的中心部位。

四、配线架(柜)接地

每个楼层配线架接地端子应当可靠地接到配线间的接地装置上。

从楼层配线架至接地极接地导线的直流电阻不得超过 1Ω,并且要永久保持其连通。

每个楼层配线架(柜)应该并联连接到接地极上,不应串联。

如果应用系统内有多个不同的接地装置,这些接地极应该相互连接,以减小接地装置之间的电位差。

布线的金属线槽或金属管应该接地，以减少阻抗。

五、接地体连接电缆的要求

1. 在距接地体 30 m 以内，接地导线用直径为 4 mm 的外包绝缘套的多股铜线缆。

2. 若距接地体超过 30 m 时，接地电缆的直径应参考下表的数值。

3. 配线间中的每个配线架(柜)均要可靠地接到配线架(柜)的接地排上，其接地导线应大于 2.5 mm^2，接地电阻要小于 1 Ω。

六、弱电专用接地系统组成

1. 接地线：接地线由矩形铜排(40×4)连接而成。走线方向按大楼的布线系统布置。需要防静电干扰的仪器设备通过铜芯导线与接地线连接，使整个系统形成一个独立的防静电抗干扰体系。

2. 接地体：接地体可采用钢管、圆钢、角钢、扁钢等制成。同时，为了增加其导电性、提高其防腐能力，可采用外表镀锌材料。

(1)接地体长度为 2.5 m 镀锌角钢(45×45)，数量 3 根。

(2)垂直做水平或耙形埋设。

(3)角钢间距为 2.5～3 m。

(4)埋设深度≥0.6 m。

(5)垂直接地体可用镀锌扁钢焊接而连成一体，接地体引出线与地线网若做螺钉连接需牢固可靠，接点作防腐处理。

(6)为了增加接地体的导电性，可对接地体的封闭环境进行降阻处理。可用石灰、盐、水、木碳酸、金属屑等材料按比例配制进行浇灌。

3. 防静电、抗干扰接地方案：

(1)在建筑结构四周设置四个接地体。

(2)在每个接地体与地网线相连处设置一个检测点。

(3)四个接地体与地线网可靠连接，使整个接地系统连成一个系统网。

4. 抗干扰地线是设备系统的低电平信号，同时为了安全起见，需设置一条安全地线，以防外壳感应电对人体的伤害，但要注意其接线方法。

(1)内壳与外壳用金属件连成一体，外壳与接地体用金属件连接，须可靠耐用。

(2)抗干扰信号地、屏蔽线须单独与接地体相连。

第七节　建筑智能化工程定额

一、青海省通用安装工程第五册《建筑智能化工程》(以下简称本册定额)适用于智能大厦、智能小区项目中 智能化系统安装、调试工程。

二、本册定额编制的主要技术依据有：

1.《通用安装工程工程量计算规范》GB 50856—2013

2.《建设工程分类标准》GB/T 50841—2013

3.《智能建筑工程施工规范》GB 50606—2010

4.《智能建筑工程质量验收规范》GB 50339—2013

三、本册定额不包括下列内容：

1.电源线、控制电缆敷设、电缆托架铁架制作、电线槽安装、桥架安装、电线管敷设、电缆沟工程、电缆保护管敷设以及 UPS 电源及附属设施、配电箱等安装，执行第四册《电气设备安装工程》相应项目。

2.为配合业主或认证单位验收测试而发生的费用，在合同中协商确定。

3.本册定额的设备、天线、铁塔安装工程按成套购置考虑，包括构件、标准件、附件和设备内部连线。

四、下列费用可按系数分别计取：

1.操作高度增加费：安装高度距离楼面或地面 5 m 时，超出部分工程量按定额人工费乘表 5-7 的系数。

表 5-7　　操作高度增加费系数

操作高度/m	≤10	≤30	≤50
系数	1.20	1.35	1.50

2.建筑物超高增加费：高度在 6 层或 20m 以上的工业与民用建筑物上进行安装时增加的费用，按表 5-8 计算，其费用中人工费占 65%。

表 5-8　　超高增加费系数

建筑物檐高/m	≤40	≤60	≤80	≤100	≤120	≤140	≤160	≤180	≤200
建筑层数(层)	≤12	≤18	≤24	≤30	≤36	≤42	≤48	≤54	≤60
按人工费的比例%	2	5	9	14	20	26	32	38	44

五、本册定额所涉及的系统试运行(除有特殊要求外)是按连续无故障运行 120 h 考虑的，超出时费用另行计算。

六、本册定额涉及的各个系统，在项目实施过程中使用的水、电、气等费用，按实际发生的费用计入工程造价。

七、有关说明：本册定额的人工工日以合计工日表示，根据安装工程的对象不同，按普工、安装和调试工加权平均计算。

第六章
安装工程工程量清单编制

章节概述

安装工程工程量清单编制是工程项目管理的重要组成部分，它涉及工程项目的成本控制、进度控制和质量管理等多个方面。安装工程工程量清单编制的主要任务是根据工程设计文件和施工图纸，对安装工程的各个分部分项工程进行详细的量化分析，以确定各个分部分项工程的工程量。本章重点介绍安装工程工程量清单编制的目的、意义和作用，以及其在工程项目管理中的地位和作用；工程量清单编制的基本原理，包括工程量的概念、性质和分类，以及工程量清单编制的基本方法和步骤；如何根据工程设计文件和施工图纸，编制出详细的工程量清单；如何根据工程量清单，计算出各个分部分项工程的工程量；如何使用专业的工程量软件，进行工程量的计算和管理；通过具体的案例，分析和解释工程量清单编制的过程和方法。

教学目标

• 知识目标

通过本章的学习，使学生理解安装工程工程量的基本概念，包括工程量的定义、分类和重要性；熟悉国家或行业内关于安装工程量计算的标准和规范，了解如何根据这些标准进行工程量的计量和估算；掌握各种安装工程量计算的方法和技巧，包括但不限于手工计算和利用专业软件进行计算。

• 能力目标

培养学生通过阅读和解析工程设计图纸来识别和提取相关数据，为工程量计算提供基础；指导学生如何根据设计文件和施工图纸编制详细的工程量清单；通过案例分析、模拟练习和项目实践，提高学生将理论知识应用于实际工程项目的能力。

德育要点

鼓励学生在团队中进行有效沟通和协作，以完成复杂的工程量清单编制任务；激发学生的自我学习和自我提升的意识，使其能够跟上行业的发展趋势，不断更新和扩充自己的专业知识体系。

安装工程工程量清单项目包括机械设备安装工程、电气设备安装工程、热力设备安装工程、给排水、采暖、燃气工程等共 14 册内容，在本章介绍电气设备安装工程和给排水、采暖、燃气工程，即 2020 版《青海省通用安装工程消耗量定额与基价》第四册《电气设备安装工程》、第十册《给排水采暖、燃气安装工程》内容。

第一节　电气设备安装工程

《电气设备安装工程》适用于工业与民用电压等级≤10 kV 变配电设备及线路安装、车间动力电气设备及电气照明器具安装、防雷及接地装置安装、配管配线、电梯电气装置、电气设备调整试验等工程。内容包括变压器安装、配电装置安装、绝缘子和母线安装、配电控制与保护及直流装置安装、蓄电池安装、发电机与电动机检查接线、金属构件和穿墙套板安装、滑触线安装、配电与输电电缆敷设、防雷及接地装置安装、电压等级≤10 kV架空线路输电、配管、配线、照明器具安装、低压电器设备安装、起重运输设备电气装置安装及电气设备调试内容。电气设备安装工程工程量清单项目包括以下内容。

一、变压器安装工程

变压器安装工程编码为 030401。

变压器安装工程包括的清单项目有油浸式变压器、干式变压器、非晶合金变压器、单相变压器、消弧线圈等 7 项内容。

1. 油浸式变压器安装工程量清单的编制

(1)工程内容

油浸式变压器安装，包括开箱检查，本体就位，器身检查，套管、油枕及散热器清洗，油柱试验，风扇、油泵电机解体检查接线，附件安装，垫铁制作与安装，补充注油及安装后整体密封试验，接地，补漆，单体调试。

(2)工程量计算规则

油浸式变压器安装，应根据项目特征(名称、型号、容量(kV · A))，以“台”为计量单位，工程量按设计图示数量计算。

(3)工程量清单编制

油浸式变压器安装项目编码：030401001，其各清单项目名称顺序码，根据名称、型号、容量(kV · A)分别编制。

2. 干式变压器安装工程量清单的编制

(1)工程内容

干式变压器安装，包括开箱检查、本体就位、垫铁制作与安装、附件安装、接地、补漆、单体调试。

(2)工程量计算规则

干式变压器安装，应根据项目特征(名称、型号、容量(kV · A))，以“台”为计量单位，工程量按设计图示数量计算。

(3)工程量清单编制

干式变压器安装项目编码:030401002,其各清单项目名称顺序码,根据名称、型号、容量(kV・A)分别编制。

3. 非晶合金变压器安装工程量清单的编制

(1)工程内容

非晶合金变压器安装,包括开箱检查、本体就位、垫铁制作与安装、附件安装、接地、补漆、单体调试。

(2)工程量计算规则

非晶合金变压器安装,应根据项目特征(名称、型号、容量(kV・A)),以"台"为计量单位,工程量按设计图示数量计算。

(3)工程量清单编制

非晶合金变压器安装项目编码:030401003,其各清单项目名称顺序码,根据名称、型号、容量(kV・A)分别编制。

4. 单相变压器安装工程量清单的编制

(1)工程内容

单相变压器安装,包括开箱检查、本体就位、垫铁制作与安装、附件安装、接地、补漆、单体调试。

(2)工程量计算规则

单相变压器安装,应根据项目特征(名称、型号、规格、容量(kV・A)),以"台"为计量单位,工程量按设计图示数量计算。

(3)工程量清单编制

单相变压器安装项目编码:030401004,其各清单项目名称顺序码,根据名称、型号、规格、容量(kV・A)分别编制。

5. 消弧线圈安装工程量清单的编制

(1)工程内容

消弧线圈安装,包括开箱检查、本体就位、器身检查、附件安装、垫铁制作与安装、补充注油及安装后整体密封试验、接地、补漆、单体调试。

(2)工程量计算规则

消弧线圈安装,应根据项目特征(名称、型号、规格、容量(kV・A)),以"台"为计量单位,工程量按设计图示数量计算。

(3)工程量清单编制

消弧线圈安装项目编码:030401005,其各清单项目名称顺序码,根据名称、型号、规格、容量(kV・A)分别编制。

6. 绝缘油过滤工程量清单的编制

(1)工程内容

绝缘油过滤,包括过滤前的准备、过滤后的清洗、油过滤、取样油、配合试验。

(2)工程量计算规则

绝缘油过滤,应根据项目特征(名称、型号、容量(kV·A)),以“t”为计量单位,工程量按设计图示数量计算。

(3)工程量清单编制

绝缘油过滤项目编码:030401006,其各清单项目名称顺序码,根据名称、型号、容量(kV·A)分别编制。

7. 电力变压器干燥工程量清单的编制

(1)工程内容

电力变压器干燥,包括准备、干燥维护、检查、记录整理、清扫、收尾及注油。

(2)工程量计算规则

电力变压器干燥,应根据项目特征(名称、型号、规格、容量(kV·A)),以“台”为计量单位,工程量按设计图示数量计算。

(3)工程量清单编制

电力变压器干燥项目编码:030401007,其各清单项目名称顺序码,根据名称、型号、规格、容量(kV·A)分别编制。

二、配电装置安装工程

配电装置安装工程编码为030402。

配电装置安装工程包括的清单项目有断路器安装,隔离开关、负荷开关安装,互感器安装,熔断器、避雷器安装,电抗器安装,电容器安装,交流滤波装置组架(TJL系列)安装,开闭式成套配电装置安装,成套配电柜安装,成套配电箱安装等13项内容。

1. 断路器安装工程量清单的编制

(1)工程内容

断路器安装,包括开箱、解体检查、组合、安装及调整、传动装置安装调整、动作检查、消弧室干燥、注油、接地、单体调试。

(2)工程量计算规则

断路器安装包括:油断路器安装、真空断路器安装、SF6断路器安装、空气断路器安装,以上项目应根据项目特征(名称、型号、容量(A)),以“台”为计量单位,工程量按设计图示数量计算。

(3)工程量清单编制

断路器安装项目编码:030402001,其各清单项目名称顺序码,根据名称、型号、容量(A)分别编制。

2. 隔离开关、负荷开关安装工程量清单的编制

(1)工程内容

隔离开关、负荷开关安装,包括开箱检查、安装固定、调整、拉杆配置和安装、操作机构联锁装置接头检查、安装接地、单体调试。

(2)工程量计算规则

隔离开关、负荷开关安装,应根据项目特征(名称、型号、容量),以“组”为计量单位,工程量按设计图示数量计算。

(3)工程量清单编制

隔离开关、负荷开关安装项目编码:030402002,其各清单项目名称顺序码,根据名称、型号、容量分别编制。

3. 互感器安装工程量清单的编制

(1)工程内容

互感器安装,包括开箱检查、打眼、安装固定、接地、单体调试。

(2)工程量计算规则

互感器安装,应根据项目特征(名称、型号、规格、类型),以“台”为计量单位,工程量按设计图示数量计算。

(3)工程量清单编制

互感器安装项目编码:030402003,其各清单项目名称顺序码,根据名称、型号、规格、类型分别编制。

4. 熔断器、避雷器安装工程量清单的编制

(1)工程内容

熔断器、避雷器安装,包括开箱检查、打眼、安装固定、接地、单体调试。

(2)工程量计算规则

熔断器、避雷器安装,应根据项目特征(名称、型号、规格、电压等级),以“组”为计量单位,工程量按设计图示数量计算。

(3)工程量清单编制

熔断器、避雷器安装项目编码:030402004,其各清单项目名称顺序码,根据名称、型号、规格、电压等级分别编制。

5. 电抗器安装工程量清单的编制

(1)工程内容

电抗器安装,包括开箱检查、安装固定、接地。

(2)工程量计算规则

电抗器安装,应根据项目特征(名称、型号、规格、质量),以“组”或“台”为计量单位,工程量按设计图示数量计算。

(3)工程量清单编制

电抗器安装项目编码:030402005,其各清单项目名称顺序码,根据名称、型号、规格、质量分别编制。

6. 电容器安装工程量清单的编制

(1)工程内容

电容器安装,包括开箱检查、安装固定、接地。

(2)工程量计算规则

电容器安装,应根据项目特征(名称、型号、规格、质量),以“个”为计量单位,工程量按设计图示数量计算。

(3)工程量清单编制

电容器安装项目编码:030402006,其各清单项目名称顺序码,根据名称、型号、规格、质量分别编制。

7. 交流滤波装置组架(TJL 系列)安装工程量清单的编制

(1)工程内容

交流滤波装置组架(TJL 系列)安装,包括开箱检查、安装固定、接地。

(2)工程量计算规则

交流滤波装置组架(TJL 系列)安装,应根据项目特征(名称、型号、规格、容量),以“台”为计量单位,工程量按设计图示数量计算。

(3)工程量清单编制

交流滤波装置组架(TJL 系列)安装项目编码:030402007,其各清单项目名称顺序码,根据名称、型号、规格、容量分别编制。

8. 开闭式成套配电装置安装工程量清单的编制

(1)工程内容

开闭式成套配电装置安装,包括开箱清点检查、就位、找正、固定、联锁装置检查、导体接触面检查、接地等。

(2)工程量计算规则

开闭式成套配电装置安装,应根据项目特征(名称、型号、容量(kV·A)),以“座”为计量单位,工程量按设计图示数量计算。

(3)工程量清单编制

开闭式成套配电装置安装项目编码:030402008,其各清单项目名称顺序码,根据名称、型号、容量(kV·A)分别编制。

9. 成套配电柜安装工程量清单的编制

(1)工程内容

成套配电柜安装,包括基础槽钢制作、安装,柜体安装,支持绝缘子、穿墙套管耐压试验及安装,穿通板制作、安装,母线桥安装,刷油漆。

(2)工程量计算规则

成套配电柜安装,应根据项目特征(名称、型号、规格、母线设置方式、回路),以“面”为计量单位,工程量按设计图示数量计算。

(3)工程量清单编制

成套配电柜安装项目编码:030402009,其各清单项目名称顺序码,根据名称、型号、规格、母线设置方式、回路分别编制。

10. 成套配电箱安装工程量清单的编制

（1）工程内容

成套配电箱安装，包括测定、打孔、固定、接线、开关及机构调整、接地。

（2）工程量计算规则

成套配电箱安装，应根据项目特征（名称、型号、规格、母线设置方式、回路），以“台”为计量单位，工程量按设计图示数量计算。

（3）工程量清单编制

成套配电箱安装项目编码：030402010，其各清单项目名称顺序码，根据名称、型号、规格、母线设置方式、回路分别编制。

11. 组合式成套配箱式变电站安装工程量清单的编制

（1）工程内容

组合式成套配箱式变电站安装，包括开箱清点检查、就位、找正、固定、联锁装置检查、导体接触面检查、接地等。

（2）工程量计算规则

组合式成套配箱式变电站安装，应根据项目特征（名称、型号、规格、母线设置方式、回路），以“座”或“台”为计量单位，工程量按设计图示数量计算。

（3）工程量清单编制

组合式成套配箱式变电站安装项目编码：030402011，其各清单项目名称顺序码，根据名称、型号、规格、母线设置方式、回路分别编制。

12. 配电智能设备安装调试工程量清单的编制

（1）工程内容

配电智能设备安装调试，包括安装内容和调试内容。安装内容包括：开箱检查、清洗、安装、固定、接地。调试内容包括：插件外观检查、通电初步检查、装置参数检查、就地分合测试、三遥功能测试等。

（2）工程量计算规则

配电智能设备安装调试，应根据项目特征（名称、型号、规格、母线设置方式、回路），以“台”或“块”为计量单位，工程量按设计图示数量计算。

（3）工程量清单编制

配电智能设备安装调试项目编码：030402012，其各清单项目名称顺序码，根据名称、型号、规格、母线设置方式、回路分别编制。

13. 电抗器干燥工程量清单的编制

（1）工程内容

电抗器干燥，包括准备、通电干燥、维护值班、测量、记录、清理。

（2）工程量计算规则

电抗器干燥，应根据项目特征（名称、型号、规格、电压等级），以“组”或“台”为计量单位，工程量按设计图示数量计算。

(3)工程量清单编制

电抗器干燥项目编码:030402013,其各清单项目名称顺序码,根据名称、型号、规格、类型分别编制。

三、绝缘子、母线安装工程

绝缘子、母线安装工程编码为030403。

绝缘子、母线安装工程包括的清单项目有绝缘子、穿墙套管、软母线、矩形母线、槽形母线、管形母线、封闭母线、低压封闭式插接母线槽、重型母线安装等10项。

1. 绝缘子安装工程量清单的编制

(1)工程内容

绝缘子安装,包括开箱检查、清扫、绝缘遥测、组合安装、固定、接地、单体调试。

(2)工程量计算规则

绝缘子安装应根据项目特征(型号、规格、数量(跨/三相)),以"个或串"为计量单位,工程量按设计图示尺寸以单线长度计算。

(3)工程量清单编制

绝缘子安装项目编码:030403001,其各清单项目名称顺序码,根据型号、规格、数量分别编制。

2. 穿墙套管安装工程量清单的编制

(1)工程内容

穿墙套管安装,包括开箱检查、清扫、绝缘遥测、组合安装、固定、接地、单体调试。

(2)工程量计算规则

穿墙套管安装,应根据项目特征(型号、规格、数量(跨/三相)),以"个"为计量单位,工程量按设计图示尺寸以单线长度计算。

(3)工程量清单编制

穿墙套管安装项目编码:030403002,其各清单项目名称顺序码,根据型号、规格、数量分别编制。

3. 软母线安装工程量清单的编制

(1)工程内容

软母线安装,包括检查下料、压接、组装、悬挂、调整弧度、紧固、单体调试。

(2)工程量计算规则

软母线安装,应根据项目特征(型号、规格、数量(跨(组)/三相)),以"跨(组)/三相"为计量单位,工程量按设计图示计算。

(3)工程量清单编制

软母线安装项目编码:030403003,其各清单项目名称顺序码,根据型号、规格、数量(跨(组)/三相)分别编制。

4. 矩形母线安装工程量清单的编制

(1)工程内容

矩形母线安装,包括检查下料、压接、组装、悬挂、调整弧度、紧固、单体调试。

(2)工程量计算规则

矩形母线安装,应根据项目特征(型号、规格、数量(m/单相)),以"m/单相"为计量单位,工程量按设计图示尺寸以单线长度计算。

(3)工程量清单编制

矩形母线安装项目编码:030403004,其各清单项目名称顺序码,根据型号、规格、数量(m/单相)分别编制。

5. 槽形母线安装工程量清单的编制

(1)工程内容

槽形母线安装,包括平直、下料、煨弯、钻孔、对口、焊接、安装固定、刷分相漆。

(2)工程量计算规则

槽形母线安装,应根据项目特征(型号、规格),以"m/单相"或"台"为计量单位,工程量按设计图示以定额中计价单位分别计算。

(3)工程量清单编制

槽形母线安装项目编码:030403005,其各清单项目名称顺序码,根据型号、规格分别编制。

6. 管形母线安装工程量清单的编制

(1)工程内容

管形母线安装,包括平直、下料、煨弯、钻孔、对口、焊接、安装固定、刷分相漆。

(2)工程量计算规则

管形母线安装,应根据项目特征(型号、规格、材质),以"m/单相"为计量单位,工程量按设计图示尺寸以单线长度计算。

(3)工程量清单编制

管形母线安装项目编码:030403006,其各清单项目名称顺序码,根据型号、规格、材质分别编制。

7. 封闭母线安装工程量清单的编制

(1)工程内容

封闭母线安装,包括配合预埋铁件、中心线测量定位、开箱清点检查、设备安装调试、焊接、接地、刷漆、充气、密封检查、配合调试。

(2)工程量计算规则

封闭母线安装,应根据项目特征(型号、规格),以"m"为计量单位,工程量按设计图示尺寸以长度计算。

(3)工程量清单编制

封闭母线安装项目编码:030403007,其各清单项目名称顺序码,根据型号、规格分别编制。

8. 低压封闭式插接母线槽安装工程量清单的编制

(1)工程内容

低压封闭式插接母线槽安装,包括开箱检查、接头清洗处理、绝缘测试、吊装就位、母线槽连接、固定、接地、补漆。

(2)工程量计算规则

低压封闭式插接母线槽安装,应根据项目特征(型号、容量(A)),以"m"或"台"为计量单位,工程量按设计图示以定额中计价单位分别计算。

(3)工程量清单编制

低压封闭式插接母线槽安装项目编码:030403008,其各清单项目名称顺序码,根据型号、容量(A)分别编制。

9. 重型母线安装工程量清单的编制

(1)工程内容

重型母线安装,包括平直、下料、煨弯、钻孔、接触面搪锡、焊接、组合、安装。

(2)工程量计算规则

重型母线安装,应根据项目特征(型号、容量(A)),以"t""个""束"或"片/单相"为计量单位,工程量按设计图示以定额中计价单位分别计算。

(3)工程量清单编制

重型母线安装项目编码:030403009,其各清单项目名称顺序码,根据型号、容量(A)分别编制。

10. 母线绝缘热缩管安装工程量清单的编制

(1)工程内容

母线绝缘热缩管安装,包括下料、热缩、固定。

(2)工程量计算规则

母线绝缘热缩管安装,应根据项目特征(型号、容量(A)),以"m"为计量单位,工程量按设计图示尺寸以长度计算。

(3)工程量清单编制

母线绝缘热缩管安装项目编码:030403010,其各清单项目名称顺序码,根据型号、容量(A)分别编制。

四、配电控制、保护、直流装置安装工程

配电控制、保护、直流装置安装工程编码为030404。

配电控制、保护、直流装置安装工程包括的清单项目有6个,各项目清单编制方法如下:

1. 控制、继电、模拟屏安装工程量清单的编制

(1)工程内容

控制、继电、模拟屏安装,包括开箱,检查,安装,电器、表计及继电器等附件的拆除,送交试验,盘内整理及一次校线,接线,补漆。

(2)工程量计算规则

控制屏、继电屏、信号屏、模拟屏、低压开关柜、配电(电源)屏、弱电控制返回屏安装,应根据项目特征(名称、型号、规格),以“台”为计量单位,工程量按设计图示数量计算。

(3)工程量清单编制

控制、继电、模拟屏安装项目编码:030404001,其各清单项目名称顺序码,根据名称、型号、规格分别编制。

2. 控制台、控制箱安装工程量清单的编制

(1)工程内容

控制台、控制箱安装,包括开箱,检查,安装,各种电器、表计等附件的拆除,送交试验,盘内整理及一次校线,接线,补漆。

(2)工程量计算规则

控制台、控制箱安装,工程量计算规则见控制、继电、模拟屏。

(3)工程量清单编制

控制台、控制箱安装项目编码:030404002,其各清单项目名称顺序码,根据名称、型号、规格分别编制。

3. 端子箱、端子板安装及端子板外部接线工程量清单的编制

(1)工程内容

端子箱、端子板安装及端子板外部接线,包括开箱、检查、安装、各种电器和表计拆除、试验、校线、套绝缘管、压焊端子、接线、补漆、送交试验。

(2)工程量计算规则

端子箱、端子板安装及端子板外部接线,应根据项目特征(名称、型号、规格),以“台/组/个”为计量单位,工程量按设计图示数量计算。

(3)工程量清单编制

端子箱、端子板安装及端子板外部接线项目编码:030404003,其各清单项目名称顺序码,根据名称、型号、规格分别编制。

4. 接线端子工程量清单的编制

(1)工程内容

接线端子,包括削线头、套绝缘管、焊接头、包缠绝缘带。

(2)工程量计算规则

接线端子应根据项目特征(名称、型号、规格),以“个”为计量单位,工程量按设计图示数量计算。

(3)工程量清单编制

接线端子项目编码:030404004,其各清单项目名称顺序码,根据名称、型号、规格分别编制。

5. 高频开关电源安装工程量清单的编制

(1)工程内容

高频开关电源安装,包括开箱检查、清洁搬运、划线定位、安装固定、调整垂直与水平、安装附件、绝缘测试、通电前检查、单机主要电气性能调试。

(2)工程量计算规则

高频开关电源安装,应根据项目特征(名称、型号、规格),以“台”为计量单位,工程量按设计图示数量计算。

(3)工程量清单编制

高频开关电源安装项目编码:030404005,其各清单项目名称顺序码,根据名称、型号、规格分别编制。

6. 直流屏(柜)安装工程量清单的编制

(1)工程内容

直流屏(柜)安装,包括开箱、检查、安装、一次接线、接地、补漆。

(2)工程量计算规则

直流屏(柜)安装,应根据项目特征(名称、型号、规格),以“台”为计量单位,工程量按设计图示数量计算。

(3)工程量清单编制

直流屏(柜)安装项目编码:030404006,其各清单项目名称顺序码,根据名称、型号、规格分别编制。

五、蓄电池安装工程

蓄电池安装工程编码为 030405。

蓄电池安装工程包括的清单项目有 7 个,各项目清单编制方法如下:

1. 蓄电池防震支架安装工程量清单的编制

(1)工程内容

蓄电池防震支架安装,包括打眼、固定、组装、焊接、刷漆。

(2)工程量计算规则

蓄电池防震支架安装,应根据项目特征(名称、型号、容量),以“m”为计量单位,工程量按设计图示长度计算。

(3)工程量清单编制

蓄电池防震支架安装项目编码:030405001,其各清单项目名称顺序码,根据名称、型号、容量分别编制。

2. 碱性蓄电池安装工程量清单的编制

(1)工程内容

碱性蓄电池安装,包括检查测试、安装固定、极柱连接、补充注液。

(2)工程量计算规则

碱性蓄电池安装,应根据项目特征(名称、型号、容量),以“个”为计量单位,工程量按设计图示数量计算。

(3)工程量清单编制

碱性蓄电池安装项目编码:030405002,其各清单项目名称顺序码,根据名称、型号、容量分别编制。

3. 密闭式铅酸蓄电池安装工程量清单的编制

(1)工程内容

密闭式铅酸蓄电池安装,包括搬运、开箱、检查、安装、连接线、配注电解液、标志标号。

(2)工程量计算规则

密闭式铅酸蓄电池安装,应根据项目特征(名称、型号、容量),以“个”为计量单位,工程量按设计图示数量计算。

(3)工程量清单编制

密闭式铅酸蓄电池安装项目编码:030405003,其各清单项目名称顺序码,根据名称、型号、容量分别编制。

4. 免维护铅酸蓄电池安装工程量清单的编制

(1)工程内容

免维护铅酸蓄电池安装,包括搬运、开箱、检查、支架固定、蓄电池就位、整理检查、连接与接线、护罩安装、标志标号。

(2)工程量计算规则

免维护铅酸蓄电池安装,应根据项目特征(名称、型号、容量),以“组件”为计量单位,工程量按设计图示数量计算。

(3)工程量清单编制

免维护铅酸蓄电池安装项目编码:030405004,其各清单项目名称顺序码,根据名称、型号、容量分别编制。

5. 蓄电池组充放电工程量清单的编制

(1)工程内容

蓄电池组充放电,包括直流回路检查、放电设施准备、初充电、放电、再充电、测量、记录技术数据。

(2)工程量计算规则

蓄电池组充放电,应根据项目特征(名称、型号、容量),以“组”为计量单位,工程量按设计图示数量计算。

(3)工程量清单编制

蓄电池组充放电项目编码:030405005,其各清单项目名称顺序码,根据名称、型号、容量分别编制。

6. UPS 安装工程量清单的编制

(1)工程内容

UPS 安装,包括开箱、检查、安装底座、接线、接地、动作试验。

(2)工程量计算规则

UPS 安装,应根据项目特征(名称、型号、容量),以“台”为计量单位,工程量按设计图示数量计算。

(3)工程量清单编制

UPS 安装项目编码:030405006,其各清单项目名称顺序码,根据名称、型号、容量分别编制。

7. 太阳能电池安装工程量清单的编制

(1)工程内容

太阳能电池安装，包括开箱检查、清洁搬运、起吊安装组件、调整方位和俯视角、测试、记录、钢架简易基础砌筑、钢架固定等。

(2)工程量计算规则

太阳能电池安装，应根据项目特征(名称、型号、容量)，以"m^2""块"或"台"为计量单位，工程量按设计图示以定额中计价单位分别计算。

(3)工程量清单编制

太阳能电池安装项目编码：030405007，其各清单项目名称顺序码，根据名称、型号、容量分别编制。

六、发电机、电动机检查接线工程

发电机、电动机检查接线工程编码为 030406。

发电机、电动机检查接线工程包括的清单项目有 10 个，各项目清单编制方法如下：

1. 发电机检查接线工程量清单的编制

(1)工程内容

发电机检查接线，包括检查定子、转子、研磨电刷、安装电刷、测量轴承绝缘、配合密闭试验、接地、干燥、整修整流子及清理。

(2)工程量计算规则

发电机检查接线，应根据项目特征(型号、容量(kW))，以"台"为计量单位，工程量按设计图示数量计算。

(3)工程量清单编制

发电机检查接线项目编码：030406001，其各清单项目名称顺序码，根据型号、容量(kW)分别编制。

2. 直流发电机检查接线工程量清单的编制

(1)工程内容

直流发电机检查接线，包括发电机检查、电刷架安装、电刷研磨安装、安装电刷、测量轴承绝缘、配合穿转子、配合密闭试验、测量空气间隙、接地、干燥、励磁机检查。

(2)工程量计算规则

直流发电机检查接线，应根据项目特征(型号、容量(kW))，以"台"为计量单位，工程量按设计图示数量计算。

(3)工程量清单编制

直流发电机检查接线项目编码：030406002，其各清单项目名称顺序码，根据型号、容量(kW)分别编制。

3. 直流电动机检查接线工程量清单的编制

(1)工程内容

直流电动机检查接线，包括检查定子、转子和轴承，吹扫、调整和研磨电刷，测量空气间隙，手动盘车检查电动机转动情况，接地，空载试运转。

(2)工程量计算规则

直流电动机检查接线，应根据项目特征(型号、容量(kW))，以“台”为计量单位，工程量按设计图示数量计算。

(3)工程量清单编制

直流电动机检查接线项目编码：030406003，其各清单项目名称顺序码，根据型号、容量(kW)分别编制。

4. 交流电动机检查接线工程量清单的编制

(1)工程内容

交流电动机检查接线，包括检查定子、转子和轴承，吹扫、调整和研磨电刷，测量空气间隙，手动盘车检查电动机转动情况，接地，空载试运转。

(2)工程量计算规则

交流电动机检查接线，应根据项目特征(型号、容量(kW))，以“台”为计量单位，工程量按设计图示数量计算。

(3)工程量清单编制

交流电动机检查接线项目编码：030406004，其各清单项目名称顺序码，根据型号、容量(kW)分别编制。

5. 立式电动机检查接线工程量清单的编制

(1)工程内容

立式电动机检查接线，包括检查定子、转子和轴承，吹扫、调整和研磨电刷，测量空气间隙，手动盘车检查电动机转动情况，接地，空载试运转。

(2)工程量计算规则

立式电动机检查接线，应根据项目特征(型号、容量(kW))，以“台”为计量单位，工程量按设计图示数量计算。

(3)工程量清单编制

立式电动机检查接线项目编码：030406005，其各清单项目名称顺序码，根据型号、容量(kW)分别编制。

6. 大中型电动机检查接线工程量清单的编制

(1)工程内容

大中型电动机检查接线，包括检查定子、转子和轴承，吹扫、调整和研磨电刷，测量空气间隙，用机械盘车检查电动机转动情况，接地，空载试运转。

(2)工程量计算规则

大中型电动机检查接线，应根据项目特征(型号、容量(kW))，以“台/t”为计量单位，工程量按设计图示数量计算。

(3)工程量清单编制

大中型电动机检查接线项目编码:030406006,其各清单项目名称顺序码,根据型号、容量(kW)分别编制。

7. 微型电机、变频机组检查接线工程量清单的编制

(1)工程内容

微型电机、变频机组检查接线,包括检查定子、转子和轴承,吹扫、调整和研磨电刷,测量空气间隙,手动盘车检查电机转动情况,接地,空载试运转。

(2)工程量计算规则

微型电机、变频机组检查接线,应根据项目特征(型号、容量(kW)),以"台/t"为计量单位,工程量按设计图示数量计算。

(3)工程量清单编制

微型电机、变频机组检查接线项目编码:030406007,其各清单项目名称顺序码,根据型号、容量(kW)分别编制。

8. 电磁调速电动机检查接线工程量清单的编制

(1)工程内容

电磁调速电动机检查接线,包括检查定子、转子和轴承,吹扫、调整和研磨电刷,测量空气间隙,手动盘车检查电动机转动情况,接地,空载试运转。

(2)工程量计算规则

电磁调速电动机检查接线,应根据项目特征(型号、容量(kW)),以"台"为计量单位,工程量按设计图示数量计算。

(3)工程量清单编制

电磁调速电动机检查接线项目编码:030406008,其各清单项目名称顺序码,根据型号、容量(kW)分别编制。

9. 励磁电阻器检查接线工程量清单的编制

(1)工程内容

励磁电阻器检查接线,包括检查、测量、配合密闭试验、接地、干燥、整修整流子及清理。

(2)工程量计算规则

励磁电阻器检查接线,应根据项目特征(型号、容量(kW)),以"台"为计量单位,工程量按设计图示数量计算。

(3)工程量清单编制

励磁电阻器检查接线项目编码:030406009,其各清单项目名称顺序码,根据型号、容量(kW)分别编制。

10. 发电机励磁电阻器安装工程量清单的编制

(1)工程内容

发电机励磁电阻器安装,包括检查、测量、配合密闭试验、接地、干燥、整修整流子及清理。

(2)工程量计算规则

发电机励磁电阻器安装，应根据项目特征(型号、容量(kW))，以“台”为计量单位，工程量按设计图示数量计算。

(3)工程量清单编制

发电机励磁电阻器安装项目编码：030406010，其各清单项目名称顺序码，根据型号、容量(kW)分别编制。

七、金属构件、穿墙套板安装工程

金属构件、穿墙套板安装工程编码为 030407。

金属构件、穿墙套板安装工程包括的清单项目有 3 个，各项目清单编制方法如下：

1. 金属构件制作与安装工程量清单的编制

(1)工程内容

金属构件制作与安装，包括平直、下料、钻孔、安装、油漆。

(2)工程量计算规则

金属构件制作与安装，应根据项目特征(基础槽钢、角钢制作与安装，设备布置)，按照设计图示数量以“m”为计量单位进行计算。

(3)工程量清单编制

金属构件制作与安装项目编码：030407001，其各清单项目名称顺序码，根据基础槽钢、角钢制作与安装，设备布置分别编制。

2. 穿墙板制作与安装工程量清单的编制

(1)工程内容

穿墙板制作与安装，包括穿通板平直、下料、制作、焊接、打洞、安装、接地、油漆。

(2)工程量计算规则

穿墙板制作与安装，应根据项目特征(工艺布置和套板材质)，按照设计图示数量以“块”为计量单位进行计算。

(3)工程量清单编制

穿墙板制作与安装项目编码：030407002，其各清单项目名称顺序码，根据工艺布置和套板材质分别编制。

3. 金属网、网门制作与安装工程量清单的编制

(1)工程内容

金属网、网门制作与安装，包括制作、平直、划线、钻孔、下料、组对、焊接、刷油(漆)、安装、补刷油。

(2)工程量计算规则

金属网、网门制作与安装，应根据项目特征(工艺布置)，按照设计图示数量以“m^2”为计量单位进行计算。

(3)工程量清单编制

金属网、网门制作与安装项目编码：030407003，其各清单项目名称顺序码，根据工艺布

置分别编制。

八、滑触线安装工程

滑触线安装工程编码为030408。

滑触线安装工程包括的清单项目有6个，各项目清单编制方法如下：

1. 轻型滑触线安装工程量清单的编制

(1)工程内容

轻型滑触线安装，包括平直、除锈、刷油、滑触线补偿器安装。

(2)工程量计算规则

轻型滑触线安装，应根据项目特征(名称、型号、规格、材质及性能要求)，以"10 m/单相"为计量单位，工程量按设计图示以定额中计价单位计算。

(3)工程量清单编制

轻型滑触线安装项目编码：030408001，其各清单项目名称顺序码，根据名称、型号、规格、材质分别编制。

2. 安全节能滑触线安装工程量清单的编制

(1)工程内容

安全节能滑触线安装，包括开箱、检查、测位划线、组装、调直、固定、安装导电器及滑触线。

(2)工程量计算规则

安全节能滑触线安装，应根据项目特征(名称、型号、规格、材质)，以"m/单相"为计量单位，工程量按设计图示计算。

(3)工程量清单编制

安全节能滑触线安装项目编码：030408002，其各清单项目名称顺序码，根据名称、型号、规格、材质分别编制。

3. 型钢类滑触线安装工程量清单的编制

(1)工程内容

型钢类滑触线安装，包括平直、下料、除锈、刷漆、安装、连接伸缩器、装拉紧装置。

(2)工程量计算规则

型钢类滑触线安装，应根据项目特征(名称、型号、规格、材质)，以"m/单相"为计量单位，工程量按设计图示计算。

(3)工程量清单编制

型钢类滑触线安装项目编码：030408003，其各清单项目名称顺序码，根据名称、型号、规格、材质分别编制。

4. 滑触线支架安装工程量清单的编制

(1)工程内容

滑触线支架安装，包括测位、放线、支架及支架器安装、地板钻眼、指示灯安装。

(2)工程量计算规则

滑触线支架安装,应根据项目特征(名称、型号、规格、材质),以“副”为计量单位,工程量按设计图示计算。

(3)工程量清单编制

滑触线支架安装项目编码:030408004,其各清单项目名称顺序码,根据名称、型号、规格、材质分别编制。

5. 滑触线拉紧装置及挂式支持器制作与安装工程量清单的编制

(1)工程内容

滑触线拉紧装置及挂式支持器制作与安装,包括划线、下料、钻孔、刷油、绝缘子灌注螺栓、组装、固定、拉紧装置成套组装及安装。

(2)工程量计算规则

滑触线拉紧装置及挂式支持器制作与安装,应根据项目特征(名称、型号、规格、材质),以“套”为计量单位,工程量按设计图示计算。

(3)工程量清单编制

滑触线拉紧装置及挂式支持器制作与安装项目编码:030408005,其各清单项目名称顺序码,根据名称、型号、规格、材质分别编制。

6. 移动软电缆安装工程量清单的编制

(1)工程内容

移动软电缆安装,包括配钢索、装拉紧装置、吊挂、滑轮及托架、电缆敷设、接线。

(2)工程量计算规则

移动软电缆安装,应根据项目特征(名称、型号、规格、材质),以“套”为计量单位,工程量按设计图示计算。

(3)工程量清单编制

移动软电缆安装项目编码:030408006,其各清单项目名称顺序码,根据名称、型号、规格、材质分别编制。

九、配电、输电电缆敷设工程

配电、输电电缆敷设工程编码为 030409。

配电、输电电缆敷设工程包括的清单项目有 10 个,各项目清单编制方法如下:

1. 直埋电缆辅助设施工程量清单的编制

(1)工程内容

直埋电缆辅助设施,包括测量、划线、路面切割、路基挖掘、挖掘物堆放、渣土清理运输等。

(2)工程量计算规则

直埋电缆辅助设施,应根据项目特征(型号、规格、敷设方式),以“m^2”或“m”为计量单位,工程量按设计图示以定额中计价单位分别计算。

(3)工程量清单编制

直埋电缆辅助设施项目编码:030409001,其各清单项目名称顺序码,根据型号、规格、敷设方式分别编制。

2. 电缆保护管敷设工程量清单的编制

(1)工程内容

电缆保护管敷设,包括沟底夯实、锯管、弯管、打喇叭口、接口、敷设、刷漆、堵管口、金属管接地、保护管敷设。

(2)工程量计算规则

电缆保护管敷设,应根据项目特征(型号、规格),以“10 m”或“根”为计量单位,工程量按设计图示以定额中计价单位分别计算。

(3)工程量清单编制

电缆保护管敷设项目编码:030409002,其各清单项目名称顺序码,根据型号、规格分别编制。

3. 电缆桥架、槽盒安装工程量清单的编制

(1)工程内容

电缆桥架、槽盒安装,包括组对、焊接或螺栓固定、弯头、三通或四通、盖板、隔板、附件安装、接地跨线、桥架修理。

(2)工程量计算规则

电缆桥架、槽盒安装,应根据项目特征(型号、规格、材质、类型),以“10 m”为计量单位,工程量按设计图示长度计算。

(3)工程量清单编制

电缆桥架、槽盒安装项目编码:030409003,其各清单项目名称顺序码,根据型号、规格、材质、类型分别编制。

4. 电力电缆敷设工程量清单的编制

(1)工程内容

电力电缆敷设,包括开盘、检查、架线盒、敷设、锯断、配合试验、临时封头、挂牌、牵引头安装、绝缘电阻测试等。

(2)工程量计算规则

电力电缆敷设,应根据项目特征(型号、规格、敷设方式),以“m”为计量单位,工程量按设计图示长度计算。

(3)工程量清单编制

电力电缆敷设项目编码:030409004,其各清单项目名称顺序码,根据型号、规格、敷设方式分别编制。

5. 电力电缆头制作安装工程量清单的编制

(1)工程内容

电力电缆头制作安装,包括定位、量尺寸、锯断、剥保护层及绝缘层、清洗、包缠绝缘、压接线管及接线端子、安装、接线等。

(2)工程量计算规则

电力电缆头制作安装,应根据项目特征(型号、规格、敷设方式),以“个”为计量单位,工程量按设计图示数量计算。

(3)工程量清单编制

电力电缆头制作安装项目编码:030409005,其各清单项目名称顺序码,根据型号、规格、敷设方式分别编制。

6. 控制电缆敷设工程量清单的编制

(1)工程内容

控制电缆敷设,包括开盘、检查、架线盒、敷设、锯断、配合试验、临时封头、挂牌、牵引头安装、绝缘电阻测试等。

(2)工程量计算规则

控制电缆敷设,应根据项目特征(型号、规格、敷设方式),以“10 m”为计量单位,工程量按设计图示长度计算。

(3)工程量清单编制

控制电缆敷设项目编码:030409006,其各清单项目名称顺序码,根据型号、规格、敷设方式分别编制。

7. 控制电缆终端头制作安装工程量清单的编制

(1)工程内容

控制电缆终端头制作安装,包括定位、量尺寸、锯断、剥保护层及绝缘层、清洗、包缠绝缘、压接线管及接线端子、安装、接线等。

(2)工程量计算规则

控制电缆终端头制作安装,应根据项目特征(型号、规格、敷设方式),以“个”为计量单位,工程量按设计图示数量计算。

(3)工程量清单编制

控制电缆终端头制作安装项目编码:030409007,其各清单项目名称顺序码,根据型号、规格、敷设方式分别编制。

8. 电缆防火设施安装工程量清单的编制

(1)工程内容

电缆防火设施安装,包括清扫、堵洞、安装防火槽盒(隔板)、防火涂料、防火包、防火带、清理现场等。

(2)工程量计算规则

电缆防火设施安装,应根据项目特征(规格、材质),以“m”“m^2”“kg”或“t”为计量单位,工程量按设计图示以定额中计价单位分别计算。

(3)工程量清单编制

电缆防火设施安装项目编码:030409008,其各清单项目名称顺序码,根据规格、材质分别编制。

9. 电缆防护工程量清单的编制

(1)工程内容

电缆防护,包括配料、加垫、灌防腐料、铺砖、缠石棉线、管道(电缆)刷色漆、电缆剥皮。

(2)工程量计算规则

电缆防护,应根据项目特征(规格、材质),以“10 m”为计量单位,工程量按设计图示长度计算。

(3)工程量清单编制

电缆防护项目编码:030409009,其各清单项目名称顺序码,根据规格、材质分别编制。

10. 电缆分支箱工程量清单的编制

(1)工程内容

电缆分支箱,包括开箱、清扫、检查、测位、划线、本体安装、接地等。

(2)工程量计算规则

电缆分支箱,应根据项目特征(规格、材质),以“台”为计量单位,工程量按设计图示数量计算。

(3)工程量清单编制

电缆分支箱项目编码:030409010,其各清单项目名称顺序码,根据规格、材质分别编制。

十、防雷与接地装置安装工程

防雷与接地装置安装工程编码为 030410。

防雷与接地装置安装工程包括的清单项目有 15 个,各项目清单编制方法如下:

1. 避雷针制作与安装工程量清单的编制

(1)工程内容

避雷针制作与安装,包括下料、针尖针体加工、挂锡、校正、组焊、刷漆。

(2)工程量计算规则

避雷针制作与安装,应根据项目特征(接地母线材质、规格,接地极材质、规格),以“根”或“基”为计量单位,工程量按设计图示数量计算。

(3)工程量清单编制

避雷针制作与安装项目编码:030410001,其各清单项目名称顺序码,根据接地母线材质、规格,接地极材质、规格分别编制。

2. 避雷引下线敷设工程量清单的编制

(1)工程内容

避雷引下线敷设,包括引下线敷设,断接卡子制作、安装,拉线制作、安装,接地极(板、桩)制作、安装,极间连接,油漆(防腐),换土或化学处理,钢铝窗接地,均压环敷设,柱主筋与圈梁焊接。

(2)工程量计算规则

避雷引下线敷设,应根据项目特征(受雷体名称、材质、规格、技术要求(安装部位),引下线材质、规格、技术要求(引下线形式),接地极材质、规格、技术要求,接地母线材质、规格、技术要求,均压环材质、规格、技术要求),以“m”为计量单位,工程量按设计图示长度计算。

(3)工程量清单编制

避雷引下线敷设项目编码:030410002,其各清单项目名称顺序码,根据受雷体名称、材质、规格、技术要求(安装部位),引下线材质、规格、技术要求(引下线形式),接地极材质、规格、技术要求,接地母线材质、规格、技术要求,均压环材质、规格、技术要求分别编制。

3. 避雷网安装工程量清单的编制

(1)工程内容

避雷网安装,包括平直、下料、测位、打眼、焊接、固定、刷漆、埋卡子安装。

(2)工程量计算规则

避雷网安装,应根据项目特征(接地母线材质、规格,接地极材质、规格),以"m"为计量单位,工程量按设计图示长度计算。

(3)工程量清单编制

避雷网安装项目编码:030410003,其各清单项目名称顺序码,根据接地母线材质、规格,接地极材质、规格分别编制。

4. 接地极(板)制作与安装工程量清单的编制

(1)工程内容

接地极(板)制作与安装,包括尖端及加固帽加工、接地极打入地下及埋设、下料、加工、焊接。

(2)工程量计算规则

接地极(板)制作与安装,应根据项目特征(接地母线材质、规格,接地极材质、规格),以"根"为计量单位,工程量按设计图示数量计算。

(3)工程量清单编制

接地极(板)制作与安装项目编码:030410004,其各清单项目名称顺序码,根据接地母线材质、规格,接地极材质、规格分别编制。

5. 接地母线敷设工程量清单的编制

(1)工程内容

接地母线敷设,包括挖地沟、接地母线平直、下料、测位、打眼、埋卡子、煨弯、敷设、焊接、回填土夯实、刷漆。

(2)工程量计算规则

接地母线敷设,应根据项目特征(电压等级),以"m"为计量单位,工程量按设计图示长度计算。

(3)工程量清单编制

接地母线敷设项目编码:030410005,其各清单项目名称顺序码,根据电压等级分别编制。

6. 接地跨线安装工程量清单的编制

(1)工程内容

接地跨线安装,包括下料、钻孔、煨弯、敷设、挖填土、固定、刷漆。

(2)工程量计算规则

接地跨线安装,应根据项目特征(接地母线材质、规格,接地极材质、规格),以“处”为计量单位,工程量按设计图示数量计算。

(3)工程量清单编制

接地跨线安装项目编码:030410006,其各清单项目名称顺序码,根据接地母线材质、规格,接地极材质、规格分别编制。

7. 桩承台接地工程量清单的编制

(1)工程内容

桩承台接地,包括下料、煨弯、焊接、固定、刷漆。

(2)工程量计算规则

桩承台接地,应根据项目特征(接地母线材质、规格,接地极材质、规格),以“基”为计量单位,工程量按设计图示数量计算。

(3)工程量清单编制

桩承台接地安装项目编码:030410007,其各清单项目名称顺序码,根据接地母线材质、规格,接地极材质、规格分别编制。

8. 设备防雷装置安装工程量清单的编制

(1)工程内容

设备防雷装置安装,包括开箱、检查、划线、打孔、安装、固定、接线、检测。

(2)工程量计算规则

设备防雷装置安装,应根据项目特征(接地母线材质、规格,接地极材质、规格),以“个”为计量单位,工程量按设计图示数量计算。

(3)工程量清单编制

设备防雷装置安装项目编码:030410008,其各清单项目名称顺序码,根据接地母线材质、规格,接地极材质、规格分别编制。

9. 阴极保护接地工程量清单的编制

(1)工程内容

阴极保护接地,包括井壁钢管配置、焊接、配合钻井,塑料管配置、固定、钻孔,井盖制作、安装、防腐,土方施工等。

(2)工程量计算规则

阴极保护接地,应根据项目特征(电压等级),以“口”或“根”为计量单位,工程量按设计图示以定额中计价单位分别计算。

(3)工程量清单编制

阴极保护接地项目编码:030410009,其各清单项目名称顺序码,根据电压等级分别编制。

10. 等电位装置安装工程量清单的编制

(1)工程内容

等电位装置安装,包括除锈、下料、焊、压接线端子、接线、接地等。

(2)工程量计算规则

等电位装置安装,应根据项目特征(电压等级),以“套(处)”为计量单位,工程量按设计图示数量计算。

(3)工程量清单编制

等电位装置安装项目编码:030410010,其各清单项目名称顺序码,根据电压等级分别编制。

11. 接地系统测试工程量清单的编制

(1)工程内容

接地系统测试,包括除锈、接线、接地等。

(2)工程量计算规则

接地系统测试,应根据项目特征(接地母线材质、规格、电压等级),以“组(系统)”为计量单位,工程量按设计图示以定额中计价单位计算。

(3)工程量清单编制

接地系统测试项目编码:030410011,其各清单项目名称顺序码,根据接地母线材质、规格、电压等级分别编制。

12. 半导体少长针消雷装置安装工程量清单的编制

(1)工程内容

半导体少长针消雷装置安装,包括组装、吊装、找平、固定、补漆等。

(2)工程量计算规则

半导体少长针消雷装置安装,应根据项目特征(电压等级),以“套”为计量单位,工程量按设计图示数量计算。

(3)工程量清单编制

半导体少长针消雷装置安装项目编码:030410012,其各清单项目名称顺序码,根据电压等级分别编制。

13. 等电位端子箱、测试板安装工程量清单的编制

(1)工程内容

等电位端子箱、测试板安装,包括测位、除锈。

(2)工程量计算规则

等电位端子箱、测试板安装,应根据项目特征(型号、规格、敷设方式),以“台”为计量单位,工程量按设计图示数量计算。

(3)工程量清单编制

等电位端子箱、测试板安装项目编码:030410013,其各清单项目名称顺序码,根据型号、规格、敷设方式分别编制。

14. 绝缘垫工程量清单的编制

(1)工程内容

绝缘垫,包括测位、除锈。

(2)工程量计算规则

绝缘垫,应根据项目特征(型号、规格、敷设方式),以"10 m^2"为计量单位,工程量按设计图示面积计算。

(3)工程量清单编制

绝缘垫项目编码:030410014,其各清单项目名称顺序码,根据型号、规格、敷设方式分别编制。

15. 浪涌保护器安装工程量清单的编制

(1)工程内容

浪涌保护器安装,包括开箱、检查、安装、接线、接地。

(2)工程量计算规则

浪涌保护器安装,应根据项目特征(型号、规格、敷设方式),以"个"为计量单位,工程量按设计图示数量计算。

(3)工程量清单编制

浪涌保护器安装项目编码:030410015,其各清单项目名称顺序码,根据型号、规格、敷设方式分别编制。

十一、电压等级≤10 kV架空线路输电工程

电压等级≤10 kV 架空线路输电工程编码为 030411。

电压等级≤10 kV 架空线路输电工程包括的清单项目有 7 个,各项目清单编制方法如下:

1. 工地运输工程量清单的编制

(1)工程内容

工地运输,包括线路器材外观检查、绑扎及运送、卸至指定地点、运毕返回。

(2)工程量计算规则

工地运输,应根据项目特征,依据运输距离与运输物品种类,区分人力、汽车、船舶运输方式,以"t·km"为计量单位计算。

(3)工程量清单编制

工地运输项目编码:030411001,其各清单项目名称顺序码,根据运输距离与运输物品种类,区分人力、汽车、船舶运输方式分别编制。

2. 土石方工程工程量清单的编制

(1)工程内容

土石方,包括复测桩位与档距,测定坑位、坑界及施工基面,主桩或辅助桩遗失或变动后的恢复,平、断面的校核,工器具移运。

(2)工程量计算规则

土石方,应根据项目特征,依据土质类别、开挖条件、开挖深度、区分坑与槽,以"m^3"为计量单位计算。

(3)工程量清单编制

土石方项目编码:030411002,其各清单项目名称顺序码,根据土质类别、开挖条件、开挖深度、区分坑与槽分别编制。

3. 基础与地基处理工程工程量清单的编制

(1)工程内容

基础与地基处理,包括底盘与卡盘坑口移动、吊装、找正、底盘基坑操平、四周填土、卡盘螺栓紧固、工器具移运。

(2)工程量计算规则

基础与地基处理,应根据项目特征,依据底盘基坑类别、卡盘安装工艺,以“块”“m^3”或“m”为计量单位计算。

(3)工程量清单编制

基础与地基处理项目编码:030411003,其各清单项目名称顺序码,根据底盘基坑类别、卡盘安装工艺分别编制。

4. 杆、塔组立工程量清单的编制

(1)工程内容

杆、塔组立,包括立杆、找正、根部刷油、绑地横木、工器具移运。

(2)工程量计算规则

杆、塔组立,应根据项目特征,依据单基混凝土量按图纸要求,以“基”“个”或“根”为计量单位计算。

(3)工程量清单编制

杆、塔组立项目编码:030411004,其各清单项目名称顺序码,根据单基混凝土量按图纸要求分别编制。

5. 横担与绝缘子安装工程量清单的编制

(1)工程内容

横担与绝缘子安装,包括量尺寸、定位、上抱箍、装横担、支承及顶支座。

(2)工程量计算规则

横担与绝缘子安装,应根据项目特征,依据横担类型、材质、规格按图纸要求,以“组”为计量单位计算。

(3)工程量清单编制

横担与绝缘子安装项目编码:030411005,其各清单项目名称顺序码,根据横担类型、材质、规格按图纸要求分别编制。

6. 架线工程工程量清单的编制

(1)工程内容

架线,包括金具安装、挂卸滑车、放线、连接、架线、紧线、调整弧度、绑扎。

(2)工程量计算规则

架线,应根据项目特征(型号(材质)、类型、地形),以“km”为计量单位,工程量按设计图示长度计算。

(3)工程量清单编制

架线项目编码:030411006,其各清单项目名称顺序码,根据型号(材质)、类型、地形分别编制。

7. 杆上变配电设备安装工程量清单的编制

(1)工程内容

杆上变配电设备安装,包括支架、台架及支撑安装,设备吊装、固定、安装、连引线安装,设备检查、调整、连接、接地,单体调试。

(2)工程量计算规则

杆上变配电设备安装,应根据项目特征(型号(材质)、类型、地形),以"台"为计量单位,工程量按设计图示数量计算。

(3)工程量清单编制

杆上变配电设备安装项目编码:030411007,其各清单项目名称顺序码,根据型号(材质)、类型、地形分别编制。

十二、配管工程

配管工程编码为030412。

配管工程包括的清单项目有11个,各项目清单编制方法如下:

1. 套接紧定式镀锌钢导管(JDG)敷设工程量清单的编制

(1)工程内容

套接紧定式镀锌钢导管(JDG)敷设,包括测位、划线、打眼、埋螺栓、锯管、配管、接地、穿引线。

(2)工程量计算规则

套接紧定式镀锌钢导管(JDG)敷设,应根据项目特征(名称、材质、规格、配置形式及部位),以"10 m"为计量单位,工程量按设计图示尺寸以延长米计算。

(3)工程量清单编制

套接紧定式镀锌钢导管(JDG)敷设项目编码:030412001,其各清单项目名称顺序码,根据名称、材质、规格、配置形式及部位分别编制。

2. 钢管敷设工程量清单的编制

(1)工程内容

钢管敷设,包括测位、划线、锯管、套丝、煨弯、刨沟、配管、接地、刷漆。

(2)工程量计算规则

钢管敷设,应根据项目特征(名称、材质、规格、配置形式及部位),以"10 m"为计量单位,工程量按设计图示尺寸以延长米计算。

(3)工程量清单编制

钢管敷设项目编码:030412002,其各清单项目名称顺序码,根据名称、材质、规格、配置形式及部位分别编制。

3. 镀锌线管敷设工程量清单的编制

(1)工程内容

镀锌线管敷设,包括测位、划线、打眼、埋螺栓、锯管、套丝、煨弯、配管、接地、穿引线、补漆。

(2)工程量计算规则

镀锌线管敷设,应根据项目特征(名称、材质、规格、配置形式及部位),以"m"为计量单位,工程量按设计图示尺寸以延长米计算。

(3)工程量清单编制

镀锌线管敷设项目编码:030412003,其各清单项目名称顺序码,根据名称、材质、规格、配置形式及部位分别编制。

4. 镀锌钢管敷设工程量清单的编制

(1)工程内容

镀锌钢管敷设,包括测位、划线、打眼、埋螺栓、锯管、套丝、煨弯、配管、接地、穿引线、补漆。

(2)工程量计算规则

镀锌钢管敷设,应根据项目特征(名称、材质、规格、配置形式及部位),以"m"为计量单位,工程量按设计图示尺寸以延长米计算。

(3)工程量清单编制

镀锌钢管敷设项目编码:030412004,其各清单项目名称顺序码,根据名称、材质、规格、配置形式及部位分别编制。

5. 防爆钢管敷设工程量清单的编制

(1)工程内容

防爆钢管敷设,包括测位、划线、打眼、埋螺栓、锯管、套丝、煨弯、配管、接地、穿引线、补漆。

(2)工程量计算规则

防爆钢管敷设,应根据项目特征(名称、材质、规格、配置形式及部位),以"m"为计量单位,工程量按设计图示尺寸以延长米计算。

(3)工程量清单编制

防爆钢管敷设项目编码:030412005,其各清单项目名称顺序码,根据名称、材质、规格、配置形式及部位分别编制。

6. 可挠金属套管敷设工程量清单的编制

(1)工程内容

可挠金属套管敷设,包括测位、划线、沟坑修整、断管、配管、固定、接地、清理、穿引线。

(2)工程量计算规则

可挠金属套管敷设,应根据项目特征(名称、材质、规格、配置形式及部位),以"m"为计量单位,工程量按设计图示尺寸以延长米计算。

(3)工程量清单编制

可挠金属套管敷设项目编码:030412006,其各清单项目名称顺序码,根据名称、材质、规格、配置形式及部位分别编制。

7. 塑料管敷设工程量清单的编制

(1)工程内容

塑料管敷设,包括测位、划线、打眼、下胀管、连接管件、配管、上螺钉、穿引线。

(2)工程量计算规则

塑料管敷设,应根据项目特征(名称、材质、规格、配置形式及部位),以“m”为计量单位,工程量按设计图示尺寸以延长米计算。

(3)工程量清单编制

塑料管敷设项目编码:030412007,其各清单项目名称顺序码,根据名称、材质、规格、配置形式及部位分别编制。

8. 金属软管敷设工程量清单的编制

(1)工程内容

金属软管敷设,包括量尺寸、断管、连接接头、钻孔、攻丝、固定、接地。

(2)工程量计算规则

金属软管敷设,应根据项目特征(名称、材质、规格、配置形式及部位),以“m”为计量单位,工程量按设计图示尺寸以延长米计算。

(3)工程量清单编制

金属软管敷设项目编码:030412008,其各清单项目名称顺序码,根据名称、材质、规格、配置形式及部位分别编制。

9. 扣压式薄壁电气钢导管敷设工程量清单的编制

(1)工程内容

扣压式薄壁电气钢导管敷设,包括量尺寸、断管、连接接头、钻孔、攻丝、固定、接地。

(2)工程量计算规则

扣压式薄壁电气钢导管敷设,应根据项目特征(名称、材质、规格、配置形式及部位),以“m”为计量单位,工程量按设计图示尺寸以延长米计算。

(3)工程量清单编制

扣压式薄壁电气钢导管敷设项目编码:030412009,其各清单项目名称顺序码,根据名称、材质、规格、配置形式及部位分别编制。

10. 金属线槽敷设工程量清单的编制

(1)工程内容

金属线槽敷设,包括划线、定位、打眼槽体清扫、本体固定、配件安装、接地跨线。

(2)工程量计算规则

金属线槽敷设,应根据项目特征(材质、规格),以“m”为计量单位,工程量按设计图示尺寸以延长米计算。

(3)工程量清单编制

金属线槽敷设项目编码:030412010,其各清单项目名称顺序码,根据材质、规格分别编制。

11. 塑料线槽敷设工程量清单的编制

(1)工程内容

塑料线槽敷设,包括测位、打眼、埋螺钉、线槽安装。

(2)工程量计算规则

塑料线槽敷设,应根据项目特征(材质、规格),以“m”为计量单位,工程量按设计图示尺寸以延长米计算。

(3)工程量清单编制

塑料线槽敷设项目编码:030412011,其各清单项目名称顺序码,根据材质、规格分别编制。

十三、配线工程

配线工程编码为030413。

配线工程包括的清单项目有8个,各项目清单编制方法如下:

1. 管内穿线工程量清单的编制

(1)工程内容

管内穿线,包括扫管、涂滑石粉、穿线、编号、焊接包头。

(2)工程量计算规则

管内穿线,应根据项目特征(配线形式、导线型号、材质、规格、敷设部位及线制),以“m”为计量单位,工程量按设计图示尺寸以延长米计算。不扣除管路中间的接线盒(箱)、灯头盒、开关盒所占的长度。

(3)工程量清单编制

管内穿线项目编码:030413001,其各清单项目名称顺序码,根据配线形式、导线型号、材质、规格、敷设部位及线制分别编制。

2. 绝缘子配线工程量清单的编制

(1)工程内容

绝缘子配线,包括测位、划线、打眼、埋螺栓、钉木、下过墙管、上绝缘子、配线、焊接包头。

(2)工程量计算规则

绝缘子配线,应根据项目特征(配线形式、导线型号、材质、规格、敷设部位及线制),以“m”为计量单位,工程量按设计图示尺寸以延长米计算。

(3)工程量清单编制

绝缘子配线项目编码:030413002,其各清单项目名称顺序码,根据配线形式、绝缘子型号、材质、规格、敷设部位及线制分别编制。

3. 线槽配线工程量清单的编制

(1)工程内容

线槽配线,包括清扫线槽、放线、编号、对号、焊接包头。

(2)工程量计算规则

线槽配线,应根据项目特征(配线形式、导线截面、材质、规格、敷设部位及线制),以"m"为计量单位,工程量按设计图示尺寸以延长米计算。

(3)工程量清单编制

线槽配线项目编码:030413003,其各清单项目名称顺序码,根据配线形式、线槽型号、材质、规格、敷设部位及线制分别编制。

4. 塑料护套线明敷设工程量清单的编制

(1)工程内容

塑料护套线明敷设,包括测位、划线、打眼、下过墙管、配线、焊接包头。

(2)工程量计算规则

塑料护套线明敷设,应根据项目特征(配线形式、单芯导线截面、材质、规格、敷设部位及线制),以"m"为计量单位,工程量按设计图示尺寸以延长米计算。

(3)工程量清单编制

塑料护套线明敷设项目编码:030413004,其各清单项目名称顺序码,根据配线形式、护套线型号、材质、规格、敷设部位及线制分别编制。

5. 绝缘导线明敷设工程量清单的编制

(1)工程内容

绝缘导线明敷设,包括测位、划线、打眼、装瓷通、装线码、敷线、接口包头。

(2)工程量计算规则

绝缘导线明敷设,应根据项目特征(配线形式、导线截面、材质、规格、敷设部位及线制),以"m"为计量单位,工程量按设计图示尺寸以延长米计算。

(3)工程量清单编制

绝缘导线明敷设项目编码:030413005,其各清单项目名称顺序码,根据配线形式、导线型号、材质、规格、敷设部位及线制分别编制。

6. 车间配线工程量清单的编制

(1)工程内容

车间配线,包括打眼、支架安装、绝缘子灌注、安装、母线平直、煨弯、钻孔、连接、架设、夹具、木夹板制作安装、刷分相漆。

(2)工程量计算规则

车间配线,应根据项目特征(配线形式、导线型号、材质、规格、敷设部位及线制),以"m"为计量单位,工程量按设计图示尺寸以延长米计算。

(3)工程量清单编制

车间配线项目编码:030413006,其各清单项目名称顺序码,根据配线形式、导线型号、材质、规格、敷设部位及线制分别编制。

7. 接线箱、接线盒安装工程量清单的编制

(1)工程内容

接线箱、接线盒安装,包括测位、打眼、埋螺栓、箱子开孔、补漆、固定。

(2)工程量计算规则

接线箱、接线盒安装,应根据项目特征(配线形式、导线型号、材质、规格、敷设部位及线制),以"个"为计量单位,工程量按设计图示数量计算。

(3)工程量清单编制

接线箱、接线盒安装项目编码:030413007,其各清单项目名称顺序码,根据接线箱、接线盒安装形式、型号、材质、规格、敷设部位及线制分别编制。

8. 盘、柜、箱、板配线工程量清单的编制

(1)工程内容

盘、柜、箱、板配线,包括放线、下料、包绝缘带、排线、卡线、校管、接线。

(2)工程量计算规则

盘、柜、箱、板配线,应根据项目特征(盘、柜、箱、板安装形式、型号、材质、规格、敷设部位及线制),以"m"为计量单位,工程量按设计图示尺寸以延长米计算。

(3)工程量清单编制

盘、柜、箱、板配线项目编码:030413008,其各清单项目名称顺序码,根据盒、柜、箱、板安装形式、型号、材质、规格、敷设部位及线制分别编制。

十四、照明器具安装工程

照明器具安装工程编码为 030414。

照明器具安装工程包括的清单项目有 14 个,各项目清单编制方法如下:

1. 普通灯具安装工程量清单的编制

(1)工程内容

普通灯具安装,包括测定、划线、打眼、埋塑料膨胀管、灯具安装、接线、接焊包头、接地。

(2)工程量计算规则

普通灯具安装,应根据项目特征(名称、型号、规格),以"套"为计量单位,工程量按设计图示数量计算。

(3)工程量清单编制

普通吸顶灯及其他灯具项目编码:030414001,其各清单项目名称顺序码,根据名称、型号、规格分别编制。

2. 装饰灯具安装工程量清单的编制

(1)工程内容

装饰灯具安装,包括开箱清点、测定划线、打眼、埋螺栓、灯具拼装固定、挂装饰部件、灯具安装、接焊线包头等。

(2)工程量计算规则

装饰灯具安装,应根据项目特征(名称、型号、规格、安装高度),以"套"为计量单位,工

程量按设计图示数量计算。

(3)工程量清单编制

装饰灯具安装项目编码:030414002,其各清单项目名称顺序码,根据名称、型号、规格、安装高度分别编制。

3. 荧光灯具安装工程量清单的编制

(1)工程内容

荧光灯具安装,包括测位、划线、打眼、埋塑料膨胀管、上塑料圆台(木台)、吊链、吊管加工、灯具组装、接线、接焊包头。

(2)工程量计算规则

荧光灯具安装,应根据项目特征(名称、型号、规格、安装形式),以“套”为计量单位,工程量按设计图示数量计算。

(3)工程量清单编制

荧光灯具安装项目编码:030414003,其各清单项目名称顺序码,根据名称、型号、规格、安装形式分别编制。

4. 嵌入式地灯安装工程量清单的编制

(1)工程内容

嵌入式地灯安装,包括测位、划线、打眼、埋螺栓、灯具安装、接线、接焊包头。

(2)工程量计算规则

嵌入式地灯安装,应根据项目特征(名称、型号、规格、安装形式),以“套”为计量单位,工程量按设计图示数量计算。

(3)工程量清单编制

嵌入式地灯安装项目编码:030414004,其各清单项目名称顺序码,根据名称、型号、规格、安装形式分别编制。

5. 工厂灯安装工程量清单的编制

(1)工程内容

工厂灯安装,包括测位、划线、打眼、埋螺栓、灯具安装、接线、接焊包头。

(2)工程量计算规则

工厂灯安装,应根据项目特征(名称、规格、安装形式及高度),以“套”为计量单位,工程量按设计图示数量计算。

(3)工程量清单编制

工厂灯安装项目编码:030414005,其各清单项目名称顺序码,根据名称、规格、安装形式及高度分别编制。

6. 高度标志(障碍)灯安装工程量清单的编制

(1)工程内容

高度标志(障碍)灯安装,包括测位、划线、打眼、埋螺栓、金属支架制作安装、组装灯具、接线、接焊包头、试灯等。

(2)工程量计算规则

高度标志(障碍)灯安装,应根据项目特征(名称、规格、安装形式及高度),以“套”为计量单位,工程量按设计图示数量计算。

(3)工程量清单编制

高度标志(障碍)灯安装项目编码:030414006,其各清单项目名称顺序码,根据名称、规格、安装形式及高度分别编制。

7. 医院灯具安装工程量清单的编制

(1)工程内容

医院灯具安装,包括测位、划线、打眼、埋螺栓、灯具安装、接线、接焊包头。

(2)工程量计算规则

医院灯具安装,应根据项目特征(名称、型号、规格),以“套”为计量单位,工程量按设计图示数量计算。

(3)工程量清单编制

医院灯具安装项目编码:030414007,其各清单项目名称顺序码,根据名称、型号、规格分别编制。

8. 霓虹灯安装工程量清单的编制

(1)工程内容

霓虹灯安装,包括打眼、固定脚座、安装灯管、串联线路、变压器开箱检查、本体就位、垫铁安装、高压接线、接地、补漆、调试、配合电气试验。

(2)工程量计算规则

霓虹灯安装,应根据项目特征(名称、型号、规格),以“台”为计量单位,工程量按设计图示数量计算。

(3)工程量清单编制

霓虹灯安装项目编码:030414008,其各清单项目名称顺序码,根据名称、型号、规格分别编制。

9. 小区路灯安装工程量清单的编制

(1)工程内容

小区路灯安装,包括基础制作、安装,立灯杆,杆座安装,灯架安装,引下线支架制作、安装,焊压接线端子,铁构件制作、安装,除锈、刷油,灯杆编号,接地。

(2)工程量计算规则

小区路灯安装,应根据项目特征(名称、型号、灯杆材质及高度、灯架形式及臂长、灯杆形式(单、双)),以“套”为计量单位,工程量按设计图示数量计算。

(3)工程量清单编制

小区路灯安装项目编码:030414009,其各清单项目名称顺序码,根据名称、型号、灯杆材质及高度、灯架形式及臂长、灯杆形式(单、双)分别编制。

10. 景观灯安装工程量清单的编制

(1)工程内容

景观灯安装,包括测位、划线、灯具组装、接线。

(2)工程量计算规则

景观灯安装,应根据项目特征(灯杆材质及高度、灯架的型号、灯头的数量、基础形式及规格),以"套"为计量单位,工程量按设计图示数量计算。

(3)工程量清单编制

景观灯安装项目编码:030414010,其各清单项目名称顺序码,根据灯杆材质及高度、灯架的型号、灯头的数量、基础形式及规格分别编制。

11. 地道涵洞灯安装工程量清单的编制

(1)工程内容

地道涵洞灯安装,包括打眼、埋螺栓、支架安装、灯具组装、配线、接线、接焊包头、校验。

(2)工程量计算规则

地道涵洞灯安装,应根据项目特征(灯杆高度、灯架形式(成套或组装、固定或升降)、灯头的数量、基础形式及规格),以"套"为计量单位,工程量按设计图示数量计算。

(3)工程量清单编制

地道涵洞灯安装项目编码:030414011,其各清单项目名称顺序码,根据灯杆高度、灯架形式(成套或组装、固定或升降)、灯头的数量、基础形式及规格分别编制。

12. 开关、按钮安装工程量清单的编制

(1)工程内容

开关、按钮安装,包括测位、划线、打眼、清扫盒子、上塑料台、缠钢丝弹簧垫、装开关、装按钮、接线、装盖、埋塑料膨胀管。

(2)工程量计算规则

开关、按钮安装,应根据项目特征(开关、按钮高度、形式、数量及规格),以"套"为计量单位,工程量按设计图示数量计算。

(3)工程量清单编制

开关、按钮安装项目编码:030414012,其各清单项目名称顺序码,根据开关、按钮高度、形式、数量及规格分别编制。

13. 插座安装工程量清单的编制

(1)工程内容

插座安装,包括测位、划线、打眼、清扫盒子、埋塑料膨胀管、上塑料台、装插座、接线、接地、装盖。

(2)工程量计算规则

插座安装,应根据项目特征(插座高度、形式、数量及规格),以"套"为计量单位,工程量按设计图示数量计算。

(3)工程量清单编制

插座安装项目编码:030414013,其各清单项目名称顺序码,根据插座高度、形式、数量及规格分别编制。

14. 艺术喷泉照明系统安装工程量清单的编制

(1)工程内容

艺术喷泉照明系统安装,包括开箱检验、定位、安装、接地、单体调试。

(2)工程量计算规则

艺术喷泉照明系统安装,应根据项目特征(艺术喷泉高度、喷头形式(成套或组装、固定或升降)、灯头的数量、基础形式及规格),以"台"为计量单位,工程量按设计图示数量计算。

(3)工程量清单编制

艺术喷泉照明系统安装项目编码:030414014,其各清单项目名称顺序码,根据艺术喷泉照明灯具安装高度、灯架形式(成套或组装、固定或升降)、灯头的数量、基础形式及规格分别编制。

十五、低压电器设备安装工程

低压电器设备安装工程编码为030415。

低压电器设备安装工程包括的清单项目有11个,各项目清单编制方法如下:

1. 插接式空气开关箱安装工程量清单的编制

(1)工程内容

插接式空气开关箱安装,包括开箱检查、触头检查及清洗处理、绝缘测试、开关安装、接线、接地。

(2)工程量计算规则

插接式空气开关箱安装,应根据项目特征(名称、型号、规格、质量),以"台"为计量单位,工程量按设计图示数量计算。

(3)工程量清单编制

插接式空气开关箱安装项目编码:030415001,其各清单项目名称顺序码,根据名称、型号、规格、质量分别编制。

2. 控制开关安装工程量清单的编制

(1)工程内容

控制开关安装,包括开箱、检查、安装、接线、接地。

(2)工程量计算规则

控制开关安装,应根据项目特征(名称、型号、规格、质量),以"个"为计量单位,工程量按设计图示数量计算。

(3)工程量清单编制

控制开关安装项目编码:030415002,其各清单项目名称顺序码,根据名称、型号、规格、质量分别编制。

3. DZ自动空气断路器安装工程量清单的编制

(1)工程内容

DZ自动空气断路器安装,包括开箱、清扫、检查、测位、装开关、接线、试闸等。

(2)工程量计算规则

DZ 自动空气断路器安装,应根据项目特征(名称、型号、规格、质量),以“个”为计量单位,工程量按设计图示数量计算。

(3)工程量清单编制

DZ 自动空气断路器安装项目编码:030415003,其各清单项目名称顺序码,根据名称、型号、规格、质量分别编制。

4. 熔断器、限位开关安装工程量清单的编制

(1)工程内容

熔断器、限位开关安装,包括开箱、检查、安装、接线、接地。

(2)工程量计算规则

熔断器、限位开关安装,应根据项目特征(名称、型号、规格、质量),以“个”为计量单位,工程量按设计图示数量计算。

(3)工程量清单编制

熔断器、限位开关安装项目编码:030415004,其各清单项目名称顺序码,根据名称、型号、规格、质量分别编制。

5. 用电控制装置安装工程量清单的编制

(1)工程内容

用电控制装置安装,包括开箱、检查、安装、触头调整、注油、接线、接地。

(2)工程量计算规则

用电控制装置安装,应根据项目特征(名称、型号、规格、质量),以“台”为计量单位,工程量按设计图示数量计算。

(3)工程量清单编制

用电控制装置安装项目编码:030415005,其各清单项目名称顺序码,根据名称、型号、规格、质量分别编制。

6. 电阻器、变阻器安装工程量清单的编制

(1)工程内容

电阻器、变阻器安装,包括开箱、检查、安装、触头调整、注油、接线、接地。

(2)工程量计算规则

电阻器、变阻器安装,应根据项目特征(名称、型号、规格、质量),以“箱/台”为计量单位,工程量按设计图示数量计算。

(3)工程量清单编制

电阻器、变阻器安装项目编码:030415006,其各清单项目名称顺序码,根据名称、型号、规格、质量分别编制。

7. 安全变压器、仪表安装工程量清单的编制

(1)工程内容

安全变压器、仪表安装,包括开箱、清扫、检查、测位、划线、打眼、固定变压器、安装、接线、接地、埋螺栓。

(2)工程量计算规则

安全变压器、仪表安装,应根据项目特征(名称、型号、规格、质量),以“台”为计量单位,工程量按设计图示数量计算。

(3)工程量清单编制

安全变压器、仪表安装项目编码:030415007,其各清单项目名称顺序码,根据名称、型号、规格、质量分别编制。

8. 民用电器安装工程量清单的编制

(1)工程内容

民用电器安装,包括测位、划线、打眼、埋塑料膨胀管、上木底板、电铃号牌安装、接焊包头。

(2)工程量计算规则

民用电器安装,应根据项目特征(名称、型号、规格、质量),以“套/个”为计量单位,工程量按设计图示数量计算。

(3)工程量清单编制

民用电器安装项目编码:030415008,其各清单项目名称顺序码,根据名称、型号、规格、质量分别编制。

9. 低压电器装置接线工程量清单的编制

(1)工程内容

低压电器装置接线,包括检查、测位、校线、编号、套塑料管、绑扎测量、接地、接地动作试验。

(2)工程量计算规则

低压电器装置接线,应根据项目特征(名称、型号、规格、质量),以“个”为计量单位,工程量按设计图示数量计算。

(3)工程量清单编制

低压电器装置接线项目编码:030415009,其各清单项目名称顺序码,根据名称、型号、规格、质量分别编制。

10. 干手自动装置安装工程量清单的编制

(1)工程内容

干手自动装置安装,包括测位、划线、打眼、安装、接焊包头。

(2)工程量计算规则

干手自动装置安装,应根据项目特征(名称、型号、规格、质量),以“台”为计量单位,工程量按设计图示数量计算。

(3)工程量清单编制

干手自动装置安装项目编码:030415010,其各清单项目名称顺序码,根据名称、型号、规格、质量分别编制。

11. 阀门检查接线工程量清单的编制

(1)工程内容

阀门检查接线,包括检查、接线或接管、调整、接地。

(2)工程量计算规则

阀门检查接线,应根据项目特征(名称、型号、规格、质量),以"台"为计量单位,工程量按设计图示数量计算。

(3)工程量清单编制

阀门检查接线项目编码:030415011,其各清单项目名称顺序码,根据名称、型号、规格、质量分别编制。

十六、起重运输设备电气装置安装工程

起重运输设备电气装置安装工程编码为 030416。

起重运输设备电气装置安装工程包括的清单项目有 2 个,各项目清单编制方法如下:

1. 起重设备电气安装工程量清单的编制

(1)工程内容

起重设备电气安装,包括开箱、检查、清点、电气设备安装、管线敷设、挂电缆、接线、接地、遥测绝缘、配合负荷试验。

(2)工程量计算规则

起重设备电气安装,应根据项目特征(起重设备形式、起重设备控制点),以"台"为计量单位,工程量按工程实际数量计算。

(3)工程量清单编制

起重设备电气安装项目编码:030416001,其各清单项目名称顺序码,根据起重设备名称、型号、规格分别编制。

2. 电梯电气安装工程量清单的编制

(1)工程内容

电梯电气安装,包括开箱、检查、清点、电气设备安装、管线敷设、挂电缆、接线、接地、遥测绝缘、配合负荷试验。

(2)工程量计算规则

电梯电气安装,应根据项目特征(电梯控制方式、电梯层数、电梯站数),以"部"为计量单位,工程量按设计图示数量计算。

(3)工程量清单编制

电梯电气安装项目编码:030416002,其各清单项目名称顺序码,根据电梯控制方式、电梯层数、电梯站数分别编制。

十七、电气设备调试工程

电气设备调试工程编码为 030417。

电气设备调试工程包括的清单项目有 3 个,各项目清单编制方法如下:

1. 分系统调试工程量清单的编制

(1)工程内容

分系统调试，包括发电机、隔离开关、断路器、保护装置和一、二次回路调整试验。

(2)工程量计算规则

分系统调试，应根据项目特征（电气布置系统图，结合调试定额），分别以“台”“系统”“段”“座”“组”为计量单位，工程量按设计施工中数量计算。

(3)工程量清单编制

分系统调试项目编码：030417001，其各清单项目名称顺序码，根据调试定额分别编制。

2. 整套启动调试工程量清单的编制

(1)工程内容

整套启动调试，包括倒送电前的准备、检查及试验工作；主变压器、高压厂用变压器升压试验；冲击合闸试验；电压回路、保护及表计正确性试验；厂用、备用电源一、二次核相、定相试验。

(2)工程量计算规则

整套启动调试，应根据项目特征（电气布置系统图，结合调试定额），分别以“台”“座”“条”为计量单位，工程量按设计数量计算。

(3)工程量清单编制

整套启动调试项目编码：030417002，其各清单项目名称顺序码，根据调试定额分别编制。

3. 特殊项目测试与性能验收试验工程量清单的编制

(1)工程内容

特殊项目测试与性能验收试验，包括发电机直流电压耐压试验；现场试验方案的编写；现场试验设备组装拆卸、现场试验的实施及试验所需的安全围闭。

(2)工程量计算规则

特殊项目测试与性能验收试验，应根据项目特征，以“台”为计量单位，工程量按定额计算。

(3)工程量清单编制

特殊项目测试与性能验收试验项目编码：030417003，其各清单项目名称顺序码，根据调试定额分别编制。

第二节　给排水、采暖、燃气工程

给排水、采暖、燃气工程工程量清单项目包括给排水、采暖管道、管道支架制作安装、管道附件、卫生器具制作安装、供暖器具、燃气器具、采暖工程系统调整。

一、给排水管道

给排水管道编码为 031001，其包括的清单项目有如下 8 项：

1. 镀锌钢管工程量清单的编制

(1)工程内容

镀锌钢管工程内容包括：管道、管件及弯管的制作、安装，管件安装(指铜管管件、不锈钢管管件)，套管(包括防水套管)制作、安装，管道除锈、刷油、防腐，管道隔热及保护层安装、除锈、刷油，给水管道消毒、冲洗，水压及泄漏试验。

(2)工程量计算规则

镀锌钢管、钢管、承插铸铁管、柔性抗震铸铁管、塑料管(UPVC、PVC、PP-R、PP-C、PE)、橡胶连接管、塑料复合管、钢骨架塑料复合管、不锈钢管、铜管、承插缸瓦管、承插水泥管、承插陶土管，应根据项目特征(安装部位，输送介质，材质，型号、规格，连接方式，套管形式、材质、规格，接口材料，除锈、刷油、防腐、绝热及保护层设计要求)，以“m”为计量单位，工程量按设计图示管道中心线长度计算。不扣除阀门、管件、各种井类及方形补偿器所占的长度，均按管道安装工程量计算。

(3)工程量清单编制

镀锌钢管项目编码：031001001，其各清单项目名称顺序码，根据安装部位，输送介质，材质，型号、规格，连接方式，套管形式、材质、规格，接口材料，除锈、刷油、防腐、绝热及保护层设计要求分别编制。

2. 钢管工程量清单的编制

(1)工程内容

钢管工程内容同镀锌钢管。

(2)工程量计算规则

钢管工程量计算规则见镀锌钢管。

(3)工程量清单编制

钢管项目编码：031001002，其各清单项目名称顺序码，根据安装部位，输送介质，材质，型号、规格，连接方式，套管形式、材质、规格，接口材料，除锈、刷油、防腐、绝热及保护层设计要求分别编制。

3. 不锈钢管工程量清单的编制

(1)工程内容

不锈钢管工程内容同镀锌钢管。

(2)工程量计算规则

不锈钢管工程量计算规则见镀锌钢管。

(3)工程量清单编制

不锈钢管项目编码：031001003，其各清单项目名称顺序码，根据安装部位，输送介质，材质，型号、规格，连接方式，套管形式、材质、规格，接口材料，除锈、刷油、防腐、绝热及保护层设计要求分别编制。

4. 铜管

(1)工程内容

铜管工程内容同镀锌钢管。

(2)工程量计算规则

铜管工程量计算规则见镀锌钢管。

(3)工程量清单编制

铜管项目编码:031001004,其各清单项目名称顺序码,根据安装部位,输送介质,材质,型号、规格,连接方式,套管形式、材质、规格,接口材料,除锈、刷油、防腐、绝热及保护层设计要求分别编制。

5. 铸铁管工程量清单的编制

(1)工程内容

铸铁管工程内容同镀锌钢管。

(2)工程量计算规则

铸铁管工程量计算规则见镀锌钢管。

(3)工程量清单编制

铸铁管项目编码:031001005,其各清单项目名称顺序码,根据安装部位,输送介质,材质,型号、规格,连接方式,套管形式、材质、规格,接口材料,除锈、刷油、防腐、绝热及保护层设计要求分别编制。

6. 塑料管(UPVC、PVC、PP-R、PP-C、PE 管等)工程量清单的编制

(1)工程内容

塑料管工程内容同镀锌钢管。

(2)工程量计算规则

塑料管工程量计算规则见镀锌钢管。

(3)工程量清单编制

塑料管(UPVC、PVC、PP-R、PP-C、PE 管等)项目编码:031001006 其各清单项目名称顺序码,根据安装部位,输送介质,材质,型号、规格,连接方式,套管形式、材质、规格,接口材料,除锈、刷油、防腐、绝热及保护层设计要求分别编制。

7. 复合管工程量清单的编制

(1)工程内容

复合管工程内容同镀锌钢管。

(2)工程量计算规则

复合管工程量计算规则见镀锌钢管。

(3)工程量清单编制

复合管项目编码:031001007,其各清单项目名称顺序码,根据安装部位,输送介质,材质,型号、规格,连接方式,套管形式、材质、规格,接口材料,除锈、刷油、防腐、绝热及保护层设计要求分别编制。

8. 室外管道碰头工程量清单的编制

(1)工程内容

室外管道碰头工程内容包括:刷管口、断管、调制接口材料、管道及管件连接、接口养护、通水试验。

(2)工程量清单编制

室外管道碰头项目编码:031001008。

二、采暖管道

采暖管道编码为 031002,其包括的清单项目有如下 7 项:

1. 镀锌钢管工程量清单的编制

(1)工程内容

镀锌钢管工程内容包括:切管、套丝、上零件、调直、管道及管件安装、水压试验及水冲洗。

(2)工程量计算规则

镀锌钢管应根据项目特征(安装部位,输送介质,材质,型号、规格,连接方式,套管形式、材质、规格,接口材料,除锈、刷油、防腐、绝热及保护层设计要求),以“m”为计量单位,工程量按设计图示管道中心线长度计算。不扣除阀门、管件、各种井类及方形补偿器所占的长度,均按管道安装工程量计算。

(3)工程量清单编制

镀锌钢管项目编码:031002001,其各清单项目名称顺序码,根据安装部位,输送介质,材质,型号、规格,连接方式,套管形式、材质、规格,接口材料,除锈、刷油、防腐、绝热及保护层设计要求分别编制。

2. 钢管工程量清单的编制

(1)工程内容

钢管工程内容同镀锌钢管。

(2)工程量计算规则

钢管工程量计算规则见镀锌钢管。

(3)工程量清单编制

钢管项目编码:031002002,其各清单项目名称顺序码,根据安装部位,输送介质,材质,型号、规格,连接方式,套管形式、材质、规格,接口材料,除锈、刷油、防腐、绝热及保护层设计要求分别编制。

3. 塑料管(PP-R、PP-C、PE 管等)工程量清单的编制

(1)工程内容

塑料管(PP-R、PP-C、PE 管等)工程内容同镀锌钢管。

(2)工程量计算规则

塑料管(PP-R、PP-C、PE 管等)工程量计算规则见镀锌钢管。

（3）工程量清单编制

塑料管（PP-R、PP-C、PE 管等）项目编码：031002003，其各清单项目名称顺序码，根据安装部位，输送介质，材质，型号、规格，连接方式，套管形式、材质、规格，接口材料，除锈、刷油、防腐、绝热及保护层设计要求分别编制。

4. 直埋式预制保温管工程量清单的编制

（1）工程内容

直埋式预制保温管工程内容同镀锌钢管。

（2）工程量计算规则

直埋式预制保温管工程量计算规则见镀锌钢管。

（3）工程量清单编制

直埋式预制保温管项目编码：031002004，其各清单项目名称顺序码，根据安装部位，输送介质，材质，型号、规格，连接方式，套管形式、材质、规格，接口材料，除锈、刷油、防腐、绝热及保护层设计要求分别编制。

5. 热水采暖入口装置工程量清单的编制

（1）工程内容

热水采暖入口装置工程内容包括：切管，套丝，组对，制垫，加垫，成套热量表、过滤器、阀门、压力表、温度计等附件安装，循环管安装及压力试验，水冲洗。

（2）工程量计算规则

热水采暖入口装置工程量计算规则按成套产品计算。

（3）工程量清单编制

热水采暖入口装置项目编码：031002005。

6. 室外管道碰头工程量清单的编制

（1）工程内容

室外管道碰头工程内容包括：碰头处保温层拆除、清理、关断水源、原管道切割、放水、排水、焊接短管、热源管除锈刷油、保温层修复。

（2）工程量清单编制

室外管道碰头项目编码：031002006。

7. 焊接钢管工程量清单的编制

（1）工程内容

焊接钢管工程内容包括：切管、套丝、上零件、调直、管道及管件安装、水压试验及水冲洗。

（2）工程量计算规则

焊接钢管工程量计算规则见镀锌钢管。

（3）工程量清单编制

焊接钢管项目编码：031002007，其各清单项目名称顺序码，根据安装部位，输送介质，材质，型号、规格，连接方式，套管形式、材质、规格，接口材料，除锈、刷油、防腐、绝热及保护层设计要求分别编制。

三、空调水管道

空调水管道编码为031003，其包括的清单项目有如下3项：

1. 镀锌钢管工程量清单的编制

(1)工程内容

镀锌钢管工程内容包括：切管、套丝、上零件、调直、管道及管件安装、水压试验及水冲洗。

(2)工程量计算规则

镀锌钢管应根据项目特征(安装部位，输送介质，材质，型号、规格，连接方式，套管形式、材质、规格，接口材料，除锈、刷油、防腐、绝热及保护层设计要求)，以"m"为计量单位，工程量按设计图示管道中心线长度计算。不扣除阀门、管件、各种井类及方形补偿器所占的长度，均按管道安装工程量计算。

(3)工程量清单编制

镀锌钢管项目编码：031003001，其各清单项目名称顺序码，根据安装部位，输送介质，材质，型号、规格，连接方式，套管形式、材质、规格，接口材料，除锈、刷油、防腐、绝热及保护层设计要求分别编制。

2. 钢管工程量清单的编制

(1)工程内容

钢管工程内容包括：调直、切管、套丝、组对、连接、管道及管件安装、注水试验。

(2)工程量计算规则

钢管工程量计算规则见镀锌钢管。

(3)工程量清单编制

钢管项目编码：031003002，其各清单项目名称顺序码，根据安装部位，输送介质，材质，型号、规格，连接方式，套管形式、材质、规格，接口材料，除锈、刷油、防腐、绝热及保护层设计要求分别编制。

3. 塑料管(空调冷热水塑料管、空调凝结水管等)工程量清单的编制

(1)工程内容

塑料管(空调冷热水塑料管、空调凝结水管等)工程内容包括：切管、组对、预热、熔接、管道及管件安装、水压试验及水冲洗。

(2)工程量计算规则

塑料管(空调冷热水塑料管、空调凝结水管等)工程量计算规则见镀锌钢管。

(3)工程量清单编制

塑料管(空调冷热水塑料管、空调凝结水管等)项目编码：031003003，其各清单项目名称顺序码，根据安装部位、输送介质、材质、型号、规格、设计要求分别编制。

四、燃气管道

燃气管道编码为031004，其包括的清单项目有如下10项：

1. 镀锌钢管工程量清单的编制

(1)工程内容

镀锌钢管工程内容包括:调直、切管、套丝、组对连接、管道及管件安装、气压试验及空气冲洗。

(2)工程量计算规则

镀锌钢管应根据项目特征(安装部位,输送介质,材质,型号、规格,连接方式,套管形式、材质、规格,接口材料,除锈、刷油、防腐、绝热及保护层设计要求),以"m"为计量单位,工程量按设计图示管道中心线长度计算。不扣除阀门、管件、各种井类及方形补偿器所占的长度,均按管道安装工程量计算。

(3)工程量清单编制

镀锌钢管项目编码:031004001,其各清单项目名称顺序码,根据安装部位,输送介质,材质,型号、规格,连接方式,套管形式、材质、规格,接口材料,除锈、刷油、防腐、绝热及保护层设计要求分别编制。

2. 钢管工程量清单的编制

(1)工程内容

钢管工程内容同镀锌钢管。

(2)工程量计算规则

钢管工程量计算规则见镀锌钢管。

(3)工程量清单编制

钢管项目编码:031004002,其各清单项目名称顺序码,根据安装部位,输送介质,材质,型号、规格,连接方式,套管形式、材质、规格,接口材料,除锈、刷油、防腐、绝热及保护层设计要求分别编制。

3. 不锈钢管工程量清单的编制

(1)工程内容

不锈钢管工程内容同镀锌钢管。

(2)工程量计算规则

不锈钢管工程量计算规则见镀锌钢管。

(3)工程量清单编制

不锈钢管项目编码:031004003,其各清单项目名称顺序码,根据安装部位,输送介质,材质,型号、规格,连接方式,套管形式、材质、规格,接口材料,除锈、刷油、防腐、绝热及保护层设计要求分别编制。

4. 铜管工程量清单的编制

(1)工程内容

铜管工程内容同镀锌钢管。

(2)工程量计算规则

铜管工程量计算规则见镀锌钢管。

(3)工程量清单编制

铜管项目编码:031004004,其各清单项目名称顺序码,根据安装部位,输送介质,材质,型号、规格,连接方式,套管形式、材质、规格,接口材料,除锈、刷油、防腐、绝热及保护层设计要求分别编制。

5. 室外铸铁管工程量清单的编制

(1)工程内容

室外铸铁管工程内容同镀锌钢管。

(2)工程量计算规则

室外铸铁管工程量计算规则见镀锌钢管。

(3)工程量清单编制

室外铸铁管项目编码:031004005,其各清单项目名称顺序码,根据安装部位,输送介质,材质,型号、规格,连接方式,套管形式、材质、规格,接口材料,除锈、刷油、防腐、绝热及保护层设计要求分别编制。

6. 塑料管(PP-R、PP-C、PE 管等)工程量清单的编制

(1)工程内容

塑料管(PP-R、PP-C、PE 管等)工程内容同镀锌钢管。

(2)工程量计算规则

塑料管(PP-R、PP-C、PE 管等)工程量计算规则见镀锌钢管。

(3)工程量清单编制

塑料管(PP-R、PP-C、PE 管等)项目编码:031004006,其各清单项目名称顺序码,根据安装部位,输送介质,材质,型号、规格,连接方式,套管形式、材质、规格,接口材料,除锈、刷油、防腐、绝热及保护层设计要求分别编制。

7. 室内铝塑复合管工程量清单的编制

(1)工程内容

室内铝塑复合管工程内容同镀锌钢管。

(2)工程量计算规则

室内铝塑复合管工程量计算规则见镀锌钢管。

(3)工程量清单编制

室内铝塑复合管项目编码:031001007,其各清单项目名称顺序码,根据安装部位,输送介质,材质,型号、规格,连接方式,套管形式、材质、规格,接口材料,除锈、刷油、防腐、绝热及保护层设计要求分别编制。

8. 室外管道碰头工程量清单的编制

(1)工程内容

室外管道碰头工程内容包括:刷管口、断管、调制接口材料、管道及管件连接、接口养护、通水试验。

(2)工程量清单编制

室外管道碰头项目编码:031004008。

9. 氮气置换工程量清单的编制

（1）工程内容

氮气置换工程内容包括：准备工具材料、装拆临时管线仪表、制堵盲板、冲放检测氮气。

（2）工程量清单编制

氮气置换项目编码：031004009。

10. 警示带、示踪线、地面警示标志桩安装工程量清单的编制

（1）工程内容

警示带、示踪线、地面警示标志桩安装工程内容包括：警示带敷设、示踪线敷设、捆扎、锡焊连接、示踪线连接、警示标志定位、开挖、回填、安装。

（2）工程量清单编制

警示带、示踪线、地面警示标志桩安装项目编码：031004010。

五、管道附件

管道附件编码为031005，其包括的清单项目17项如下：

1. 螺纹阀门工程量清单的编制

（1）工程内容

螺纹阀门工程内容包括：切管、套丝、阀门连接、水压试验。

（2）工程量计算规则

螺纹阀门、螺纹法兰阀门、焊接法兰阀门、带短管甲乙的法兰阀门、自动排气阀、安全阀，应根据项目特征（类型、材质、型号、规格），以“个”为计量单位，工程量按设计图示数量计算。

（3）工程量清单编制

螺纹阀门项目编码：031005001，其各清单项目名称顺序码，根据类型、材质、型号、规格分别编制。

2. 法兰阀门工程量清单的编制

（1）工程内容

法兰阀门工程内容包括：制垫、加垫、阀门连接、水压试验。

（2）工程量计算规则

法兰阀门工程量计算规则见螺纹阀门。

（3）工程量清单编制

法兰阀门项目编码：031005002，其各清单项目名称顺序码，根据类型、材质、型号、规格分别编制。

3. 塑料阀门工程量清单的编制

（1）工程内容

塑料阀门工程内容包括：切管、清理、阀门熔接、试验检测。

（2）工程量计算规则

塑料阀门工程量计算规则见螺纹阀门。

(3)工程量清单编制

塑料阀门项目编码:031005003,其各清单项目名称顺序码,根据类型、材质、型号、规格分别编制。

4. 沟槽阀门工程量清单的编制

(1)工程内容

沟槽阀门工程内容包括:切管、沟槽滚压、阀门连接、水压试验。

(2)工程量计算规则

沟槽阀门工程量计算规则见螺纹阀门。

(3)工程量清单编制

沟槽阀门项目编码:031005004,其各清单项目名称顺序码,根据类型、材质、型号、规格分别编制。

5. 法兰工程量清单的编制

(1)工程内容

法兰工程内容包括:切管、套丝、制垫、加垫、上法兰、组对、紧螺栓、试验检测。

(2)工程量计算规则

法兰工程量计算规则见螺纹阀门。

(3)工程量清单编制

法兰项目编码:031005005,其各清单项目名称顺序码,根据类型、材质、型号、规格分别编制。

6. 减压器工程量清单的编制

(1)工程内容

减压器工程内容包括:切管、套丝、组对、安装、旁通管安装、水压试验。

(2)工程量计算规则

减压器,应根据项目特征(材质、型号、规格、连接方式),以“组”为计量单位,工程量按设计图示数量计算。

(3)工程量清单编制

减压器项目编码:031005006,其各清单项目名称顺序码,根据材质、型号、规格、连接方式分别编制。

7. 疏水器工程量清单的编制

(1)工程内容

疏水器工程内容包括:切管、套丝、组对、安装、旁通管安装、水压试验。

(2)工程量计算规则

疏水器,应根据项目特征(材质、型号、规格、连接方式),以“组”为计量单位,工程量按设计图示数量计算。

(3)工程量清单编制

疏水器项目编码:031005007,其各清单项目名称顺序码,根据材质、型号、规格、连接方式分别编制。

8. 除污器工程量清单的编制

(1)工程内容

除污器工程内容包括:切管、组对、焊接、制垫、加垫、紧螺栓、安装、旁通管安装、水压试验。

(2)工程量计算规则

除污器,应根据项目特征(材质、型号、规格、连接方式),以“组”为计量单位,工程量按设计图示数量计算。

(3)工程量清单编制

除污器项目编码:031005008,其各清单项目名称顺序码,根据材质、型号、规格、连接方式分别编制。

9. 水表工程量清单的编制

(1)工程内容

水表工程内容包括:切管、套丝、制垫、加垫、水表安装,试验检测。

(2)工程量计算规则

水表,应根据项目特征(材质、型号、规格、连接方式),以“组”为计量单位,工程量按设计图示数量计算。

(3)工程量清单编制

水表项目编码:031005009,其各清单项目名称顺序码,根据材质、型号、规格、连接方式分别编制。

10. 热量表工程量清单的编制

(1)工程内容

热量表工程内容包括:切管,套丝,制垫,加垫,成套热量表、过滤器、阀门、压力表、温度计等附件安装,循环管安装及其压力试验,水冲洗。

(2)工程量计算规则

热量表,应根据项目特征(材质、型号、规格、连接方式),以“组”为计量单位,工程量按设计图示数量计算。

(3)工程量清单编制

热量表项目编码:031005010,其各清单项目名称顺序码,根据材质、型号、规格、连接方式分别编制。

11. 倒流防止器工程量清单的编制

(1)工程内容

倒流防止器工程内容包括:切管、套丝、制垫、加垫、倒流防止器及阀门安装、水压试验。

(2)工程量计算规则

倒流防止器,应根据项目特征(材质、型号、规格、连接方式),以“组”为计量单位,工程量按设计图示数量计算。

(3)工程量清单编制

倒流防止器项目编码:031005011,其各清单项目名称顺序码,根据材质、型号、规格、连接方式分别编制。

12. 水锤消除器工程量清单的编制

(1)工程内容

水锤消除器,工程内容包括:安装、水压试验。

(2)工程量计算规则

水锤消除器,应根据项目特征(材质、型号、规格、连接方式),以“组”为计量单位,工程量按设计图示数量计算。

(3)工程量清单编制

水锤消除器项目编码:031005012,其各清单项目名称顺序码,根据材质、型号、规格、连接方式分别编制。

13. 补偿器工程量清单的编制

(1)工程内容

补偿器工程内容包括:切口、坡口、组对、焊接。

(2)工程量计算规则

补偿器,应根据项目特征(类型、材质、型号、规格、连接方式),以“个”为计量单位,工程量按设计图示数量计算。

注:方形伸缩器的两臂,按臂长的两倍合并在管道安装长度内计算。

(3)工程量清单编制

补偿器项目编码:031005013,其各清单项目名称顺序码,根据类型、材质、型号、规格、连接方式分别编制。

14. 软接头工程量清单的编制

(1)工程内容

软接头工程内容包括:制垫、加垫、紧螺栓、水压试验。

(2)工程量计算规则

软接头,应根据项目特征(类型、材质、型号、规格、连接方式),以“个”为计量单位,工程量按设计图示数量计算。

(3)工程量清单编制

软接头项目编码:031005014,其各清单项目名称顺序码,根据类型、材质、型号、规格、连接方式分别编制。

15. 塑料排水管消声器工程量清单的编制

(1)工程内容

塑料排水管消声器工程内容包括:切管、安装及灌水试验。

(2)工程量计算规则

塑料排水管消声器,应根据项目特征(型号、规格),以“10 个”为计量单位,工程量按设计图示数量计算。

(3)工程量清单编制

塑料排水管消声器项目编码:031005015,其各清单项目名称顺序码,根据型号、规格分别编制。

16. 浮标液面计工程量清单的编制

(1)工程内容

浮标液面计工程内容包括:液面计安装、支架制作安装、除锈刷漆。

(2)工程量计算规则

浮标液面计,应根据项目特征(型号、规格),以“组”为计量单位,工程量按设计图示数量计算。

(3)工程量清单编制

浮标液面计项目编码:031005016,其各清单项目名称顺序码,根据型号、规格分别编制。

17. 浮漂水位标尺工程量清单的编制

(1)工程内容

浮漂水位标尺工程内容包括:预埋螺栓、下料、制作、安装、除锈刷漆。

(2)工程量计算规则

浮漂水位标尺,应根据项目特征(用途、型号、规格),以“套”为计量单位,工程量按设计图示数量计算。

(3)工程量清单编制

浮漂水位标尺项目编码:031005017,其各清单项目名称顺序码,根据用途、型号、规格分别编制。

六、卫生器具

卫生器具制作安装编码为 031006,其包括的清单项目 19 项如下:

1. 浴盆工程量清单的编制

(1)工程内容

浴缸(盆)工程内容包括:打螺栓孔、浴盆及附件安装、上下水管连接、试水。

(2)工程量计算规则

浴缸、浴盆、净身盆、洗脸盆、洗手盆、洗涤盆(洗菜盆)、化验盆,应根据项目特征(材质、组装形式、型号、开关),以“组”为计量单位,工程量按设计图示数量计算。

(3)工程量清单编制

浴缸(盆)项目编码:031006001,其各清单项目名称顺序码,根据材质、组装形式、型号、规格分别编制。

2. 净身盆工程量清单的编制

(1)工程内容

净身盆工程内容包括:打螺栓孔、金属框架安装、净身盆及附件安装、上下水管连接、试水。

(2)工程量计算规则

净身盆工程量计算规则见浴盆。

(3)工程量清单编制

净身盆项目编码:031006002,其各清单项目名称顺序码,根据材质、组装形式、型号、规格分别编制。

3. 洗脸盆工程量清单的编制

(1)工程内容

洗脸盆工程内容包括:打螺栓孔、托架安装、洗脸盆及附件安装、上下水管连接、试水。

(2)工程量计算规则

洗脸盆工程量计算规则见浴盆。

(3)工程量清单编制

洗脸盆项目编码:031006003,其各清单项目名称顺序码,根据材质、组装形式、型号、规格分别编制。

4. 洗涤盆(洗菜盆)工程量清单的编制

(1)工程内容

洗涤盆(洗菜盆)工程内容包括:打螺栓孔、托架安装、洗涤盆及附件安装、上下水管连接、试水。

(2)工程量计算规则

洗涤盆(洗菜盆)工程量计算规则见浴盆。

(3)工程量清单编制

洗涤盆(洗菜盆)项目编码:031006004,其各清单项目名称顺序码,根据材质、组装形式、型号、开关分别编制。

5. 化验盆工程量清单的编制

(1)工程内容

化验盆工程内容包括:托架安装、化验盆及附件安装、上下水管连接、试水。

(2)工程量计算规则

化验盆工程量计算规则见浴盆。

(3)工程量清单编制

化验盆项目编码:031006005,其各清单项目名称顺序码,根据材质、组装形式、型号、开关分别编制。

6. 大便器工程量清单的编制

(1)工程内容

大便器工程内容包括:打螺栓孔,大便器、水箱及附件安装,上下水管连接,试水。

(2)工程量计算规则

大便器,应根据项目特征(材质、组装形式、型号、规格),以“套”为计量单位,工程量按设计图示数量计算。

(3)工程量清单编制

大便器项目编码:031006006,其各清单项目名称顺序码,根据材质、组装形式、型号、冲洗方式分别编制。

7. 小便器工程量清单的编制

(1)工程内容

小便器工程内容包括:打螺栓孔、小便器及附件安装、上下水管连接、试水。

(2)工程量计算规则

小便器,应根据项目特征(材质、组装形式、型号、规格),以“套”为计量单位,工程量按设计图示数量计算。

(3)工程量清单编制

小便器项目编码:031006007 其各清单项目名称顺序码,根据材质、组装形式、型号、冲洗方式分别编制。

8. 其他成品卫生器具工程量清单的编制

(1)工程内容

其他成品卫生器具工程内容包括:打螺栓孔、成品拖布池及附件安装、上下水管连接、试水。

(2)工程量计算规则

其他成品卫生器具包括成品拖布池、卫生器具等附件,应根据项目特征(材质、组装形式、型号、规格),以“套”为计量单位,工程量按设计图示数量计算。

(3)工程量清单编制

其他成品卫生器具项目编码:031006008,其各清单项目名称顺序码,根据材质、组装形式、型号、规格分别编制。

9. 烘手器工程量清单的编制

(1)工程内容

烘手器工程内容包括:打螺栓孔、烘手器安装。

(2)工程量计算规则

烘手器,应根据项目特征(材质、组装形式、型号、规格),以“套”为计量单位,工程量按设计图示数量计算。

(3)工程量清单编制

烘手器项目编码:031006009,其各清单项目名称顺序码,根据材质、组装形式、型号、规格分别编制。

10. 淋浴器工程量清单的编制

(1)工程内容

淋浴器工程内容包括:打螺栓孔、淋浴器及附件安装、上下水管连接、试水。

(2)工程量计算规则

淋浴器,应根据项目特征(材质、组装形式、型号、规格),以“套”为计量单位,工程量按设计图示数量计算。

(3)工程量清单编制

淋浴器项目编码:031006010,其各清单项目名称顺序码,根据材质、组装形式、型号、规格分别编制。

11. 淋浴间工程量清单的编制

(1)工程内容

淋浴间工程内容包括:开箱检查、本体与附件安装、上下水管连接、找平找正、试水。

(2)工程量计算规则

淋浴间,应根据项目特征(材质、组装形式、型号、规格),以“套”为计量单位,工程量按设计图示数量计算。

(3)工程量清单编制

淋浴间项目编码:031006011,其各清单项目名称顺序码,根据材质、组装形式、型号、规格分别编制。

12. 桑拿浴房工程量清单的编制

(1)工程内容

桑拿浴房工程内容包括:膨胀螺栓固定木方、组装湿蒸房、上下水管连接、配合电气安装。

(2)工程量计算规则

桑拿浴房,应根据项目特征(材质、组装形式、型号、规格),以“套”为计量单位,工程量按设计图示数量计算。

(3)工程量清单编制

桑拿浴房项目编码:031006012,其各清单项目名称顺序码,根据材质、组装形式、型号、规格分别编制。

13. 大、小便槽自动冲洗水箱工程量清单的编制

(1)工程内容

大、小便槽自动冲洗水箱工程内容包括:打螺栓孔、托架安装、水箱安装、接管、试水。

(2)工程量计算规则

大、小便槽自动冲洗水箱,应根据项目特征(材质、型号、规格),以“套”为计量单位,工程量按设计图示数量计算。

(3)工程量清单编制

大、小便槽自动冲洗水箱项目编码:031006013,其各清单项目名称顺序码,根据材质、型号、规格分别编制。

14. 给、排水附件工程量清单的编制

(1)工程内容

给、排水附件工程内容包括:上水嘴、试水。

(2)工程量计算规则

水龙头、地漏、地面清扫口,应根据项目特征(材质、型号、规格),以“个”为计量单位,工程量按设计图示数量计算。

(3)工程量清单编制

给、排水附件项目编码:031006014,其各清单项目名称顺序码,根据材质、型号、规格分别编制。

15. 小便槽冲洗管制作安装工程量清单的编制

(1)工程内容

小便槽冲洗管制作安装工程内容包括:切管、套丝、钻眼、连接、管卡固定、试水。

(2)工程量计算规则

小便槽冲洗管,应根据项目特征(材质、型号、规格),以"m"为计量单位,工程量按设计图示数量计算。

(3)工程量清单编制

小便槽冲洗管项目编码:031006015,其各清单项目名称顺序码,根据材质、型号、规格分别编制。

16. 蒸汽-水加热器工程量清单的编制

(1)工程内容

蒸汽-水加热器工程内容包括:加热器安装、接水管、试水。

(2)工程量计算规则

蒸汽-水加热器,应根据项目特征(类型、型号、规格),以"套"为计量单位,工程量按设计图示数量计算。

(3)工程量清单编制

蒸汽-水加热器项目编码:031006016,其各清单项目名称顺序码,根据类型、型号、规格分别编制。

17. 冷热水混合器工程量清单的编制

(1)工程内容

冷热水混合器工程内容包括:切管、套丝、冷热水混合器安装、接管、试水。

(2)工程量计算规则

冷热水混合器,应根据项目特征(类型、型号、规格),以"套"为计量单位,工程量按设计图示数量计算。

(3)工程量清单编制

冷热水混合器项目编码:031006017,其各清单项目名称顺序码,根据类型、型号、规格分别编制。

18. 饮水器工程量清单的编制

(1)工程内容:饮水器和附件安装、接管、试水。

(2)工程量计算规则

饮水器,应根据项目特征(类型、型号、规格),以"套"为计量单位,工程量按设计图示数量计算。

(3)工程量清单编制

饮水器项目编码:031006018,其各清单项目名称顺序码,根据类型、型号、规格分别编制。

19. 隔油器工程量清单的编制

(1)工程内容:隔油器和附件安装、接管、试水。

(2)工程量计算规则

隔油器,应根据项目特征(类型、型号、规格),以“套”为计量单位,工程量按设计图示数量计算。

(3)工程量清单编制

隔油器项目编码:031006019,其各清单项目名称顺序码,根据类型、型号、规格分别编制。

七、供暖器具

供暖器具编码为031007,其包括的清单项目8项如下:

1. 铸铁散热器工程量清单的编制

(1)工程内容

铸铁散热器工程内容包括:打墙眼、托钩(卡子)安装、散热器稳固、水压试验。

(2)工程量计算规则

铸铁散热器,应根据项目特征(型号、规格和除锈、刷油设计要求),以“片”为计量单位,工程量按设计图示数量计算。

(3)工程量清单编制

铸铁散热器项目编码:031007001,其各清单项目名称顺序码,根据型号、规格和除锈、刷油设计要求分别编制。

2. 钢制散热器工程量清单的编制

(1)工程内容

钢制散热器工程内容包括:打墙眼、托钩(卡子)安装、散热器稳固、水压试验。

(2)工程量计算规则

钢制散热器,应根据项目特征(型号、规格和除锈、刷油设计要求),以“片”为计量单位,工程量按设计图示数量计算。

(3)工程量清单编制

钢制散热器项目编码:031007002,其各清单项目名称顺序码,根据型号、规格和除锈、刷油设计要求分别编制。

3. 其他成品散热器工程量清单的编制

(1)工程内容

其他成品散热器工程内容包括:打墙眼、托钩(卡子)安装、散热器稳固、水压试验。

(2)工程量计算规则

其他成品散热器,应根据项目特征(型号、规格和除锈、刷油设计要求),以“组”为计量单位,工程量按设计图示数量计算。

(3)工程量清单编制

其他成品散热器项目编码:031007003,其各清单项目名称顺序码,根据型号、规格和除锈、刷油设计要求分别编制。

4. 光排管散热器制作安装工程量清单的编制

(1)工程内容

光排管散热器制作安装工程内容包括:切割、组对、焊接、水压试验。

(2)工程量计算规则

光排管散热器制作安装,应根据项目特征(型号、规格、管径和除锈、刷油设计要求),以“m”为计量单位,工程量按设计图示长度计算。

(3)工程量清单编制

光排管散热器制作安装项目编码:031007004,其各清单项目名称顺序码,根据型号、规格、管径和除锈、刷油设计要求分别编制。

5. 暖风机工程量清单的编制

(1)工程内容

暖风机工程内容包括:暖风机吊装、稳固、单机试运行。

(2)工程量计算规则

暖风机,应根据项目特征(质量、型号、规格),以“台”为计量单位,工程量按设计图示数量计算。

(3)工程量清单编制

暖风机项目编码:031007005,其各清单项目名称顺序码,根据质量、型号、规格分别编制。

6. 地板辐射采暖工程量清单的编制

(1)工程内容

地板辐射采暖工程内容包括:划线定位、切管、调直、煨弯、管道固定、隐蔽充压、水压试验及冲洗。

(2)工程量计算规则

地板辐射采暖,应根据项目特征(质量、型号、规格),以“m”或“m^2”为计量单位,工程量按设计图示计算。

(3)工程量清单编制

地板辐射采暖项目编码:031007006,其各清单项目名称顺序码,根据质量、型号、规格分别编制。

7. 热媒集配装置安装工程量清单的编制

(1)工程内容

热媒集配装置安装工程内容包括:外观检查、固定支架、分集水器安装、与分支管连接、水压试验。

(2)工程量计算规则

热媒集配装置安装,应根据项目特征(质量、型号、规格),以“组”为计量单位,工程量按设计图示数量计算。

(3)工程量清单编制

热媒集配装置安装项目编码:031007007,其各清单项目名称顺序码,根据质量、型号、规格分别编制。

8. 集气罐制作安装工程量清单的编制

(1)工程内容

集气罐制作安装工程内容包括:切割、坡口、组对、焊接、水压试验及冲洗。

(2)工程量计算规则

集气罐制作安装,应根据项目特征(质量、型号、规格),以"组"为计量单位,工程量按设计图示数量计算。

(3)工程量清单编制

集气罐制作安装项目编码:031007008,其各清单项目名称顺序码,根据质量、型号、规格分别编制。

八、燃气器具及其他

燃气器具及其他编码为 031008,其包括的清单项目有 12 项如下:

1. 燃气开水炉工程量清单的编制

(1)工程内容

燃气开水炉工程内容包括:炉体及附件安装、通气、通水、试火、调试风门。

(2)工程量计算规则

燃气开水炉,应根据项目特征(型号、规格),以"台"为计量单位,工程量按设计图示数量计算。

(3)工程量清单编制

燃气开水炉项目编码:031008001,其各清单项目名称顺序码,根据型号、规格分别编制。

2. 燃气采暖炉工程量清单的编制

(1)工程内容

燃气采暖炉工程内容包括:炉体及附件安装、通气、通水、试火、调试风门。

(2)工程量计算规则

燃气采暖炉工程量计算规则见燃气开水炉。

(3)工程量清单编制

燃气采暖炉项目编码:031008002,其各清单项目名称顺序码,根据型号、规格分别编制。

3. 燃气沸水器、消毒器工程量清单的编制

(1)工程内容

燃气沸水器、消毒器工程内容包括:器具附件安装、通气、通水、试火、调试风门。

(2)工程量计算规则

沸水器、消毒器,应根据项目特征(容积式沸水器、自动沸水器、燃气消毒器、型号、规格),以"台"为计量单位,工程量按设计图示数量计算。

(3)工程量清单编制

沸水器、消毒器项目编码:031008003,其各清单项目名称顺序码,根据容积式沸水器、自动沸水器、燃气消毒器、型号、规格分别编制。

4. 燃气快速热水器工程量清单的编制

(1)工程内容

燃气快速热水器工程内容包括:热水器附件安装、通气、通水、试火、调试风门。

(2)工程量计算规则

燃气快速热水器,应根据项目特征(型号、规格),以“台”为计量单位,工程量按设计图示数量计算。

(3)工程量清单编制

燃气快速热水器项目编码:031008004,其各清单项目名称顺序码,根据型号、规格分别编制。

5. 燃气表工程量清单的编制

(1)工程内容

燃气表工程内容包括:燃气表就位、安装、试压检查。

(2)工程量计算规则

燃气表,应根据项目特征(型号、规格),以“块”为计量单位,工程量按设计图示数量计算。

(3)工程量清单编制

燃气表项目编码:031008005,其各清单项目名称顺序码,根据型号、规格分别编制。

6. 燃气灶具工程量清单的编制

(1)工程内容

燃气灶具工程内容包括:燃气灶具就位、安装、通气、试火、调试风门。

(2)工程量计算规则

燃气灶具,应根据项目特征(民用、公用、人工煤气灶具、液化石油气灶具、天然气灶具、型号、规格),以“台”为计量单位,工程量按设计图示数量计算。

(3)工程量清单编制

燃气灶具项目编码:031008006,其各清单项目名称顺序码,根据民用、公用、人工煤气灶具、液化石油气灶具、天然气灶具、型号、规格分别编制。

7. 气嘴工程量清单的编制

(1)工程内容

气嘴工程内容为气嘴安装。

(2)工程量计算规则

气嘴,应根据项目特征(单嘴、双嘴、材质、型号、规格、连接方式),以“个”为计量单位,工程量按设计图示数量计算。

(3)工程量清单编制

气嘴项目编码:031008007,其各清单项目名称顺序码,根据单嘴、双嘴、材质、型号、规格、连接方式分别编制。

8. 调压器工程量清单的编制

(1)工程内容

调压器工程内容包括:调压器就位、安装、试压检查。

(2)工程量计算规则

调压器,应根据项目特征(材质、型号、规格、连接方式),以“台”为计量单位,工程量按设计图示数量计算。

(3)工程量清单编制

调压器项目编码:031008008,其各清单项目名称顺序码,根据材质、型号、规格、连接方式分别编制。

9. 调压箱、调压装置工程量清单的编制

(1)工程内容

调压箱、调压装置工程内容包括:就位、固定、安装、试压检查。

(2)工程量计算规则

调压箱、调压装置,应根据项目特征(材质、型号、规格、连接方式),以“台”为计量单位,工程量按设计图示数量计算。

(3)工程量清单编制

调压箱、调压装置项目编码:031008009,其各清单项目名称顺序码,根据材质、型号、规格、连接方式分别编制。

10. 燃气凝水缸工程量清单的编制

(1)工程内容

燃气凝水缸工程内容包括:凝水缸本体就位、与管道焊接、抽水管及其附件管件安装。

(2)工程量计算规则

燃气凝水缸,应根据项目特征(材质、组装方式、型号、规格),以“套”为计量单位,工程量按设计图示数量计算。

(3)工程量清单编制

燃气凝水缸项目编码:031008010,其各清单项目名称顺序码,根据材质、组装方式、型号、规格分别编制。

11. 燃气管道调长器工程量清单的编制

(1)工程内容

燃气管道调长器工程内容包括:调长器就位、加垫、紧固螺栓、试验检查。

(2)工程量计算规则

燃气管道调长器,应根据项目特征(材质、组装方式、型号、规格),以“个”为计量单位,工程量按设计图示数量计算。

(3)工程量清单编制

燃气管道调长器项目编码:031008011,其各清单项目名称顺序码,根据材质、组装方式、型号、规格分别编制。

12. 引入口保护罩安装工程量清单的编制

(1)工程内容

引入口保护罩安装工程内容为:安装固定。

(2)工程量计算规则

引入口保护罩安装,应根据项目特征(材质、类型、型号、规格),以“个”为计量单位,工程量按设计图示数量计算。

(3)工程量清单编制

引入口保护罩安装项目编码:031008012,其各清单项目名称顺序码,根据材质、类型、型号、规格分别编制。

九、采暖、给排水设备

采暖、给排水设备编码为031009,其包括的清单项目有15项如下:

1. 变频给水设备工程量清单的编制

(1)工程内容

变频给水设备工程内容包括:基础定位,基础铲麻面,泵体及配套的部件、附件安装,单机试运行。

(2)工程量计算规则

变频给水设备,应根据项目特征以“套”为计量单位,工程量按设计图示数量计算。

(3)工程量清单编制

变频给水设备项目编码:031009001,其各清单项目名称顺序码,根据材质、型号、规格分别编制。

2. 稳压给水设备工程量清单的编制

(1)工程内容

稳压给水设备工程内容包括:基础定位,基础铲麻面,泵体及配套的部件、附件安装,单机试运行。

(2)工程量计算规则

稳压给水设备,应根据项目特征以“套”为计量单位,工程量按设计图示数量计算。

(3)工程量清单编制

稳压给水设备项目编码:031009002,其各清单项目名称顺序码,根据材质、型号、规格分别编制。

3. 无负压给水设备工程量清单的编制

(1)工程内容

无负压给水设备工程内容包括:基础定位,基础铲麻面,泵体及配套的部件、附件安装,单机试运行。

(2)工程量计算规则

无负压给水设备,应根据项目特征以“套”为计量单位,工程量按设计图示数量计算。

(3)工程量清单编制

无负压给水设备项目编码:031009003,其各清单项目名称顺序码,根据材质、型号、规格分别编制。

4. 气压罐工程量清单的编制

(1)工程内容

气压罐工程内容包括:外观检查,罐体及其配套的部件、附件安装,就位,冲水,试压,调试。

(2)工程量计算规则

气压罐,应根据项目特征以"台"为计量单位,工程量按设计图示数量计算。

(3)工程量清单编制

气压罐项目编码:031009004,其各清单项目名称顺序码,根据材质、型号、规格分别编制。

5. 太阳能集热装置工程量清单的编制

(1)工程内容

太阳能集热装置工程内容包括:开箱检查、集热板稳固和安装、与进出水管连接、通水试验。

(2)工程量计算规则

太阳能集热装置,应根据项目特征以"m^2"为计量单位,工程量按设计图示数量计算。

(3)工程量清单编制

太阳能集热装置项目编码:031009005,其各清单项目名称顺序码,根据材质、型号、规格分别编制。

6. 地源(水源、气源)热泵机组工程量清单的编制

(1)工程内容

地源(水源、气源)热泵机组工程内容包括:基础验收,开箱检查,设备及附件就位、固定,垫铁焊接,单机试运行。

(2)工程量计算规则

地源(水源、气源)热泵机组,应根据项目特征以"组"为计量单位,工程量按设计图示数量计算。

(3)工程量清单编制

地源(水源、气源)热泵机组项目编码:031009006,其各清单项目名称顺序码,根据材质、型号、规格分别编制。

7. 除砂器工程量清单的编制

(1)工程内容

除砂器工程内容包括:基础验收,开箱检查,设备及附件就位、固定,单机试运行。

(2)工程量计算规则

除砂器,应根据项目特征(类型、型号、规格),以"台"为计量单位,工程量按设计图示数量计算。

(3)工程量清单编制

除砂器项目编码:031009007,其各清单项目名称顺序码,根据类型、型号、规格分别编制。

8. 水处理器工程量清单的编制

(1)工程内容

水处理器工程内容包括:外观检查、设备安装、接管、通水试验。

(2)工程量计算规则

水处理器,应根据项目特征,以"台"为计量单位,工程量按设计图示数量计算。

(3)工程量清单编制

水处理器项目编码:031009008,其各清单项目名称顺序码,根据水处理器分别编制。

9. 水箱自净器工程量清单的编制

(1)工程内容

水箱自净器工程内容包括:外观检查、设备及附件安装、接管、通水试验。

(2)工程量计算规则

水箱自净器,应根据项目特征,以"台"为计量单位,工程量按设计图示数量计算。

(3)工程量清单编制

水箱自净器项目编码:031009009,其各清单项目名称顺序码,根据水箱自净器分别编制。

10. 水质净化器工程量清单的编制

(1)工程内容

水质净化器工程内容包括:外观检查、设备就位、设备及附件安装、接管、调试。

(2)工程量计算规则

水质净化器,应根据项目特征,以"台"为计量单位,工程量按设计图示数量计算。

(3)工程量清单编制

水质净化器项目编码:031009010,其各清单项目名称顺序码,根据水质净化器分别编制。

11. 紫外线杀菌设备工程量清单的编制

(1)工程内容

紫外线杀菌设备工程内容包括:外观检查、设备就位、设备及附件安装、接管、调试。

(2)工程量计算规则

紫外线杀菌设备,应根据项目特征,以"台"为计量单位,工程量按设计图示数量计算。

(3)工程量清单编制

紫外线杀菌设备项目编码:031009011,其各清单项目名称顺序码,根据紫外线杀菌设备分别编制。

12. 热水器、开水炉工程量清单的编制

(1)工程内容

热水器、开水炉工程内容为安装。

(2)工程量计算规则

热水器、开水炉,应根据项目特征(类型、型号、规格、安装方式),以"台"为计量单位,工程量按设计图示数量计算。

(3)工程量清单编制

热水器、开水炉项目编码:031009012,其各清单项目名称顺序码,根据类型、型号、规格、安装方式分别编制。

13. 消毒器、消毒锅工程量清单的编制

(1)工程内容

消毒器、消毒锅工程内容包括:就位、找平找正、附件安装、调试。

(2)工程量计算规则

消毒器、消毒锅,应根据项目特征(类型、型号、规格),以"台"为计量单位,工程量按设计图示数量计算。

(3)工程量清单编制

消毒器、消毒锅项目编码:031009013,其各清单项目名称顺序码,根据类型、型号、规格分别编制

14. 直饮水设备工程量清单的编制

(1)工程内容

直饮水设备工程内容包括:稳装、找平找正、附件安装、调试。

(2)工程量计算规则

直饮水设备,应根据项目特征(类型、型号、规格),以"台"为计量单位,工程量按设计图示数量计算。

(3)工程量清单编制

直饮水设备项目编码:031009014,其各清单项目名称顺序码,根据类型、型号、规格分别编制。

15. 水箱工程量清单的编制

(1)工程内容

水箱工程内容包括:稳固、找平、找正、安装、调距、上零件、满水试验。

(2)工程量计算规则

水箱,应根据项目特征(类型、型号、规格),以"台"为计量单位,工程量按设计图示数量计算。

(3)工程量清单编制

水箱项目编码:031009015,其各清单项目名称顺序码,根据类型、型号、规格分别编制。

十、医疗气体设备及附件

医疗气体设备及附件编码为031010,其包括的清单项目有14项如下:

1. 制氧机工程量清单的编制

(1)工程内容

制氧机工程内容包括:设备就位、置放垫铁、找平找正、设备本体附带的管道及阀门的安装和固定、无负荷单机试运行等。

(2)工程量计算规则

制氧机,应根据项目特征(类型、型号、规格、安装方式),以“台”为计量单位,工程量按设计图示数量计算。

(3)工程量清单编制

制氧机项目编码:031010001,其各清单项目名称顺序码,根据类型、型号、规格、安装方式分别编制。

2. 液氧罐工程量清单的编制

(1)工程内容

液氧罐工程内容包括:设备本体附带的管道、阀门、附件安装,与汽化器管道连接,地脚螺栓固定,压力试验等。

(2)工程量计算规则

液氧罐,应根据项目特征(类型、型号、规格、安装方式),以“台”为计量单位,工程量按设计图示数量计算。

(3)工程量清单编制

液氧罐项目编码:031010002,其各清单项目名称顺序码,根据类型、型号、规格、安装方式分别编制。

3. 二级稳压箱工程量清单的编制

(1)工程内容

二级稳压箱工程内容包括:箱体稳固、与管道连接、气体检查等。

(2)工程量计算规则

二级稳压箱,应根据项目特征(类型、型号、规格、安装方式),以“台”为计量单位,工程量按设计图示数量计算。

(3)工程量清单编制

二级稳压箱项目编码:031010003,其各清单项目名称顺序码,根据类型、型号、规格、安装方式分别编制。

4. 气体汇流排工程量清单的编制

(1)工程内容

气体汇流排工程内容包括:开箱检查、钻孔、稳装、找平找正、固定、软管与气瓶连接、气体检查等。

(2)工程量计算规则

气体汇流排,应根据项目特征(类型、型号、规格、安装方式),以“组”为计量单位,工程量按设计图示数量计算。

(3)工程量清单编制

气体汇流排项目编码:031010004,其各清单项目名称顺序码,根据类型、型号、规格、安装方式分别编制。

5. 集污罐工程量清单的编制

(1)工程内容

集污罐工程内容包括:本体安装、找平找正、与管道连接、压力试验等。

(2)工程量计算规则

集污罐,应根据项目特征(类型、型号、规格、安装方式),以“台”为计量单位,工程量按设计图示数量计算。

(3)工程量清单编制

集污罐项目编码:031010005,其各清单项目名称顺序码,根据类型、型号、规格、安装方式分别编制。

6. 刷手池工程量清单的编制

(1)工程内容

刷手池工程内容包括:稳装、上下水管道连接、堵洞、找平找正、调试等。

(2)工程量计算规则

刷手池,应根据项目特征(类型、型号、规格、安装方式),以“组”为计量单位,工程量按设计图示数量计算。

(3)工程量清单编制

刷手池项目编码:031010006,其各清单项目名称顺序码,根据类型、型号、规格、安装方式分别编制。

7. 医用真空罐工程量清单的编制

(1)工程内容

医用真空罐工程内容包括:本体设备及附件的管道、阀门、附件安装,找平找正,调试等。

(2)工程量计算规则

医用真空罐,应根据项目特征(类型、型号、规格、安装方式),以“台”为计量单位,工程量按设计图示数量计算。

(3)工程量清单编制

医用真空罐项目编码:031010007,其各清单项目名称顺序码,根据类型、型号、规格、安装方式分别编制。

8. 气水分离器工程量清单的编制

(1)工程内容

气水分离器工程内容包括:设备稳固、找平找正、与管道连接、调试等。

(2)工程量计算规则

气水分离器,应根据项目特征(类型、型号、规格、安装方式),以“台”为计量单位,工程量按设计图示数量计算。

(3)工程量清单编制

气水分离器项目编码:031010008,其各清单项目名称顺序码,根据类型、型号、规格、安装方式分别编制。

9. 干燥机工程量清单的编制

(1)工程内容

干燥机工程内容包括:本体安装、找平找正、与管道连接、单机无负荷试运转等。

(2)工程量计算规则

干燥机,应根据项目特征(类型、型号、规格、安装方式),以“台”为计量单位,工程量按设计图示数量计算。

(3)工程量清单编制

干燥机项目编码:031010009,其各清单项目名称顺序码,根据类型、型号、规格、安装方式分别编制。

10. 储气罐工程量清单的编制

(1)工程内容

储气罐工程内容包括:本体设备及附件的管道、阀门、附件安装,找平找正,调试,压力试验等。

(2)工程量计算规则

储气罐,应根据项目特征(类型、型号、规格、安装方式),以“台”为计量单位,工程量按设计图示数量计算。

(3)工程量清单编制

储气罐项目编码:031010010,其各清单项目名称顺序码,根据类型、型号、规格、安装方式分别编制。

11. 空气过滤器工程量清单的编制

(1)工程内容

空气过滤器工程内容包括:本体安装、找平找正、与管道连接、压力试验等。

(2)工程量计算规则

空气过滤器,应根据项目特征(类型、型号、规格、安装方式),以“台”为计量单位,工程量按设计图示数量计算。

(3)工程量清单编制

空气过滤器项目编码:031010011,其各清单项目名称顺序码,根据类型、型号、规格、安装方式分别编制。

12. 集水器工程量清单的编制

(1)工程内容

集水器工程内容包括:本体安装、找平找正、与管道连接等。

(2)工程量计算规则

集水器,应根据项目特征(类型、型号、规格、安装方式),以“台”为计量单位,工程量按设计图示数量计算。

(3)工程量清单编制

集水器项目编码:031010012,其各清单项目名称顺序码,根据类型、型号、规格、安装方式分别编制。

13. 医疗设备带工程量清单的编制

(1)工程内容

医疗设备带工程内容包括:开箱检查、测位、划线、稳装、找平找正、组对、固定等。

(2)工程量计算规则

医疗设备带,应根据项目特征(类型、型号、规格、安装方式),以“m”为计量单位,工程量按设计图示数量计算。

(3)工程量清单编制

医疗设备带项目编码:031010013,其各清单项目名称顺序码,根据类型、型号、规格、安装方式分别编制。

14. 气体终端工程量清单的编制

(1)工程内容

气体终端工程内容包括:安装、找平找正、与管道连接等。

(2)工程量计算规则

气体终端,应根据项目特征(类型、型号、规格、安装方式),以“个”为计量单位,工程量按设计图示数量计算。

(3)工程量清单编制

气体终端项目编码:031010014,其各清单项目名称顺序码,根据类型、型号、规格、安装方式分别编制。

十一、支架及其他

支架及其他编码为 031011,其包括的清单项目有 7 项如下:

1. 管道支架制作安装工程量清单的编制

(1)工程内容

管道支架制作安装工程内容包括:切断、调直、煨制、钻孔、组对、焊接。

(2)工程量计算规则

管道支架制作安装,应根据项目特征(形式、除锈、刷油设计要求),以“kg”为计量单位,工程量按设计图示质量计算。

(3)工程量清单编制

管道支架制作安装项目编码:031011001,其各清单项目名称顺序码,根据形式、除锈、刷油设计要求分别编制。

2. 设备支架制作安装工程量清单的编制

(1)工程内容

设备支架制作安装工程内容包括:切断、调直、煨制、钻孔、组对、焊接。

(2)工程量计算规则

设备支架制作安装,应根据项目特征(形式、除锈、刷油设计要求),以“kg”为计量单位,工程量按设计图示质量计算。

(3)工程量清单编制

设备支架制作安装项目编码:031011002,其各清单项目名称顺序码,根据形式、除锈、刷油设计要求分别编制。

3. 套管工程量清单的编制

(1)工程内容

套管工程内容包括:切割、焊接、除锈刷油、安装、填塞密闭材料、堵洞。

(2)工程量计算规则

套管,应根据项目特征(形式、除锈、刷油设计要求),以“个”为计量单位,工程量按设计图计算。

(3)工程量清单编制

套管项目编码:031011003,其各清单项目名称顺序码,根据形式、除锈、刷油设计要求分别编制。

4. 管道水压试验工程量清单的编制

(1)工程内容

管道水压试验工程内容包括:准备工作、制堵盲板、装设临时泵、临时管线、灌水、加压、停压检查。

(2)工程量计算规则

管道水压试验,应根据项目特征,以“m”为计量单位,工程量按设计图示计算。

(3)工程量清单编制

管道水压试验项目编码:031011004,其各清单项目名称顺序码,根据设计要求分别编制。

5. 管道消毒、冲洗工程量清单的编制

(1)工程内容

管道消毒、冲洗工程内容包括:溶解漂白粉、灌水、消毒冲洗。

(2)工程量计算规则

管道消毒、冲洗,应根据项目特征,以“m”为计量单位,工程量按设计图示计算。

(3)工程量清单编制

管道消毒、冲洗项目编码:031011005,其各清单项目名称顺序码,根据设计要求分别编制。

6. 水箱、水池消毒、冲洗工程量清单的编制

(1)工程内容

水箱、水池消毒、冲洗工程内容包括:溶解漂白粉、灌水、消毒冲洗。

(2)工程量计算规则

水箱、水池消毒、冲洗,应根据项目特征,以“m^3”为计量单位,工程量按设计图示计算。

(3)工程量清单编制

水箱、水池消毒、冲洗项目编码:031011006,其各清单项目名称顺序码,根据设计要求分别编制。

7. 其他工程量清单的编制

(1)工程内容

其他工程内容包括:就位、固定。

(2)工程量计算规则

其他,应根据项目特征,以“个”为计量单位,工程量按设计图示计算。

(3)工程量清单编制

其他项目编码:031011007,其各清单项目名称顺序码,根据设计要求分别编制。

工程实例

一、工程概况

(1)本工程执行以下规范:《建筑给水排水设计标准》(GB 50015—2019)、《建筑排水塑料管道工程技术规程》(CJJ/T 29—2010)、《建筑给水塑料管道工程技术规程》(GJJ/T 98—2014)、《工业建筑供暖通风与空气调节设计规范》(GB 50019—2015);《公共建筑节能设计标准青海省实施细则》(DB 63/617—2015);《建筑设计防火规范(2018 版)》(GB 50016—2014);《民用建筑电气设计标准》(BG 51348—2019);《建筑物防雷设计规范》(GB 50057—2010);《低压配电设计规范》(GB 50054—2011);《有线电视网络工程设计标准》(GB 50200—2018);《建筑照明设计标准》(GB 50034—2013);《全国民用建筑工程设计技术措施:电气(2009 年版)》以及《中小学校设计规范》(GB 50099—2011)。

(2)本工程位于青海省××县。本工程总建筑面积 888 m^2,建筑高度 10.8 m,建筑物地上为 3 层。

(3)本工程为单体设计,底层平面图中的管线设计至室外 1.5 m,室外给排水构筑物等在总图上确定(二次设计)。

(4)该工程采用下供下回式热水采暖系统,热媒为 95 ℃/70 ℃ 的热水,由新建锅炉房提供。

(5)该工程电源采用 220 V/380 V 三相四线制,由值班室埋地引至各单体照明配电箱。由配电室至单体配电箱采用聚氯乙烯铠装电力电缆,其余各支路均采用 BV-500V 铜芯塑料线。

(6)本工程室外地坪标高−0.60 m,季节性标准冻结深度为 1.30 m。

(7)本工程设计内容包括:给水系统、排水系统、消防给水系统、采暖系统、供配电系统。

(8)本工程场地无湿陷性,故管道均采用直埋。

二、工程量清单计价

(1)依据工程施工图完成水、暖、电工程量计算。

(2)在工程量的基础上以清单计价完成组价。

施工图的附图 21~38、工程预算清单计价见二维码内容。

工程预算清单计价表格

附图21~38

工程预算清单计价表格1

工程预算清单计价表格2

工程预算清单计价表格3

工程预算清单计价表格4

工程预算清单计价表格5

参考文献

[1] 危道军.预算员专业基础知识[M].北京:中国建筑工业出版社,2010.
[2] 田永复.预算员手册[M].3版.北京:中国建筑工业出版社,2010.
[3] 青海中恒信工程咨询有限公司.青海省通用安装工程计价定额(2020版)[EB/OL].(2021-08-27)[2023—10—16].http://zjt.qinghai.gov.cn/html/132/35617.html.